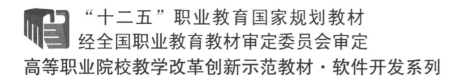

"十二五"职业教育国家规划教材

经全国职业教育教材审定委员会审定

高等职业院校教学改革创新示范教材·软件开发系列

MySQL 网络数据库
设计与开发（第2版）

丁允超　杨　倩　主　编

孙双林　宁晓青　副主编

电子工业出版社

Publishing House of Electronics Industry

北京·BEIJING

内 容 简 介

本书根据编者多年的项目开发经验编写，凝聚了康盛、PHP China 等众多企业及社区的专家的心血，是目前市场上为数不多的理论和实践相结合的教材。本书介绍了基本的数据库设计原理，并基于 MySQL 数据库对基本的关系数据库的使用进行了详细讲解。全书共有 9 章，分别介绍了数据库基础知识、数据库设计的原理和方法、MySQL 数据库基础知识、数据库的基本对象及相关操作、数据库的查询语句、存储过程与触发器的基本使用方法、用户与权限管理、数据的备份与恢复、数据库设计综合案例。

本书内容翔实、语言流畅、图文并茂、突出实用性，并提供了大量的操作示例和代码，较好地将学习与应用结合在一起。本书适合作为高职高专院校计算机或者信息类专业的教材，还可以作为系统设计人员、程序员等软件开发相关人员的参考用书。

本书提供配套的电子教学课件、源代码、习题参考答案等资源，请登录华信教育资源网（www.hxedu.com.cn）免费下载。

图书在版编目（CIP）数据

MySQL 网络数据库设计与开发 / 丁允超，杨倩主编. —2 版. —北京：电子工业出版社，2018.9
ISBN 978-7-121-35013-9

Ⅰ. ①M… Ⅱ. ①丁… ②杨… Ⅲ. ①关系数据库系统－高等学校－教材 Ⅳ. ①TP311.138

中国版本图书馆 CIP 数据核字（2018）第 209171 号

策划编辑：左 雅
责任编辑：左 雅 文字编辑：薛华强
印 刷：北京盛通商印快线网络科技有限公司
装 订：北京盛通商印快线网络科技有限公司
出版发行：电子工业出版社
　　　　　北京市海淀区万寿路 173 信箱 邮编 100036
开 本：787×1 092 1/16 印张：14.5 字数：371.2 千字
版 次：2014 年 7 月第 1 版
　　　　2018 年 9 月第 2 版
印 次：2020 年 1 月第 5 次印刷
定 价：39.00 元

凡所购买电子工业出版社图书有缺损问题，请向购买书店调换。若书店售缺，请与本社发行部联系，联系及邮购电话：（010）88254888，88258888。

质量投诉请发邮件至 zlts@phei.com.cn，盗版侵权举报请发邮件至 dbqq@phei.com.cn。

本书咨询联系方式：（010）88254580，zuoya@phei.com.cn。

前　　言

21世纪是信息化的时代，也是互联网技术飞速发展的时代。互联网技术的发展离不开软件技术的进步，而软件技术的进步离不开数据库技术的发展。致力于互联网行业的人才，或多或少都需要学习一定的数据库知识。为了方便广大互联网技术人员学习数据库知识，特编写此书。

本书内容

本书提供了数据库基本知识、数据库设计原理、关系数据库使用及综合案例等各个方面的知识讲解，基本内容结构如下图所示。

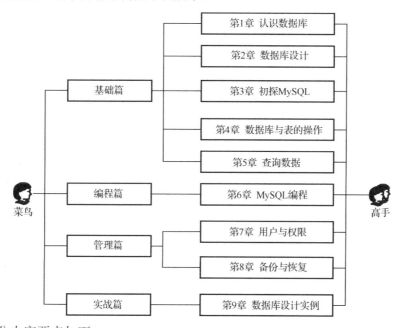

各部分内容要点如下。

基础篇：数据、数据库等相关概念，数据库管理系统、关系数据模型、关系的完整性约束，数据库设计、需求分析、概念结构设计、逻辑结构设计、物理结构设计、数据库的实施和维护，MySQL基础，数据库基本对象（表、索引），查询语句，插入、更新、删除语句。

编程篇：视图、存储过程、触发器、光标等的创建、修改和删除。

管理篇：用户和权限管理、数据库备份与恢复。

实战篇：通过一个完整的项目，运用完整的数据库设计原理，完成驾校学员信息管理系统的数据库设计过程，并通过数据库的测试来验证所设计的数据库的正确性。

本书共4篇、9个章节，第1、第2、第3、第6章由重庆工程学院丁允超编写，第4、第5章由重庆工程学院杨倩编写，第7、第9章由重庆工程学院孙双林编写，第8章由运城职业技术学院宁晓青编写，最后由丁允超、孙双林负责全书的内容优化及统稿工作。教学参考总学时为 108 个学时，建议各章节学时分配参照下表，但可以根据授课教师和不同专业需求自行安排与调整。

	章　节	授课内容	学时分配	
			理　论	实　践
基础篇	1	认识数据库	4	0
	2	数据库设计	6	8
	3	初探 MySQL	4	4
	4	数据库与表的操作	4	8
	5	查询数据	8	24
编程篇	6	MySQL 编程	4	10
管理篇	7	用户与权限	2	4
	8	备份与恢复	2	4
实战篇	9	数据库设计实例	2	10
	合计：108 学时		36	72

本书特点

■ 图文并茂、循序渐进

本书内容翔实、语言流畅、图文并茂、突出实用性，并提供了大量的操作示例和相应代码，较好地将学习与应用结合在一起。内容由浅及深，循序渐进，适合各个层次的读者学习。

■ 实例典型、轻松易学

本书所引用的实例，均与生活密切相关，比如教学管理、学生成绩管理、驾校学员管理系统等。这样使读者在学习的时候不会觉得陌生，更容易接受，从而提高学习效率。

■ 理论+实践、提高兴趣

高职高专的院校鲜有开设专门的数据库设计方面的课程，通常只注重培养学生的实践能力。然而，对于部分希望向更高层次职位发展的毕业生来说，他们在数据库原理等理论知识方面可能比较欠缺。因此，仅仅会应用数据库还是远远不够的。本书将数据库设计原理和数据库的应用有机结合，采用理论+实践的方式，对数据库相关技术进行详细的讲解介绍。由于纯粹的理论知识学习难度比较大，也比较枯燥，高职的学生不易接受。因此将理论和实践相结合的教材更加能吸引读者，也从一定程度上降低了读者学习数据库的难度。

■ 应用实践、随时练习

书中大部分章节后都提供了课后习题，让读者能够通过练习回顾所学的知识，从而达到熟悉内容并可以举一反三的目的，同时也为进一步学习做好准备。

本书适合作为高职高专院校计算机或者信息类专业的教材，还可以作为系统设计人员、程序员等软件开发相关人员的参考用书。

由于时间仓促和编者水平所限，书中疏漏甚至错误之处在所难免，恳请同行专家和广大读者批评指正。

编　者

目 录
CONTENTS

基 础 篇

第1章　认识数据库 ·· 1

1.1　基本概念 ·· 1

1.1.1　信息与数据 ·· 1

1.1.2　数据库 ·· 2

1.1.3　数据库管理系统 ·· 3

1.1.4　数据库系统 ·· 3

1.2　数据库管理系统——DBMS ·· 4

1.2.1　DBMS 的功能 ·· 4

1.2.2　DBMS 的组成 ·· 5

1.3　关系数据模型 ·· 5

1.3.1　概念模型 ·· 6

1.3.2　数据模型 ·· 10

1.4　关系的完整性约束 ·· 13

1.4.1　实体完整性约束 ·· 13

1.4.2　参照完整性约束 ·· 14

1.4.3　用户定义的完整性约束 ··· 14

第2章　数据库设计 ·· 16

2.1　认识数据库设计 ··· 17

2.1.1　数据库设计的概述 ··· 17

2.1.2　数据库设计的特点和方法 ·· 19

2.1.3　数据库设计的基本步骤 ··· 19

2.2　需求分析 ·· 21

2.2.1　需求分析的目标 ·· 21

2.2.2　需求信息的收集 ·· 22

2.2.3　需求信息的整理 ·· 23

2.3　概念结构设计 ·· 25

2.3.1　概念结构设计的目标 ·· 25

2.3.2　概念结构设计的方法与步骤 ·· 26

2.3.3 数据抽象与局部视图的设计 ································· 27

2.3.4 全局概念模式的设计 ······························· 30

2.4 逻辑结构设计 ·· 33

2.4.1 逻辑结构设计的目标 ·························· 33

2.4.2 E-R 模型图向关系模型的转换 ··············· 34

2.4.3 数据模型的优化 ································ 35

2.5 物理结构设计 ·· 38

2.5.1 物理结构设计的目标 ·························· 38

2.5.2 存储结构设计 ································ 39

2.5.3 存取方法设计 ································ 39

2.5.4 确定数据的存放位置和存储结构 ············· 39

2.6 数据库的实施与维护 ······································· 40

2.6.1 创建数据库 ··································· 40

2.6.2 数据的载入 ··································· 40

2.6.3 测试 ······································· 41

2.6.4 数据库的运行与维护 ·························· 41

2.7 知识小结 ··· 42

2.8 巩固练习 ··· 42

2.9 能力拓展 ··· 43

第 3 章 初探 MySQL ·· 44

3.1 MySQL 概述 ··· 44

3.2 MySQL 的安装 ··· 45

3.2.1 下载 MySQL ································· 45

3.2.2 安装 MySQL ································· 45

3.2.3 配置 MySQL ································· 47

3.2.4 配置 Path 系统变量 ·························· 49

3.3 更改 MySQL 配置 ·· 50

3.3.1 通过配置向导来更改配置 ······················ 50

3.3.2 手工更改配置文件 ··························· 51

3.4 MySQL 基本操作 ··· 52

3.4.1 启动 MySQL 服务 ·························· 52

3.4.2 登录 MySQL ································· 53

3.5 知识拓展 ··· 54

3.5.1 MySQL GUI Tools ··························· 55

3.5.2 phpMyAdmin ······························ 55

3.5.3 Navicat ······································ 55

3.5.4 SQLyog ······································ 55

VI

　　3.5.5　MySQL-Front ··· 55

第4章　数据库与表的操作 ··· 57

4.1　数据库的基本操作 ··· 58

　　4.1.1　创建数据库 ··· 58

　　4.1.2　查看数据库 ··· 59

　　4.1.3　选择数据库 ··· 60

　　4.1.4　删除数据库 ··· 61

　　4.1.5　MySQL 存储引擎 ··· 61

　　4.1.6　小结 ··· 66

4.2　表的基本操作 ··· 66

　　4.2.1　创建表 ··· 66

　　4.2.2　查看表结构 ··· 69

　　4.2.3　修改表 ··· 70

　　4.2.4　删除表 ··· 72

　　4.2.5　小结 ··· 74

4.3　插入数据 ··· 75

　　4.3.1　插入一条完整的记录 ··· 75

　　4.3.2　插入一条不完整的记录 ··· 79

　　4.3.3　同时插入多条记录 ··· 80

　　4.3.4　小结 ··· 81

4.4　修改数据 ··· 81

　　4.4.1　修改一个字段的值 ··· 82

　　4.4.2　修改几个字段的值 ··· 83

　　4.4.3　小结 ··· 83

4.5　删除数据 ··· 84

　　4.5.1　删除所有数据 ··· 84

　　4.5.2　删除某些记录 ··· 84

　　4.5.3　小结 ··· 84

4.6　表的约束 ··· 85

　　4.6.1　主键约束 ··· 85

　　4.6.2　唯一约束 ··· 86

　　4.6.3　外键约束 ··· 87

4.7　巩固练习 ··· 88

4.8　知识拓展 ··· 91

　　4.8.1　INSERT 语句的完整语法及使用 ····································· 91

　　4.8.2　UPDATE 语句的完整语法及使用 ····································· 91

　　4.8.3　DELETE 语句的完整语法及使用 ····································· 92

VII

第 5 章　查询数据 ···93

5.1　基本查询语句 ···93

5.2　单表查询——SELECT 子句 ···94

　　5.2.1　查询所有字段 ···95

　　5.2.2　查询指定字段 ···97

　　5.2.3　查询经过计算后的字段 ···98

　　5.2.4　修改原始字段名 ··99

　　5.2.5　查询结果不重复 ···100

　　5.2.6　使用聚合函数 ···101

　　5.2.7　小结 ··106

5.3　单表查询——WHERE 子句 ··106

　　5.3.1　带 IN 关键字的查询 ··108

　　5.3.2　带 BETWEEN AND 关键字的范围查询 ··109

　　5.3.3　带 LIKE 关键字的字符匹配查询 ···109

　　5.3.4　查询空值 ··112

　　5.3.5　带 AND 关键字的多条件查询 ··113

　　5.3.6　带 OR 关键字的多条件查询 ···114

　　5.3.7　小结 ··116

5.4　单表查询——ORDER BY 子句 ···116

5.5　单表查询——GROUP BY 子句 ···118

5.6　单表查询——LIMIT 子句 ···123

5.7　多表查询 ··125

　　5.7.1　内连接查询 ··125

　　5.7.2　外连接查询 ··127

　　5.7.3　为表取别名 ··128

　　5.7.4　复合条件连接查询 ···129

　　5.7.5　小结 ··130

5.8　子查询/嵌套查询 ···131

　　5.8.1　带 IN 关键字的子查询 ··131

　　5.8.2　带比较运算符的子查询 ···132

　　5.8.3　带 EXISTS 关键字的子查询 ··133

　　5.8.4　带 ANY 关键字的子查询 ···134

　　5.8.5　带 ALL 关键字的子查询 ···135

　　5.8.6　小结 ··136

5.9　合并查询结果 ···136

5.10　子查询在复制表，数据的增、删、改操作中的应用 ······························137

　　5.10.1　插入查询语句的执行结果 ···137

　　　5.10.2　修改后的值为查询的结果 ·· 141

　　　5.10.3　删除与其他表有关联的数据 ·· 141

　5.11　查询速度的优化——数据库索引 ··· 142

　　　5.11.1　索引简介 ··· 142

　　　5.11.2　创建索引 ··· 142

　　　5.11.3　删除索引 ··· 143

　　　5.11.4　小结 ··· 144

　5.12　巩固练习 ··· 144

　5.13　知识拓展 ··· 144

编　程　篇

第 6 章　MySQL 编程 ··· 145

　6.1　视图 ··· 146

　　　6.1.1　视图简介 ··· 146

　　　6.1.2　创建视图 ··· 146

　　　6.1.3　查看视图 ··· 146

　　　6.1.4　修改视图 ··· 147

　　　6.1.5　更新视图 ··· 147

　　　6.1.6　删除视图 ··· 148

　　　6.1.7　小结 ··· 148

　6.2　存储过程 ··· 148

　　　6.2.1　创建存储过程 ··· 149

　　　6.2.2　存储过程体 ··· 151

　　　6.2.3　调用存储过程 ··· 159

　　　6.2.4　删除存储过程 ··· 159

　　　6.2.5　修改存储过程 ··· 160

　6.3　存储函数 ··· 160

　　　6.3.1　创建存储函数 ··· 160

　　　6.3.2　调用存储函数 ··· 161

　　　6.3.3　删除存储函数 ··· 162

　　　6.3.4　修改存储函数 ··· 162

　6.4　触发器 ··· 163

　　　6.4.1　创建触发器 ··· 163

　　　6.4.2　查看触发器 ··· 164

　　　6.4.3　触发器的应用 ··· 164

　　　6.4.4　删除触发器 ··· 164

　　　6.4.5　小结 ··· 164

　6.5　知识小结 ··· 164

6.6 知识拓展 ·· · ·· 165

　　6.6.1　光标 ··· 165

　　6.6.2　常用系统函数 ··· 166

管　理　篇

第7章　用户与权限 ··· 169

7.1　权限表 ·· 170

　　7.1.1　user 表 ··· 170

　　7.1.2　db 表和 host 表 ··· 171

　　7.1.3　tables_priv 表和 columns_priv 表 ··· 172

　　7.1.4　procs_priv 表 ·· 172

7.2　账户管理 ··· 172

　　7.2.1　登录和退出 MySQL 服务器 ·· 172

　　7.2.2　添加用户 ··· 174

　　7.2.3　删除用户 ··· 176

　　7.2.4　修改用户 ··· 177

　　7.2.5　修改 root 用户密码 ··· 178

　　7.2.6　root 用户修改普通用户密码 ·· 180

　　7.2.7　普通用户修改密码 ·· 181

　　7.2.8　root 用户密码丢失的解决办法 ··· 181

7.3　权限管理 ··· 182

　　7.3.1　MySQL 各种权限 ··· 183

　　7.3.2　授权 ··· 184

　　7.3.3　权限的转移和限制 ·· 187

　　7.3.4　回收权限 ··· 188

　　7.3.5　查看权限 ··· 189

7.4　知识小结 ··· 189

7.5　巩固练习 ··· 189

第8章　备份与恢复 ··· 190

8.1　数据备份 ··· 190

　　8.1.1　使用 mysqldump 命令备份数据 ·· 191

　　8.1.2　直接复制整个数据库目录 ·· 193

　　8.1.3　使用 mysqlhotcopy 工具快速备份 ··· 193

8.2　数据还原 ··· 194

　　8.2.1　使用 mysql 命令还原数据 ·· 194

　　8.2.2　使用 mysqlimport 命令还原数据 ··· 195

　　8.2.3　直接复制到数据库目录 ··· 195

8.3　数据库迁移 ·· 196

X

8.3.1 相同版本的 MySQL 数据库之间的迁移 ┄┄┄┄┄┄┄┄┄┄┄ 196

8.3.2 不同版本的 MySQL 数据库之间的迁移 ┄┄┄┄┄┄┄┄┄┄┄ 197

8.3.3 不同数据库之间的迁移 ┄┄┄┄┄┄┄┄┄┄┄┄┄┄┄┄┄┄ 197

8.4 表的导出和导入 ┄┄┄┄┄┄┄┄┄┄┄┄┄┄┄┄┄┄┄┄┄┄┄┄ 198

8.4.1 用 SELECT…INTO OUTFILE 导出文本文件 ┄┄┄┄┄┄┄┄┄ 198

8.4.2 用 mysqldump 命令导出文本文件 ┄┄┄┄┄┄┄┄┄┄┄┄┄ 199

8.4.3 用 mysql 命令导出文本文件 ┄┄┄┄┄┄┄┄┄┄┄┄┄┄┄┄ 200

8.4.4 用 LOAD DATA INFILE 方式导入文本文件 ┄┄┄┄┄┄┄┄┄ 200

8.4.5 用 mysqlimport 命令导入文本文件 ┄┄┄┄┄┄┄┄┄┄┄┄ 201

8.5 知识小结 ┄┄┄┄┄┄┄┄┄┄┄┄┄┄┄┄┄┄┄┄┄┄┄┄┄┄┄┄ 202

实 战 篇

第 9 章 数据库设计实例 ┄┄┄┄┄┄┄┄┄┄┄┄┄┄┄┄┄┄┄┄┄┄┄┄ 203

9.1 系统概述 ┄┄┄┄┄┄┄┄┄┄┄┄┄┄┄┄┄┄┄┄┄┄┄┄┄┄┄┄ 203

9.2 系统功能 ┄┄┄┄┄┄┄┄┄┄┄┄┄┄┄┄┄┄┄┄┄┄┄┄┄┄┄┄ 204

9.2.1 系统业务分析 ┄┄┄┄┄┄┄┄┄┄┄┄┄┄┄┄┄┄┄┄┄┄┄ 204

9.2.2 系统功能模块划分 ┄┄┄┄┄┄┄┄┄┄┄┄┄┄┄┄┄┄┄┄ 205

9.2.3 关键功能流程图 ┄┄┄┄┄┄┄┄┄┄┄┄┄┄┄┄┄┄┄┄┄ 205

9.3 数据库设计 ┄┄┄┄┄┄┄┄┄┄┄┄┄┄┄┄┄┄┄┄┄┄┄┄┄┄ 206

9.3.1 系统实体及属性分析 ┄┄┄┄┄┄┄┄┄┄┄┄┄┄┄┄┄┄ 206

9.3.2 系统 E-R 模型图设计 ┄┄┄┄┄┄┄┄┄┄┄┄┄┄┄┄┄┄ 207

9.3.3 E-R 模型图转为关系模型 ┄┄┄┄┄┄┄┄┄┄┄┄┄┄┄┄ 208

9.3.4 系统数据字典 ┄┄┄┄┄┄┄┄┄┄┄┄┄┄┄┄┄┄┄┄┄┄ 209

9.3.5 主要表创建 ┄┄┄┄┄┄┄┄┄┄┄┄┄┄┄┄┄┄┄┄┄┄┄ 212

9.4 数据库测试 ┄┄┄┄┄┄┄┄┄┄┄┄┄┄┄┄┄┄┄┄┄┄┄┄┄┄ 214

9.4.1 数据表的增加、删除、修改测试 ┄┄┄┄┄┄┄┄┄┄┄┄ 214

9.4.2 关键业务数据查询测试 ┄┄┄┄┄┄┄┄┄┄┄┄┄┄┄┄┄ 214

9.5 知识小结 ┄┄┄┄┄┄┄┄┄┄┄┄┄┄┄┄┄┄┄┄┄┄┄┄┄┄┄┄ 215

附录 A MySQL 常用命令及语言参考 ┄┄┄┄┄┄┄┄┄┄┄┄┄┄┄┄┄ 216

XI

基 础 篇

第 1 章

认识数据库

【背景分析】 小李是某高校的大学一年级的学生，身为本班的学习委员，为了方便管理和统计本班同学的各科成绩，他打算自己开发一个学生成绩管理系统的软件。

数据库技术是一种数据管理技术，产生于 20 世纪 60 年代，经过多年的发展，已经自成理论体系，成为计算机科学的一个重要分支。数据库技术体现了先进的数据管理思想，使计算机应用渗透到社会各领域，在当今的信息社会中发挥着越来越大的作用。

本章介绍数据库的基本知识和基本概念，包括信息与数据、数据库管理系统的基本概念及其组成、关系数据模型及关系的完整性。

知识目标

1. 了解数据、数据库、数据库管理系统等基本概念。
2. 掌握数据库管理系统的功能和组成。
3. 掌握关系数据模型的概念。
4. 掌握关系的完整性的概念。

能力目标

1. 能区分数据、数据库等相关概念。
2. 能识别数据库管理系统。
3. 能区分概念模型和数据模型。
4. 能定义实体完整性和参照完整性。

1.1 基本概念

1.1.1 信息与数据

信息是客观事物在人脑中的反映，是以各种方式传播的关于某一事物的消息、情报、知识。信息是一种资源。随着科学技术的发展，生产力水平大大提高，经济、文化、军事等各领域均有迅猛发展，这就需要人们掌握大量的信息，并且能够研究和分析这些信息，从中得出有用的结论，再把它们应用到社会生产实践活动中去。电子计算机的问世和发展给人们提供了用计算机管理和处理信息的可能。人们在使用计算机管理和处理信息的同时，进一步开发了信息资源，并且利用信息资源进一步促进生产发展和社会的发展。

数据（Data）是描述客观事物的符号记录。计算机中的数据是指经过数字化后能够由计算机处理的数字、字母、符号、声音、图形、图像等符号记录。数据是描述与管理信息的有效载体。

为了了解世界，相互交流，人们需要描述各种各样的事物。在日常生活中，我们通常直接用自然语言描述。而在计算机中，为了存储和处理这些抽象的事物信息，就要抽取出对这些事物感兴趣的特征值，用特定的符号来加以描述。

例如，在描述职工人事档案的时候，人们感兴趣的可能是职工的员工编号、姓名、性别、年龄、出生年月、籍贯、家庭住址、政治面貌、职称、行政职务等基本信息，对于这些信息可以用这样的方式来描述：（001、张三、女、41、1977-01、重庆市、重庆市渝中区、中共党员、高级工程师、处长）。

这里的职工人事档案记录就是数据。对于以上记录中的每个数据项必须经过解释才能明确其含义，数据的含义称为数据的语义。上述记录可以解释为姓名为张三的女性员工，1977 年 1 月出生，现年 41 岁等。数据与其语义是不可分的，数据是信息的符号表示，信息则是数据的内涵，是对数据的语义解释。

信息和数据都是现象所反映的知识，这是他们的共同作用。因此当不需要严格区分的时候，可以把这两个概念不加区分地使用，如"数据处理"与"信息处理"是同义词，"数据资源"和"信息资源"是同义词。

对信息数据进行收集、整理、组织、存储、传播、检索、分类、加工、计算、打印报表、输出等一系列活动称为数据处理或信息处理。

在数据处理的一系列活动中，数据的收集、组织、存储、传播、检索、分类等活动是基本环节，这些基本环节称为数据管理或信息管理。

数据管理是数据处理的基本环节，数据管理技术的优劣直接影响着数据处理的效果。数据库技术就是一种先进的数据管理技术。

1.1.2　数据库

数据库（DataBase，DB），顾名思义，就是存放数据的仓库，是长期存储在计算机内的、有组织的、可共享的相关数据集合。

数据库中保存的是以一定的组织方式存储在一起的具有相互关联的数据整体，即数据库不仅保存数据，还保存数据与数据之间的联系。数据库中的数据可以被多个应用程序的用户所使用，进而达到数据共享的目的。

数据库中的数据与应用程序之间可以彼此独立。在数据库应用系统中，数据的组织和存储方法与应用程序互不依赖、相互独立。应用程序不再与一个孤立的数据文件相对应，它所涉及的数据取自整体数据集合的某个子集，作为逻辑文件与应用程序相对应，并通过系统管理软件实现逻辑文件与物理数据之间的映射。

数据库中的数据是相互关联的。数据库中的数据不是孤立的，数据与数据之间相互联系。在数据库中不仅存放了数据本身，还存放了数据与数据之间的联系。例如，在教学管理系统中，数据库不仅存放了关于学生的数据和关于课程的数据，而且还存放了哪些学生选修了哪几门课程这种选课关系，这就反映了学生数据与课程数据之间的联系。

综上所述，数据库是以一定的组织方式存放在一起的、能够被多个用户所共享的、与应用程序彼此独立的、相互关联的数据集合。

需要明确的是，数据库和数据仓库（Data Warehouse）不是同一个概念。数据仓库是在数据库技术的基础上发展起来的一个新的应用领域。

1.1.3　数据库管理系统

数据库管理系统（Database Management System，DBMS）是一个系统软件，负责对数据库资源进行统一的管理和控制，其职能是建立数据库、维护数据库、接受并完成用户提出的访问数据的各种请求，并且为数据库的安全性和完整性提供保证。数据库管理系统位于用户与操作系统之间。通过数据库管理系统，用户可以不必过问数据存放的细节而方便地建立、使用和维护数据库。用户通过数据库管理系统访问数据库中的数据，数据库管理员也通过数据库管理系统进行数据库的维护工作。它可使多个应用程序和用户用不同的方法在同时或不同时刻去建立、修改和询问数据库。

3

1.1.4　数据库系统

❯1. 数据库系统的定义

数据库系统（Database Systems）是由数据库及其管理软件组成的系统。它是为适应数据处理的需要而发展起来的一种较为理想的数据处理的核心机构。数据库系统是一个实际可运行的存储、维护和为应用系统提供数据的软件系统，是存储介质、处理对象和管理系统的集合体。

❯2. 数据库系统的构成部分

数据库系统包括数据、硬件、软件和用户四个部分。

（1）数据是构成数据库的主体，是数据库系统的管理对象。

（2）硬件是构成计算机系统的各种物理设备，包括存储所需的外部设备。硬件的配置应满足整个数据库系统的需要。

（3）软件是包括操作系统、数据库管理系统及应用程序。数据库管理系统是数据库系统的核心软件，是在操作系统的支持下，解决如何科学地组织和存储数据，如何高效地获取和维护数据的系统软件。

（4）用户包括专业用户、非专业用户和数据库管理员。

① 专业用户指应用程序员。他们负责设计和编制应用程序；通过应用程序存取和维护数据库；为最终用户准备应用程序。

② 非专业用户，即最终用户，是非计算机专业人员。他们通过应用系统提供的用户接口界面以交互方式操作数据库。交互式操作通常包括菜单驱动、图形显示、表格操作等。

③ 数据库管理员（Database Administrator，DBA），是一个负责管理和维护数据库服务器的人。数据库管理员负责全面管理和控制数据库系统。对于大型数据库系统，要求配备专门的数据库管理员，其主要职责是：

> 参与数据库设计的全过程；
> 定义数据库的安全性和完整性约束条件；
> 决定数据库的存储和读取策略；
> 监督控制数据库的使用和运行并及时处理运行程序中出现的问题；
> 改进数据库系统和重组数据库。

数据库系统结构如图 1.1 所示。

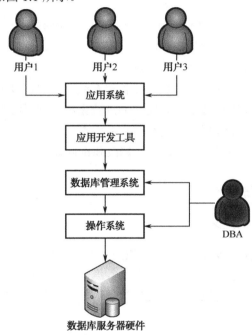

图 1.1　数据库系统结构

1.2　数据库管理系统——DBMS

1.2.1　DBMS 的功能

数据库管理系统是数据库系统的一个重要组成部分，是位于用户与操作系统之间的一层数据管理软件。它的主要功能有以下几个方面。

1. 数据定义功能

DBMS 提供数据定义语言（Data Definition Language，DDL），可以定义数据库的结构，定义数据库的完整性约束条件和保证完整性的触发机制等。

2. 数据操作功能

DBMS 提供数据操作语言（Data Manipulation Language，DML），用户可以使用数据

操作语言操作数据，实现对数据库中数据的查询、插入、修改、删除等基本操作。国际标准数据库操作语言——SQL 语言，就是数据操作语言的一种。

3. 数据库控制系统

DBMS 提供一系列系统运行控制程序，负责在数据库运行过程中对数据库进行管理和控制，主要表现在以下几个方面：在许多用户同时访问数据库时，协调每个用户的访问进程；对数据库进行安全检查，核对用户标识、口令，对照授权表检验访问的合法性等；对数据库进行完整性约束条件的检查和执行，在对数据库进行操作之前或之后，核对数据库完整性约束条件，从而决定执行数据库操作，或清除操作执行后的影响；对数据库的内部维护，如索引、数据字典的自动维护等。所有访问数据库的操作都要在这些控制程序的统一管理下进行，以保证数据正确有效。

4. 数据库的建立与维护功能

DBMS 还提供一些管理维护程序，主要体现为：负责数据库初始数据的输入；记录工作日志；监视数据库性能；在性能变坏时重新组织数据库；在用户要求或系统设备发生变化时修改和更新数据库；在系统软硬件发生故障时恢复数据。

1.2.2　DBMS 的组成

DBMS 主要由以下组件组成。

1. 数据定义语言及其翻译处理程序

DBMS 一般都提供数据定义语言（Data Definition Language，DDL）供用户定义数据库的各种模式，翻译程序负责将它们翻译成相应的内部表示，即生成目标模式。

2. 数据操作语言及其编译（或解释）程序

DBMS 提供了数据操作语言（Data Manipulation Language，DML）实现对数据库的检索、插入、修改、删除等基本操作。DML 分为宿主型 DML 和自主型 DML 两类。

3. 数据库运行控制程序

DBMS 提供了一些系统运行控制程序，负责数据库运行过程中的控制与管理，它们在数据库运行过程中监视着对数据的所有操作，控制并管理数据库资源，处理多用户的并发操作等。

4. 实用程序

DBMS 通常还提供一些实用程序，数据库用户可以利用这些实用程序完成数据库的建立与维护，以及数据格式的转换与通信。

1.3　关系数据模型

提到模型我们自然会联想到建筑模型、飞机模型等事物。广义地说，模型是现实世界特征的模拟和抽象。在数据库中，用数据模型（Data Model）这个工具来对现实世界进行抽象。数据模型应满足以下三个方面的要求：一是能比较真实地模拟现实世界；二是容易被人所理解；三是便于在计算机上实现。

在数据库系统中，针对不同的使用对象和应用目的，采用不同的数据模型。数据模型是帮助我们对数据和信息模型化的工具。根据模型应用的目的，可以将数据模型分为两种类型。

一类是概念模型，也称信息模型。它是独立于计算机之外的模型，如实体-联系模型，这种模型不涉及信息在计算机中如何表示，而是用来描述某一特定范围内人们所关心的信息结构，它是按照用户的观点来对数据和信息建模的，主要用于数据库的设计。

另一类是数据模型，它是直接面向计算机的，是按照计算机系统的观点对数据进行建模的，主要用于 DBMS 的实现，通常称为基本数据模型或数据模型，数据库中基本数据模型有网状模型、层次模型和关系模型等。

1.3.1　概念模型

为了把现实世界中的具体事物或事物之间的联系表示成 DBMS 所支持的数据模型，首先必须将现实世界的事物及其之间的联系进行抽象，转换为信息世界的概念模型。然后将信息世界的概念模型转换为机器世界的数据模型。也就是说，首先把现实世界中的客观对象抽象成一种信息结构，这种信息结构并不依赖于具体的计算机系统和 DBMS；然后，再把概念模型转换为某种计算机系统上的某个 DBMS 所支持的数据模型。因此，概念模型是从现实世界到机器世界的一个中间层次。它是整个数据模型的基础。

下面介绍概念模型中的几个术语。

▶1. 实体（Entity）

客观存在并可相互区别的事物称为实体。实体可以是人，可以是物，也可以是事；可以是实际对象，也可以是概念；可以是事物本身，也可以是指事物之间的联系。如一个学生，一辆轿车，一张椅子，一个部门等。也可以是抽象的事件，如一次足球比赛，一次借书过程等。

▶2. 属性（Attribute）

实体所具有的每个特性称为属性。例如，学生实体可以由学号、姓名、专业名、性别、出生日期、身高等属性组成。比如（101101，林琳，计算机软件，男，1991-8-10，175.5cm）这些属性组合起来表征了一个学生。

每个属性有一个取值范围，称为该属性的值域。值域的类型可以是整型、实型或字符型等。例如，学号的值域为若干位数字构成的字符串集合，姓名的值域为字符串集合，年龄的值域为整数，性别的值域为（男，女）。

▶3. 关键字（Key）

能唯一地标识一个实体的属性的集合称为关键字（或码）。例如，学生的学号就是学生实体的关键字（或码）。

4. 域（Domain）

每个属性有一个取值范围，称为该属性的值域。值域的类型可以是整型、实型或字符型等。例如，学号的值域为若干位数字构成的字符串集合，姓名的值域为字符串集合，年龄的值域为整数，性别的值域为（男，女）。

5. 实体型（Entity Type）

一类实体所具有的共同特征或属性的集合称为实体型。

一般用实体名及其属性来抽象地刻画一类实体的实体型。例如，学生（学号、姓名、专业名、性别、出生日期、身高）就是一个实体型。

6. 实体集（Entity Set）

同型实体的集合叫作实体集。例如，全体学生、所有的汽车、所有的学校、所有的课程、所有的零件都称为实体集。由此可以看到，事物的若干属性值的集合可表征一个实体，而若干个属性所组成的集合可表征一个实体的类型，简称为"实体型"，同类型的实体集合组成实体集。

7. 联系（Relationship）

现实世界的事物之间是有联系的。一般存在两类联系：一是实体内部组成实体的各属性之间的联系；二是各种实体之间的联系。在考虑实体内部的联系时，是把属性作为实体的。一般来说，两个实体之间的联系可分为三种。

（1）一对一（1:1）联系。若对于实体集 A 中的每个实体，实体集 B 中至多有唯一的一个实体与之联系，反之亦然，则称实体集 A 与实体集 B 具有一对一联系,记作 1:1,如图 1.2 所示。

例如，在学校里，一个班只有一个正班长，而一个班长只在一个班中任职，则班级与班长之间具有一对一联系。观众与座位、乘客与车票、病人与病床、学校与校长之间都是一对一的联系。

（2）一对多（1:n）联系。若对于实体集 A 中的每个实体，实体集 B 中有 n 个实体（$n \geq 0$）与之联系；反之，对于实体集 B 中的每个实体，实体集 A 中至多只有一个实体与之联系，则称实体集 A 与实体集 B 有一对多联系，记作 1:n，如图 1.3 所示。

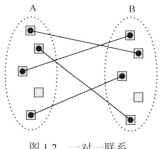
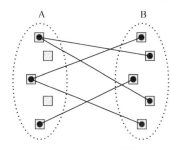

图 1.2　一对一联系　　　　　图 1.3　一对多联系

例如，一个班级中有若干名学生，而一个学生只能在一个班级中学习，则班级与学生之间具有一对多的联系。宿舍与学生之间也是一对多的联系。

（3）多对多（*m*：*n*）联系。若对于实体集 A 中的每个实体，实体集 B 中有 *n* 个实体（*n*≥0）与之联系；反之，对于实体集 B 中的每个实体，实体集 A 中也有 *m* 个实体（*m*≥0）与之对应，则称实体集 A 与实体集 B 具有多对多联系，记作 *m*：*n*，如图 1.4 所示。

例如，一个学生可以选修若干门课程，而一门课程也可以有若干名学生选修，所以学生与课程之间就是多对多联系。

概念模型的表示方法最常用的是实体-联系方法（Entity-Relationship Approach），简称 E-R 方法。该方法是由 P.P.S.Chen 在 1976 年提出的。E-R 方法用 E-R 模型图来描述某一组织的概念模型，在这里仅介绍 E-R 模型图的要点。在 E-R 模型图中：

➢ 长方形框表示实体集，框内写上实体型的名称；
➢ 椭圆形框表示实体的属性，并用无向边把实体框及其属性框连接起来；
➢ 菱形框表示实体间的联系，框内写上联系名，用无向边把菱形框及其有关的实体框连接起来，在旁边标明联系的种类（1：1，1：*n* 或 *m*：*n*）。如果联系也具有属性，则把属性框和菱形框也用无向边连接上。

例如，学生、班长、班级、课程的联系其 E-R 模型如图 1.5 所示。

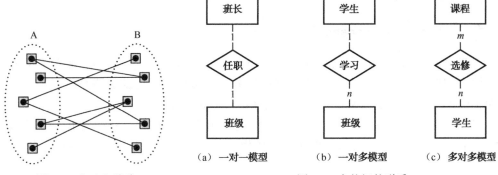

图 1.4　多对多联系　　　　　　图 1.5　实体间的联系

【例 1.1】 用 E-R 模型图来表示工厂库房管理系统的概念模型。

该库房信息如下所示。

➢ 库房：编号、名称、容量。
➢ 零件：零件号、零件名、型号规格。
➢ 职工：职工号、职工名、工种。

其中，每个库房有若干名职工，每个职工只能在一个库房工作；每个库房可存放若干种零件，每种零件可存放在不同的库房中。

因此，给系统建立概念模型其实就是为其设计对应的 E-R 模型图，其关键步骤如下。

第一步，确定实体和实体的属性，如图 1.6 所示。

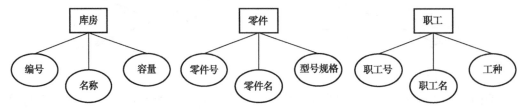

图 1.6　实体及其属性 E-R 模型图

第二步，确定实体之间的联系及联系的类型，如图 1.7 所示。

第三步，给实体和联系加上属性，如图 1.8 所示。

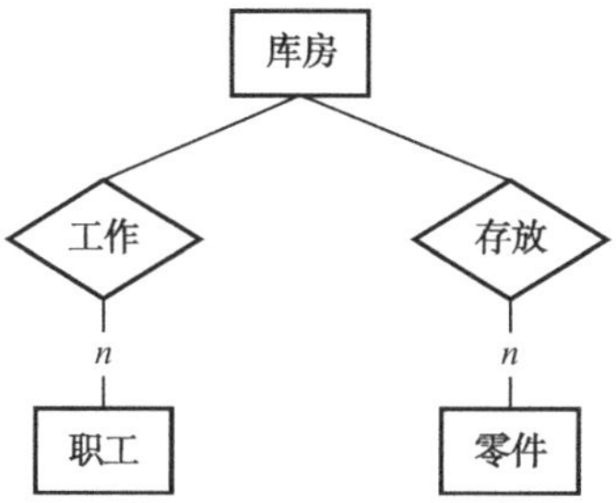

图 1.7 实体及其联系 E-R 模型图 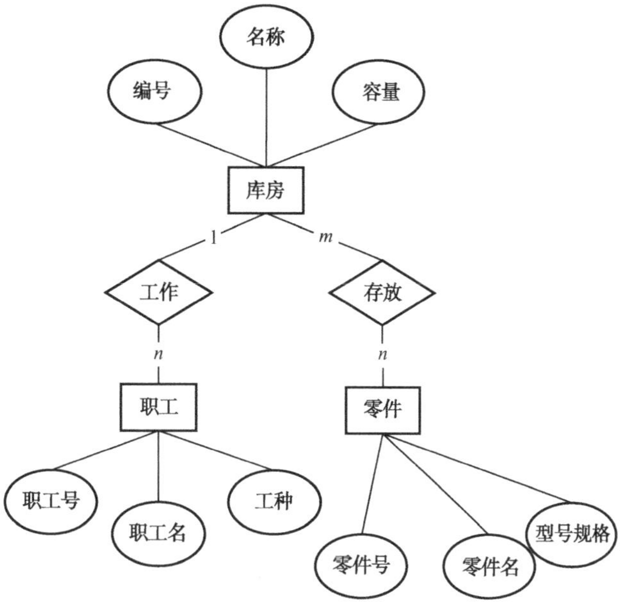   图 1.8 整体的 E-R 模型图

实体和属性之间并没有可以截然划分的界限，划分实体与属性有两个原则可作参考：一是作为实体属性的事物本身没有需要再进一步刻画的特征，即属性不能再有属性来描述；二是属性不能与其他实体具有联系，联系只发生在实体之间。凡是满足上面两条原则的事物，一般可作为属性对待。

例如，在图 1.9 中，职称再没有属性来描述，并且与实体之间没有发生联系。所以将职称作为职工的属性。而在图 1.10 中，职称与工资、福利等挂钩，即它还需要工资、福利等属性来描述，所以将它作为实体。

图 1.9 职称作为属性   图 1.10 职称作为实体

划分实体和联系也有一个原则可作参考：当描述发生在实体集之间的行为时，最好采用联系。例如，读者和图书之间的借、还书行为，顾客和商品之间的购买行为，都应该作为联系。

划分联系的属性应遵循如下原则：和联系中的所有实体都有关的属性应作为联系的属性。例如，学生和课程的选课联系中的成绩属性，顾客和商品之间的销售联系中的数量属性等都应该作为联系的属性。

【例 1.2】假设某公司在多个地区设有分公司销售本公司的各种产品，每个分公司聘用多名职工，且每名职工只属于一个分公司。分公司有公司名称、地区和联系电话等属

性，产品有产品编码、名称和价格等属性，职工有职工编号、姓名和性别等属性，每个
分公司销售产品有数量属性。根据上述语义画出 E-R 模型图。

　　根据题意可确定实体为：分公司、职工和产品。分公司与职工之间为 1 : n 的联系，
分公司与产品之间是 $m : n$ 的联系。数量应该作为分公司与产品之间联系的属性。其 E-R
模型图如图 1.11 所示。

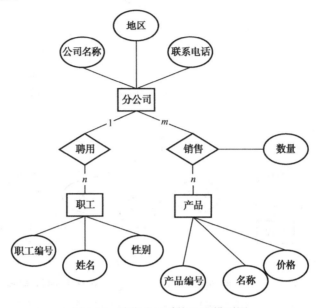

图 1.11　销售公司系统 E-R 模型图

1.3.2　数据模型

　　数据模型是数据库系统中关于数据和联系的逻辑组织的形式表示。每个具体的数
据库都是由一个相应的数据模型来定义。每种数据模型都以不同的数据抽象与表示能力
来反映客观事物，有其不同的处理数据联系的方式。数据模型的主要任务就是研究记录
类型之间的联系。数据模型是数据库系统的核心和基础，每个 DBMS 软件都是基于某种
数据模型开发的。

　　数据模型有三个要素：数据结构、数据操纵和完整性规则。数据结构用于描述系统
的静态特性，人们通常按照其数据结构的类型来命名数据模型。数据操作用于描述数据
的动态特征。完整性规则是给定的数据模型中数据及其联系所具有的制约和储存规则，
用以限定符合数据模型的数据库状态以及状态的变化。

　　目前，数据库领域采用的数据模型有层次模型、网状模型、关系模型和面向对象的
数据模型，其中应用最广泛的是关系模型。

1. 层次模型

　　用树形结构表示实体之间联系的模型叫层次模型。层次模型是最早用于商品数据库
管理系统的数据模型。其典型代表是由 IBM 公司于 1969 年开发的数据库管理系统 IMS
（Information Management System）。在现实世界中，许多实体集之间的联系就是一个自然
的层次关系。例如，行政机构、家族关系等都是层次关系。图 1.12 展示的就是学校中的

部门层次模型。

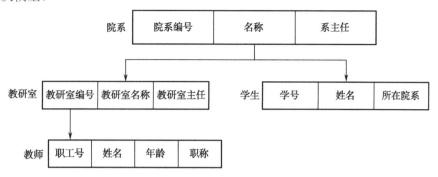

图 1.12　层次模型示例

层次模型的表示方法是：树的节点表示实体集（记录的型），节点之间的连线表示相连两实体集之间的关系，这种关系只能是"1:*m*"的。通常把表示"1"的实体集放在上方，称为父节点，表示"*m*"的实体集放在下方，称为子节点。层次模型的结构特点有以下两点。

（1）有且仅有一个根节点。

（2）根节点以外的其他节点有且仅有一个父节点。

因此层次模型只能表示"1:*m*"关系，而不能直接表示"*m*:*n*"关系。

在层次模型中，一个节点称为一个记录型，用来描述实体集。每个记录型可以有一个或多个记录值，上层的一个记录值对应下层的一个或多个记录值，而下层的每个记录值只能对应上层的一个记录值。

2. 网状模型

网状模型的典型代表是数据库任务组（DataBase Task Group，DBTG）。DBTG 是美国 CODASYL（Conference on Data System Languages）组织的下属机构，它于 1971 年提出 DBTG 报告。DBTG 报告是一个网络模型的数据描述语言和数据操作语言的规范文本。

网状模型（Network Model）是一种更具有普遍性的结构，从图论的角度讲，网状模型是一个不加任何条件限制的无向图。

网状模型是以记录为节点的网状结构，它满足以下条件：可以有任意个节点无双亲；允许节点有一个以上的双亲；允许两个节点之间有一种或两种以上的联系。

在网状模型的 DBTG 标准中，基本结构是简单二级树，这被称作系。系的基本数据单位是记录，它相当于 E-R 模型图中的实体集，记录又有若干数据项组成，它相当于 E-R 模型图中的属性。图 1.13 为网状模型示例。

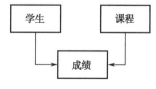

图 1.13　网状模型示例

网状模型明显优于层次模型，网状模型在一定程度上支持数据的重构，具有一定的数据独立性和共享特性，并且运行效率较高。但它在应用时有以下问题。

（1）网状模型的结构较为复杂，增加了用户查询和定位的困难。它要求用户熟悉数据的逻辑结构，知道自身所处的位置。

（2）网状模型的数据操作命令具有过程式性质。

（3）不直接支持对于层次结构的表达。

3. 关系模型

层次模型和网状模型已经很好地解决了数据的集中问题和共享问题，但是在数据独立性和抽象级别上仍有很大欠缺。用户在对这两种模型的数据库进行存取时，仍然需要明确数据的存储结构，指出存取路径。而后来出现的关系模型较好地解决了这些问题。关系模型的理论出现于20世纪70年代初。1970年，IBM公司的研究员E.F.Codd博士在发表的《大型共享数据库数据的关系模型》一文中正式提出了关系模型的概念。

目前，关系模型是数据库领域中最重要的一种数据模型。关系模型的本质是一张二维表。在关系模型中，一张二维表就称为一个关系，如表1.1就是一个关系。自20世纪80年代以来，计算机厂商推出的 DBMS 几乎都是关系型的。例如，Oracle，Sybase，Informix，MS SQL Server，Visual FoxPro 等。

表 1.1　2013 年部门大学的学生注册数量

学　院	新　生	毕　业　生	变　动
重庆大学	210	204	+6
邮电学院	123	113	+10
交通大学	184	121	+63
五一研究所	108	110	−2

注：虚构数据，仅用作图表示例。

（1）关系数据模型的优点。关系数据模型是应用最广泛的一种数据模型，它具有以下优点。

① 能够以简单、灵活的方式表达现实世界中各种实体及其相互间的关系，使用与维护也很方便。关系模型通过规范化的关系为用户提供了一种简单的用户逻辑结构。

② 关系模型具有严密的数学基础和操作代数基础，如关系代数、关系演算等，可将关系分开，或将两个关系合并，使数据的操作具有高度的灵活性。

③ 在关系模型中，数据间的关系具有对称性，因此，寻找关系在正反两个方向上难易程度是一样的，而在其他模型如层次模型中，从根节点出发寻找叶子的过程容易解决，而相反的过程则很困难。

（2）关系模型的缺点。尽管目前绝大多数的数据库系统采用关系模型，但它也存在如下缺点。

① 实现效率不够高。

② 描述对象语义的能力较弱。

③ 不直接支持层次结构，因此不直接支持对于概括、分类和聚合的模拟，即它不满足管理复杂对象的要求，不允许嵌套元组和嵌套关系的存在。

④ 模型的可扩充性较差。

⑤ 模拟和操纵复杂对象的能力较弱。

4. 面向对象的数据模型

数据库的发展集中表现为数据模型的发展。从最初的层次模型、网状模型发展到关系模型，数据库技术产生了巨大的飞跃。关系模型的提出，是数据库发展史上具有划时代意义的重大事件。然而，20 世纪 80 年代，随着数据库应用领域对数据库需求的增多，传统的关系模型开始暴露出许多弱点。如今，许多应用程序都要求有操纵声音、视频和图像数据的能力。传统的数据管理系统，并不能满足这样的要求，因为这些数据类型是不便于用行和列这样的二维表存储的，如 CAD 数据、图形数据等。这些数据需要更高级的数据库技术表达，所以出现了面向对象的数据模型。

面向对象的数据模型采用面向对象程序设计方法的核心概念和基本思想，它的核心概念包括以下几点。

（1）对象。一切可识别的实体。

（2）对象标识。现实世界中的任何实体都被统一用对象表示，每个对象都有唯一的标识，称为对象标识（Object Identifier，OID）。就像商品都有唯一的条形码一样，这在关系型数据库中也有。OID 与对象的物理存储位置无关，也与数据的描述方式和值无关。

（3）封装。每个对象是其状态和行为的封装。面向对象技术是把数据和行为封装在一起，使得数据应用更灵活。从对象外部看，对象的状态和行为是不可见的，只能通过显式的消息传递来存取。

（4）类。把类似的对象归并在一起，我们称之为类，类中每个对象称为实例，同一类的对象具有相同的实例变量和方法，可在类中统一说明，而不必在类的每个实例中重复说明，这样就减少了信息冗余。

面向对象的数据模型中类的概念相当于 E-R 模型图中实体集的概念。

（5）继承。继承性允许不同类的对象共享它们公共部分的结构和特性。继承性可以用超类和子类的层次联系实现。一个子类可以继承某个超类的结构和特性，这称为"单继承性"；一个子类也可以继承多个超类的结构和特性，这称为"多继承性"。

（6）消息。由于对象是封装的，对象与外部的通信一般只能通过显式的消息传递，即消息从外部传送给对象，存取和调用对象中的属性和方法，在内部执行所要求的操作，操作的结果仍以消息的形式返回。

面向对象的数据模型不但继承了关系模型的许多优良的性能，还能处理多媒体数据，并支持面向对象的程序设计。因此，它有可能成为数据库中最有前途和生命力的一种数据模型。

1.4 关系的完整性约束

关系有三类完整性约束条件：实体完整性约束、参照完整性约束和用户定义的完整性约束。前两类是关系模型必须满足的完整性约束条件，由关系数据库管理系统自动支持，而后一类约束条件是用户针对特定的数据设置的约束条件。

1.4.1 实体完整性约束

在介绍实体完整性约束之前，我们引入一个概念——关系模式。关系模式是对关系的描述，如关系中有哪些属性？各属性之间的依赖关系又如何？

在关系模式中，将能唯一标识一个元组的属性或属性组称为候选码，一般选中其中一个作为该关系的主码。包含在任何一个候选码中的属性都称为主属性。不包含在任何候选码中的属性称为非主属性。

实体完整性约束规则：若属性（指一个或一组属性）A 是基本关系 R 的主属性，则属性 A 不能取空值。

这个规则很容易理解，因为主码能唯一标识关系中的元组，若构成主码的主属性取空值（所谓空值就是"不知道"或"无意义"的值），便失去唯一标识功能。例如，关系模式为：学生（学号，姓名，性别，年龄，籍贯，专业名称），其中学号是主码，而主码对应的属性只有学号，所以学号也是主属性。根据实体完整性约束规则，学号不能取空值。若学号取空值，那么这个元组就没有意义了。再比如，学生选课关系模式为：选修（学号，课程编码，成绩），其中属性组"学号""课程编码"为主码，所以"学号"和"课程编码"这两个属性均不能取空值。

实体完整性约束规则是针对基本关系而言的，即针对现实世界的一个实体集，而现实世界中的实体是可区分的。该规则的目的是利用关系模式中的主码及主属性来区分现实世界中的实体集中的实体，所以主属性不能取空值。

1.4.2　参照完整性约束

在关系模型中，实体与实体之间的联系同样采用关系模式来描述。通过引用对应实体的关系模式的主码来表示对应实体之间的联系。

例如，关系模式：

部门（部门编码，部门名称，电话，办公地址）；

职工（职工编码，姓名，性别，年龄，籍贯，所属部门编码）。

其中，职工关系模式中的"所属部门编码"与部门关系模式中的主码"部门编码"相对应，则"所属部门编码"是职工关系模式中的外码。职工关系模式通过外码来描述与部门关系模式的关联。职工关系模式中的每个元组（每个元组描述一个职工实体）通过外码表示该职工所属的部门。当然，被参照关系的主码和参照关系的外码可以同名，也可以不同名。被参照关系与参照关系可以是不同关系，也可以是同一关系。

例如，职工（职工编码，姓名，性别，年龄，籍贯，所属部门编码，班组长编码），其中的"班组长编码"与本身的主码"职工编码"相对应，属性"班组长编码"是外码，职工关系模式既是参照关系也是被参照关系。

参照完整性约束规则：若属性 F 是基本关系 R 的外码，且 F 与基本关系 S 的主码 K 相对应，则对于 R 中每个元组在 F 上的值：必须等于 S 中某个元组的主码值，或者取空值。

在职工关系模式中，若某个职工的"所属部门编码"取空值，表示该职工未被分配到指定部门；若某个职工的"所属部门编码"等于部门关系模式中某个元组的"部门编码"，表示该职工隶属于指定部门。若既不为空值，又不等于被参照关系——部门关系模式中某个元组的"部门编码"分量，表示该职工被分配到一个不存在的部门，这就违背参照完整性约束规则。所以，参照完整性约束规则就是定义外码与主码之间的引用规则，也是关系模式之间的关联规则。

1.4.3　用户定义的完整性约束

用户定义的完整性是针对某一具体数据库的约束条件，它反映某一具体应用所涉及的数据必须满足的语义要求，关系模型应提供定义和检验这一类完整性的机制，以便用统一的系统方法处理它们，而不是由应用程序来承担这一功能。

　　例如，在职工关系模型中，职工年龄的取值范围应该限定在 18～60 岁之间，学生的成绩取值范围应该限定在 0～100 分之间，关系模型应该为用户提供定义和检验这一类完整性的约束机制，保证数据的正确性。

第2章

数据库设计

【背景分析】 小李在学习了数据库的相关基础知识以后,对数据库的相关知识内容有了充分的了解。随着信息化的发展,学校需要开发一个学生成绩管理系统,来实现有关数据的管理,学校把这个项目的数据库设计任务交给了小李。小李着手准备设计学生成绩管理系统的数据库,但是他好像遇到了问题,因为小李突然发现自己并不知道如何开始设计数据库。那么小李应该如何完成数据库设计这项工作呢?

小李为了完成数据库设计任务,需要从以下几个阶段来准备。

1. 需求分析阶段。
2. 概念结构设计阶段。
3. 逻辑结构设计阶段。
4. 数据库物理设计阶段。
5. 数据库实施阶段。
6. 数据库运行与维护阶段。

小李要想按照数据库设计的步骤,设计一个结构合理、使用方便并且高效的数据库,就必须具备以下知识和能力。

➡ 知识目标

1. 了解数据库设计的概念、任务、优点及缺点等。
2. 掌握数据库设计的步骤。
3. 掌握数据库项目的需求分析方法。
4. 掌握数据库概念结构设计方法。
5. 掌握 E-R 模型图的画法。
6. 掌握数据库的逻辑结构设计方法。
7. 掌握数据库的物理结构设计方法。
8. 熟悉数据库的运行、测试、维护的方法。

➡ 能力目标

1. 能够充分认识数据库设计的重要性。
2. 能够对项目进行需求分析。
3. 能够根据需求分析结果(文档),并且进行概念结构设计。
4. 能够进行数据库逻辑结构设计。
5. 能够进行数据库物理结构设计。
6. 能够进行数据库运行、维护、测试。

2.1 认识数据库设计

数据库设计（Database Design）是指对于一个给定的应用环境，构造最优的数据库模式，建立数据库及其应用系统，使之能够有效地存储数据，满足各种用户的应用需求（信息需求和处理需求）。数据库设计的内容包括两个方面：一方面是数据库的结构设计（静态）；另一方面是数据库的行为设计（动态），即对使用数据库的应用进行设计。这两方面的设计应结合进行。数据库设计的重要目标是满足应用功能需求并具备良好的数据库性能，数据库设计质量的优劣，直接影响到数据库的应用以及应用过程中的维护工作。

实际上，数据库已成为现代化信息系统的基础与核心部分。如果数据库模型设计不合理，即使使用性能良好的 DBMS 软件，也很难使系统达到最佳状态，仍然会出现文件系统冗余、异常和不一致等问题。总之，数据库设计的优劣将直接影响信息系统的质量和运行效果。

在具备了 DBMS、系统软件、操作系统和硬件环境后，对数据库应用开发人员来说，需要使用这个环境表达用户的需求，构造最优的数据库模型，然后据此建立数据库及其应用系统，这个过程称为数据库设计。

2.1.1 数据库设计的概述

数据库设计是一个比较复杂的软件设计问题。一个数据库应用系统其实质也是一个应用软件系统，所以其设计过程总体上应遵循由问题定义、可行性研究、需求分析、总体设计、详细设计、编码与单元测试、综合测试、软件维护等环节所构成的软件生命周期的阶段进行划分的原则。依照软件生命周期方法学，通常把数据库应用系统从开始规划，设计实现，运行使用，直到被新的系统取代而停止使用的整个时期，称为数据库生命周期。并将这个生命周期分为数据库设计规划、数据库设计、数据库实现、数据库运行与系统维护四个阶段。其中数据库设计时期又可进一步划分成为用户需求分析、概念结构设计、逻辑结构设计、物理结构设计四个阶段；数据库实现时期又可进一步划分为数据库结构创建和数据库应用行为设计两个阶段。这样，数据库的生命周期，即数据库应用系统从开始规划到停止使用的全过程，就可以分为八个阶段。

数据库设计的基本任务就是根据一个组织部门的信息需求、处理需求和数据库的支持环境（包括 DBMS、操作系统和硬件），设计出数据模式，包括外模式、逻辑（概念）模式和内模式及典型的应用程序；其中信息需求表示一个组织部门所需要的数据及其结构；处理需求表示一个组织部门需要经常进行的数据处理过程，如工资计算、成绩统计等。前者表达了对数据库的内容及结构的需求，也就是静态需求；后者表达了基于数据库的数据处理需求，也就是动态需求。DBMS、操作系统和硬件既是建立数据库应用系统的软、硬件基础，也是其制约因素。为了便于理解以上概念，下面举一个具体的例子。

某大学需要利用数据库来存储和处理每个学生、每门课程以及每个学生所选课程及成绩的数据。其中每个学生的属性有姓名（Name）、性别（Sex）、出生日期（Birthdate）、系别（Department）、入学日期（Enterdate）等；每门课程的属性有课程号（Cno）、学时

（Ctime）、学分（Credit）、教师（Teacher）等；学生和课程之间的联系是学生选了哪些课程以及学生所选课程的成绩或所选课程是否考试通过等。以上这些都是这所大学需要的数据及其结构，属于整个数据库应用系统的信息需求。而该大学在数据库上做的操作，如统计每门课的平均分、每个学生的平均分等，则是此大学需要的数据处理过程，属于整个数据库应用系统的处理需求。最后，此大学运行数据库应用系统的操作系统（Windows、UNIX），硬件环境（CPU速度、硬盘容量）等，也是数据库设计时需要考虑的因素。

信息需求主要是定义数据库应用系统将要用到的所有信息，包括描述实体、属性、关系以及关系的性质，处理需求则定义所设计的数据库应用系统将要进行的数据处理过程，描述操作的优先次序、操作执行的频率和场合，描述操作与数据之间的联系。当然，信息需求和处理需求的区分不是绝对的，只不过侧重点不同而已。信息需求要反映处理需求，处理需求自然包括其所需的数据。

通过上面的分析我们看到，数据库设计的任务有两个：一是数据模式的设计，二是以数据库管理系统为基础的应用程序的设计。应用程序是随着业务的发展而不断变化的，在有些数据库应用系统中（如情报检索），事先很难编出所需的应用程序或事务，因此，数据库设计的最基本的任务是数据模式的设计。不过，数据模式的设计必须满足数据处理的要求，以保证大多数常用的数据处理操作能够方便、快速地进行。

实体、关系和属性是所有用户信息的基础。实体就是一组有相同属性的对象，被用户标识为独立存在的对象集合，是E-R建模的一个基本概念。属性就是实体具有的某种特性，代表需要知道的有关实体的内容。例如，实体"学生"，可以通过他的姓名、学号、身份证号、班级等相关属性来描述。属性的值描述了每个实体的现状，并代表了存储在数据库中的数据的主要来源。属性可以分为简单属性和复合属性，单值属性和多值属性。

1. 属性的分类

（1）简单属性（Simple Attribute）。仅由单个元素组成的属性，简单属性是不能被进一步分解的。例如，实体"学生"的学号和身份证号就是简单属性。

（2）复合属性（Composite Attribute）。由多个元素组成的属性，复合属性可以进一步分解为多个独立存在的更小元素。例如，实体"学生"的姓名可以分为曾用名和姓名。

（3）单值属性（Single-Valued Attribute）。一个实体只有一个值的属性。

（4）多值属性（Multi-Valued Attribute）。一个实体可以有多个值的属性。对于具体的实体来说，大多数实体是单值属性。例如：实体"学生"的身份证号就只有一个（如411213198810203214），但学生的个人爱好可能有多个值，比如既喜欢篮球也喜欢足球。

2. 关系

关系（Relationship），指实体之间具有某种含义的关联。关系的多样性（Multiplicity）是指一个实体中可能和相关实体存在关联的实体事件的数目。最常用的关系是度为2的二元关系。二元关系上的多样性约束一般被叫作一对一（1:1）、一对多（1:n）或者多对多（m:n）。

2.1.2 数据库设计的特点和方法

数据库设计既是一项涉及多学科的综合性技术，又是一项庞大的工程项目。"三分技术，七分管理，十二分基础数据"是构建数据库的基本规律。同其他的工程设计一样，数据库设计具有以下三个特点。

▶ 1. 反复性（Iterative）

数据库设计不可能"一气呵成"，需要反复推敲和修改才能完成。前期阶段的设计是后期阶段设计的基础和起点，后期阶段也可向前期阶段反馈其要求。如此反复修改，才能较为圆满地完成数据库的设计任务。

▶ 2. 试探性（Tentative）

与解决一般问题不同，数据库设计的结果通常不是唯一的，所以设计的过程基本上是一个试探的过程。由于在设计过程中，有各种各样的需求和制约的因素，它们之间有时可能会相互矛盾，因此数据库的设计结果很难达到非常满意的效果，比如为了实现某些方面的优化处理而降低了其他方面的性能。这些取舍是由数据库设计者权衡本组织部门的需求来决定的。

▶ 3. 分步进行（Multistage）

数据库设计常常由不同的人员分阶段地进行。这样既可以使数据库设计变得条理清晰、目的明确，同时又满足了技术上的分工需要。而且分步进行还可以分段把关，逐级审查，能够保证数据库设计的质量和进度。尽管后期阶段可能会向前期阶段反馈其要求，但在正常情况下，这种反馈修改的工作量应该是较少的。

由于信息结构复杂，应用环境多样，在相当长的一段时期内数据库设计主要采用手工试凑法。使用这种方法与设计人员的经验和水平有直接关系，数据库设计成为一种技艺而不是工程技术，缺乏科学理论和工程方法的支持，工程的质量难以保证，常常是数据库运行一段时间后又不同程度地发现各种问题，增加了系统维护的代价。

规范设计法中比较著名的有新奥尔良（New Orleans）方法。它将数据库设计分为四个阶段：需求分析（分析用户要求）、概念设计（信息分析和定义）、逻辑设计（设计实现）和物理设计（物理数据库设计）。基于 E-R 模型的数据库设计方法，基于第三范式（3NF）的设计方法，基于抽象语法规范的设计方法等，是在数据库设计的不同阶段中支持实现的具体技术和方法。其中，基于抽象语法规范的设计方法从本质上看仍然是手工设计方法，其基本思想是过程迭代和逐步求精。

2.1.3 数据库设计的基本步骤

数据库应用系统以数据为中心，在数据库管理系统的支持下进行数据的收集、整理、存储、更新、加工和统计，以及信息的查询和传播等操作的计算机系统。数据库设计既要满足用户的需求，又要与给定的应用环境密切相关，因此必须采用系统化、规范化的

19

设计方法进行设计。

设计与使用数据库应用系统的过程是把现实世界的数据经过人为加工和计算机处理，为现实世界提供信息的过程。在给定的 DBMS、操作系统和硬件环境下，表达用户的需求，并将其转换为有效的数据库结构，构成较好的数据库模式，这个过程称为数据库设计。要设计一个好的数据库必须用系统的观点分析和处理问题。数据库应用系统开发的全过程可分为两大阶段：数据库应用系统的分析与设计阶段；数据库应用系统的实施、运行与维护阶段。具体细分为如下六个步骤：需求分析、概念结构设计、逻辑结构设计、物理结构设计、数据库实施和数据库运行与维护。

▶1. 需求分析

需求分析是数据库设计的基础，通过调查和分析，了解用户的信息需求和处理需求，并以数据流图、数据字典等形式加以描述。需求分析是整个设计过程的基础，是最困难、最耗时的一步。需求分析做得不好，将会导致整个系统返工重做。

▶2. 概念结构设计

主要是把需求分析阶段得到的用户需求进行综合、归纳与抽象，形成一个独立于具体 DBMS 的概念结构模型。概念结构设计是数据库设计的关键，我们将使用 E-R 模型作为概念结构设计的工具。

▶3. 逻辑结构设计

就是将概念结构设计阶段产生的概念结构转换成为某个 DBMS 所支持的数据模型，并对其进行优化。由于本书主要是围绕关系模型来进行讨论的，所以本章以关系模型和关系数据库管理系统为基础来讨论逻辑结构设计。

▶4. 物理结构设计

物理结构设计是为逻辑数据模型选取一个最合适的物理环境（包括存储结构和存取方法）。

▶5. 数据库实施

在这个阶段，设计人员运用 DBMS 提供的数据库语言（如 SQL）及其宿主语言，根据逻辑设计和物理设计的结果建立数据库，编写与调试应用程序，组织数据入库，并进行试运行。

▶6. 数据库运行与维护

数据库应用系统经过试运行后即可投入正式运行，在数据库应用系统运行过程中必须不断地对其进行评价、调整和修改。设计一个完善的数据库应用系统是不可能一蹴而就的，它往往需要上面六个阶段反复进行。

图 2.1 反映了数据库设计过程中需求分析、概念结构设计阶段独立于计算机系统（软件、硬件），而逻辑结构设计阶段、物理结构设计阶段应根据应用的需求和计算机软、硬件的资源（操作系统、数据库管理系统、内存的容量、CPU 的速度等）进行设计。

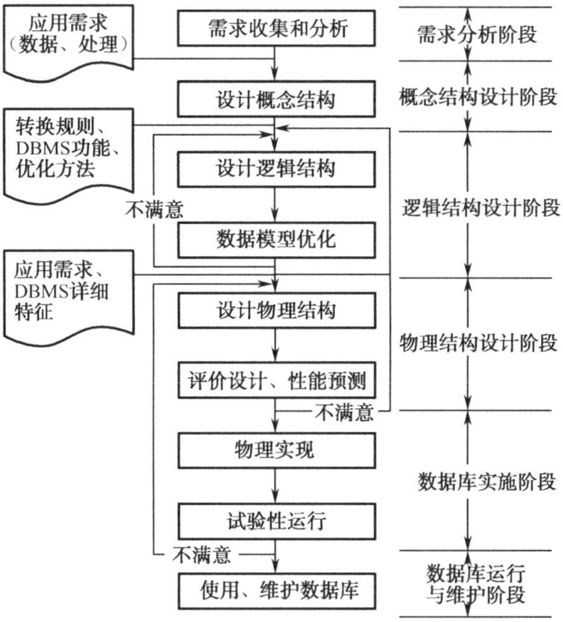

图 2.1　数据库设计步骤

　　需要指出的是，这个设计步骤既是数据库设计的过程，也包括了数据库应用系统的设计过程。在设计过程中把数据库的设计和对数据库中数据处理的设计紧密结合起来，将这两个方面的需求分析、抽象、设计、实现在各阶段同时进行、相互参照、相互补充，以完善两方面的设计。事实上，如果不了解应用环境对数据的处理要求，或没有考虑如何去实现这些处理要求，是不可能设计出一个良好的数据库结构的。

2.2　需求分析

　　需求分析简单地说就是分析用户的需求。需求分析是设计数据库的起点，需求分析的结果是否准确地反映了用户的实际需要，将直接影响到后面各阶段的设计，并影响到设计结果是否合理和实用。

2.2.1　需求分析的目标

1. 确认目标

　　设计一个数据库应用系统，首先必须确认数据库应用系统的用户和用途。由于数据库应用系统模拟了一个组织部门，因此，数据库设计者必须对一个组织部门的基本情况有所了解，比如该组织部门的组织机构、各部门的联系、有关事物和活动，以及描述它们的数据、信息流程、政策制度、报表及其格式和有关的文档等。收集和分析这些资料的过程称为需求分析。需求分析的目标是给出应用领域中数据项、数据项之间的关系和数据操作任务的详细定义，为数据库应用系统的概念结构设计、逻辑结构设计和物理结构设计奠定基础，为优化数据库应用系统的逻辑结构和物理结构提供可靠依据。设计人员应与用户密切合作，用户则应积极参与，从而使设计人员对用户需求有全面、准确的理解。

▶2. 深入了解

需求分析的过程是对现实世界深入了解的过程，数据库应用系统能否正确地反映现实世界，主要取决于需求分析。需求分析人员既要对数据库技术有一定的了解，又要对组织部门的情况比较熟悉，一般由数据库设计人员和有关组织部门的有关工作人员合作进行。需求分析的结果整理成需求分析说明书，这是数据库技术人员与有关组织部门的工作人员取得共识的基础，必须得到有关组织部门人员的确认。

▶3. 详细调查

需求分析的任务是通过详细调查现实世界要处理的对象（组织、部门、企业等），充分了解原系统（手工系统或计算机系统）工作概况，明确用户的各种需求，然后在此基础上确定新系统的功能。新系统必须充分考虑今后可能的扩充和改变，不能仅仅按当前应用需求来设计数据库。调查的重点是"数据"和"处理"，通过调查、收集与分析，获得用户对数据库的如下要求。

（1）信息要求，指用户需要从数据库中获得信息的内容与性质。由信息要求可以导出数据要求，即在数据库中需要存储哪些数据。

（2）处理要求，指用户要完成什么处理功能，对处理的响应时间有什么要求，处理方式是批处理还是联机处理。

（3）安全性和完整性要求。

2.2.2 需求信息的收集

需求信息的收集又称为系统调查。为了充分地了解用户可能提出的要求，在调查研究之前，要做好充分的准备工作，要明确调查的目的、调查的内容和调查的方式。

▶1. 调查的目的

首先，要了解一个组织部门的机构设置、主要业务活动和职能。其次，要了解该组织部门的大致工作流程和任务划分范围。这一阶段的工作量较大且较为烦琐，尤其是管理人员缺乏对计算机相关知识的了解，他们不知道或不清楚哪些信息对于数据库设计者是必要的或重要的，不了解计算机在管理中能起什么作用，做哪些工作。另一方面，数据库设计者缺乏对管理对象的了解，不了解管理对象内部的各种联系，不了解数据处理中的各种要求。由于管理人员与数据库设计者之间存在着这样的距离，所以需要管理部门和数据库设计者更加紧密地配合，充分提供有关信息和资料，为数据库应用系统的设计打下良好的基础。

▶2. 调查的内容

外部要求：信息的性质，响应的时间、频度和如何发生等规则，以及对经济效益的考虑和要求，安全性及完整性要求。

业务现状：这是调查的重点，包括信息的种类、信息流程、信息的处理方式、各种业务工作过程和各种票据。

组织机构：了解有关组织部门内部机构的作用，现状和存在的问题，以及是否适应计算机管理，规划中的应用范围和要求。

3. 调查的方式

开座谈会；跟班作业；请调查对象填写调查表；查看业务记录、票据；个别交谈。

对高层负责人的调查，最好采用个别交谈方式。在交谈之前，应给他们一份详细的调查提纲，以便使他们有所准备。从访问中，可获得有关该组织的高层管理活动和决策过程的信息需求、该组织的运行政策、未来发展变化趋势与战略规划有关的信息。

对中层管理人员的访问，可采用开座谈会、个别交谈或发调查表、查看业务记录的方式，目的是了解企业的具体业务控制方式和约束条件、不同业务之间的接口、日常控制管理的信息需求以及预测未来发展的潜在信息要求。

对基层操作人员的调查，主要采用发调查表和个别交谈方式来了解每项具体业务的过程、数据要求和约束条件。

2.2.3   需求信息的整理

调查了解了用户的需求以后，还需要进一步分析和表达用户的需求。在众多的分析方法中，结构化分析方法（Structured Analysis，SA）是一种简单实用的方法。SA 方法从最上层的系统组织机构入手，采用自顶向下、逐层分解的方法分析系统。想要把收集到的信息（如文件、图表、票据、笔记等）转化为下一设计阶段可用的信息，必须对需求信息做分析整理工作。

1. 业务流程分析

业务流程分析的目的是获得业务流程及业务与数据联系的形式描述。一般采用数据流分析方法，分析结果以数据流图（DFD）表示。数据流图表达了数据和处理过程的关系，在 SA 方法中，处理过程的处理逻辑常常借助判定树或判定表来描述，系统中的数据则借助数据字典（Data Dictionary，DD）来描述。图 2.2 是一个数据流图的示意图。图中的有向线段表示数据流，圆圈代表一个处理过程，带有名字的双线段表示存储的信息。

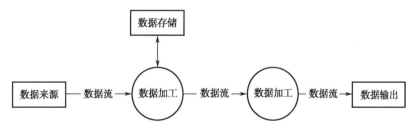

图 2.2   数据流图基本形式

下面是学校教学管理系统中数据库设计的业务流程分析，原始的数据是学生的成绩，系统要求统计学生的成绩，并根据成绩统计的结果由奖学金评委评选出获得奖学金的学生，其数据流图如图 2.3 所示。

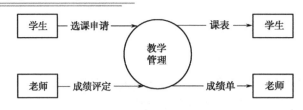

图2.3　教学管理的数据流图

▶2. 编制数据字典

数据流图表达了数据和处理过程的关系，数据字典则是系统中各类数据描述的集合，是进行详细的数据收集和数据分析所获得的主要成果。数据字典在数据库设计中占有很重要的地位。

数据字典通常包括数据项、数据结构、数据流、数据存储和处理过程五个部分。其中数据项是数据的最小组成单位，若干个数据项可以组成一个数据结构，数据字典通过对数据项和数据结构的定义来描述数据流、数据存储的逻辑内容。

（1）数据项。数据项是不可再分的数据单位。对数据项的描述通常包括以下内容。

> 数据项描述={数据项名，数据项含义说明，别名，数据类型，长度，取值范围，取值含义，与其他数据项的逻辑关系，数据项之间的联系}

其中"取值范围""与其他数据项的逻辑关系"（如该数据项等于另几个数据项之和，该数据项等于另一个数据项的值等）定义了数据的完整性约束条件，是设计数据检验功能的依据。可以用关系规范化理论为指导，用数据依赖的概念来分析和表示数据项之间的联系。即按实际语义，写出每个数据项之间的数据依赖，它们是数据库逻辑设计阶段数据模型优化的依据。

（2）数据结构。数据结构反映了数据之间的组合关系。一个数据结构可以由若干个数据项组成，也可以由若干个数据结构组成，或由若干个数据项和数据结构混合组成。对数据结构描述通常包括以下内容。

> 数据结构描述={数据结构名，含义说明，组成：{数据项或数据结构}}

（3）数据流。数据流是数据结构在系统内传输的路径。对数据流的描述通常包括以下内容。

> 数据流描述={数据流名，说明，数据流来源，数据流去向，组成：{数据结构}，平均流量，高峰期流量}

其中"数据流来源"是说明该数据流来自哪个过程。"数据流方向"是说明该数据流到哪个过程去。"平均流量"是指在单位时间（每天、每周、每月等）里的传输次数。"高峰期流量"则是指在高峰时期的数据流量。

（4）数据存储。数据存储是数据结构停留或保存的地方，也是数据流的来源和去向之一。它可以是手工文档或手工凭单，也可以是计算机文档。对数据存储的描述通常包括以下内容。

> 数据存储描述={数据存储名，说明，编号，输入的数据流，输出的数据流，组成：{数据结构}，数据量，存取频度，存取方式}

其中"存取频度"指每小时或每天或每周存取几次、每次存取多少数据等信息。"存取方式"包括批处理/联机处理；检索/更新；顺序检索/随机检索等。另外，"输入的数据流"要指出其来源，"输出的数据流"要指出其去向。

（5）处理过程。处理过程的具体处理逻辑一般用判定表或判定树来描述。数据字典中只需描述处理过程的说明性信息，通常包括以下内容。

> 处理过程描述={处理过程名，说明，输入：{数据流}，输出：{数据流}，处理：{简要说明}}

其中"简要说明"中主要说明该处理过程的功能及处理要求。功能是指该处理过程用来做什么（而不是怎么做），处理要求包括处理频度要求，如单位时间里处理多少事务、多少数据量、响应时间要求等。这些处理要求是后面物理设计的输入及性能评价的标准。

可见，数据字典是关于数据库中数据的描述，即元数据，而不是数据本身。数据字典是在需求分析阶段建立，在数据库设计过程中不断修改、充实、完善的。

▶3. 评审

评审的目的在于确认某一阶段的任务是否全部完成，以免出现重大的疏漏和错误。评审要有项目组以外的专家和主管部门负责人参加，以保证评审工作的客观性和质量。评审常常导致设计过程的回溯和反复，需要根据评审意见修改所提交的阶段设计成果，有时修改工作甚至要回溯到前面的某一阶段，进行部分乃至全部重新设计，然后再进行评审，直至全部达到系统的预期目标为止。最后需要注意以下两点内容。

（1）需求分析阶段的一个重要而又困难的任务是收集将来应用所涉及的数据，设计人员应充分考虑到可能的扩充和改变，使设计易于更改，系统易于扩充。

（2）必须强调用户的参与，这是数据库应用系统设计的特点。数据库应用系统和广大用户有密切的联系，许多人要使用数据库。数据库的设计和建立还可能对更多人的工作环境产生重要影响。因此用户的参与是数据库设计不可分割的一部分。在数据分析阶段，任何调查研究没有用户的积极参与是寸步难行的。设计人员应该和用户取得共同的语言，帮助不熟悉计算机的用户建立数据库环境下的共同概念，并对设计工作的最后结构承担共同的责任。

2.3 概念结构设计

将需求分析得到的用户需求抽象为信息结构（概念模型）的过程就是概念结构设计。概念结构设计的任务是在需求分析阶段产生的需求说明书的基础上，按照特定的方法把它们抽象为一个不依赖于任何具体机器的数据模型，即概念模型。概念模型使设计者的注意力能够从复杂的实现细节中解脱出来，而只集中在最重要的信息的组织结构和处理模式上。

2.3.1 概念结构设计的目标

概念结构设计的目标是设计出反映某个组织部门信息需求的数据库应用系统的概念

型，数据库应用系统的概念模型独立于数据库应用系统的逻辑结构、数据库管理系统、计算机系统。

▶ 1. 概念模型的主要特点

（1）能真实、充分地反映现实世界，包括事物和事物之间的联系，能满足用户对数据的处理要求，是对现实世界建立的一个真实模型。

（2）易于理解，可以利用概念模型和不熟悉计算机的用户交换意见，用户的积极参与是数据库设计成功的关键。

（3）易于更改，当应用环境和应用要求改变时，容易对概念模型进行修改和扩充。

（4）易于向关系、网状、层次等各种数据模型转换。

▶ 2. 概念结构的设计方法

概念结构是各种数据模型的共同基础，它独立于机器，比数据模型更抽象，从而更加稳定。描述概念模型的有力工具是 E-R 模型。概念结构的设计方法有两种。

（1）集中式模式设计法。这种方法是根据需求由一个统一机构或人员设计一个综合的全局模式。这种方法简单方便，适合于小型或不复杂的系统设计，由于该方法很难描述复杂的语义关联，所以不适于大型或复杂的系统设计。

（2）试图集成设计法。这种方法是将一个系统分解成若干个子系统，首先对每个子系统进行模式设计，建立各局部视图，然后将这些局部视图进行集成，最终形成整个系统的全局模式。

2.3.2 概念结构设计的方法与步骤

▶ 1. 概念结构设计的方法

设计概念结构通常有四类方法。

（1）自顶向下：即首先定义全局概念结构的框架，然后逐步细化，如图 2.4（a）所示。

（2）自底向上：即首先定义各局部应用的概念结构，然后将它们集成起来，得到全局概念结构，如图 2.4（b）所示。

（3）逐步扩充：首先定义最重要的核心概念结构，然后向外扩充，以滚雪球的方式逐步生成其他概念结构，直至形成总体概念结构，如图 2.4（c）所示。

（4）混合策略：即将上述三种方法与实际情况结合起来使用，用自顶向下策略设计一个全局概念结构的框架，再以它为骨架集成自底向上策略中设计的各局部新概念结构。

通常，当数据库应用系统不是特别复杂，且很容易掌握全局的时候，我们可以采用自顶向下策略；当数据库应用系统十分庞大，且结构复杂时，很难一次性掌握全局，这时一般采用自底向上策略；当时间紧迫，需要快速建立起一个数据库应用系统时，可以采用逐步扩张策略，但是该策略容易产生负面效果，所以要慎用。

▶ 2. 概念结构设计的步骤

一般来说，自底向上的策略最常被采用，这里只介绍该设计方法。它通常分为两步：

第一步是数据抽象并设计局部视图；第二步是集成局部视图，得到全局概念结构。

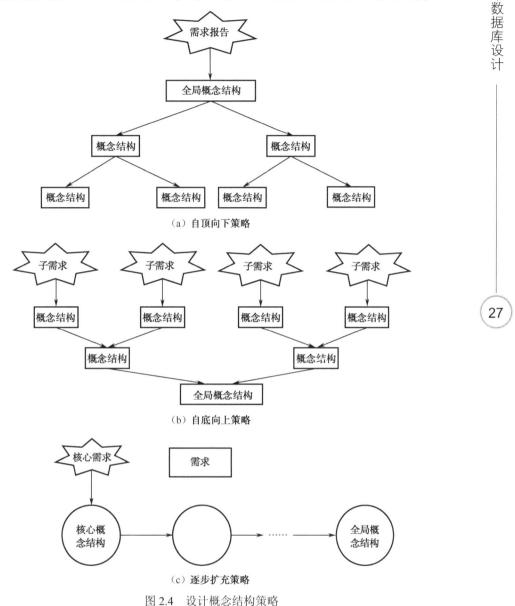

图 2.4　设计概念结构策略

2.3.3　数据抽象与局部视图的设计

概念结构是对现实世界的一种抽象。所谓抽象是对实际的人、物、事和概念进行人为处理，抽取所关心的共同特性，忽略非本质的细节，并把这些特征用各种概念精确地加以描述，这些概念组成了某种模型。以 E-R 模型为例，概念模型就是将需求分析中的信息抽象成一个一个的实体，并确定这些实体之间的关系。

▶ **1. 抽象的三种情况**

（1）分类（Classification）。将具有共同特性和行为的对象抽象成为一类。它抽象了对象值和实体型之间的"is member of"的语义，如"张三""李四""王五""赵六"抽象成"学生"；"计算机""通信""管理"等抽象成"专业"。这些类既可以作为E-R模型中的实体，也可以作为实体的属性。例如，在学校环境中，王枫是学生，表示王枫是学生中的一员，具有学生的共同特性和行为：在某个班学习某种专业，选修某些课程等，如图2.5所示。

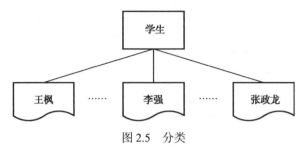

图2.5 分类

（2）聚集（Aggregation）。找出从属于一个实体的所有属性，即定义某一类型的组成部分，它抽象了对象内部类型和成分之间"is part of"的语义。如"学号""姓名""专业"都从属于"学生"这个实体；"专业代码""专业名称""基本方向"都从属于"专业"这个实体。当一个实体中的所有属性都找到了，这个实体也基本上完成了。在E-R模型中，若干属性聚集组成了实体型，如图2.6所示。

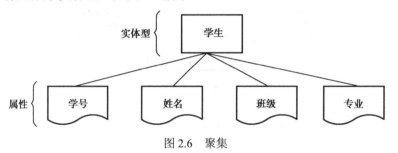

图2.6 聚集

（3）概括（Generalization）。概括是从面向对象的角度来考虑实体与实体之间的关系，即类似于类之间的"继承"或"派生"关系，它抽象了类型之间的"is subset of"的语义。如"学生"派生出"大学生"，"大学生"派生出"专科生"；反过来看，"专科生"继承了"大学生"的属性，"大学生"继承了"学生"的属性，如图2.7所示。当然，原E-R模型不支持概括这种抽象，除非对其进行扩充，允许定义超类实体和子类实体。

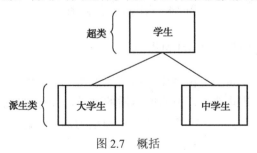

图2.7 概括

2. 局部视图的设计方法

概念结构设计的第一步就是利用上面介绍的抽象机制对需求分析阶段收集到的数据

进行分类、组织（聚集），形成实体、实体的属性，标识实体的码，确定实体之间的联系类型（1：1，1：n，m：n），设计分 E-R 模型图。具体做法如下所示。

（1）选择局部应用。根据某个系统的具体情况，在多层的数据流图中选择一个适当层次的数据流图，作为设计分 E-R 模型图的出发点。让这组图中每个部分对应一个局部应用。由于高层的数据流图只能反映系统的概貌，而底层的数据图又过于分散和琐碎，所以人们往往以中层数据流图作为设计分 E-R 模型图的依据，因为中层的数据流图能较好地反映系统中各局部应用的子系统组成，如图 2.8 所示。

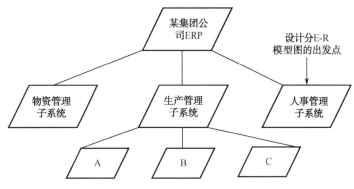

图 2.8　设计分 E-R 模型图的出发点

（2）逐一设计分 E-R 模型图。选择好局部应用之后，就要对每个局部应用逐一设计分 E-R 模型图，又称局部 E-R 模型图。

在前面选好的某一层次的数据流图中，每个局部应用都对应了一组数据流图，局部运用涉及的数据都已经收集在数据字典中了。现在就是要将这些数据从数据字典中抽取出来，参照数据流图，标定局部应用中的实体、实体属性、标识实体的码，确定实体之间的联系及其类型。

事实上，在现实世界中最具体的应用环境常常对实体和属性已经做了大体的自然划分。在数据字典中，"数据结构""数据流"和"数据存储"都是若干属性有意义的聚合，就体现了这种划分。可以从这些内容出发定义 E-R 模型图，然后再进行必要的调整。在调整中遵循的一条原则是：为了简化 E-R 模型图的处理，现实世界的事物能作为属性对待的，尽量作为属性对待。

在设计过程中，我们可能会发现有些事物既可以抽象为实体也可以抽象为属性或实体间的联系。对于这样的事物，我们应该使用最易于被用户理解的概念模型来表示。在易于被用户理解的前提下，既可抽象为属性又可抽象为实体的事物，则尽量抽象为属性。

属性和实体之间在形式上并没有可以截然划分的界限，但可以给出两大准则。

① 作为"属性"，不能再具有需要描述的性质。"属性"必须是不可分的数据项，不能包含其他"属性"。

② "属性"不能与其他实体具有联系。即 E-R 模型图中所表示的联系是实体之间的联系。

凡满足上述两条准则的事物，一般均可视为属性对待。

【例 2.1】某学校搭建了学生课程管理系统，由于学校中有教务处和研究生院两个管理学生的部门，因此在设计 E-R 模型图时，可分别设计局部的 E-R 模型图，如图 2.9 和

图 2.10 所示。

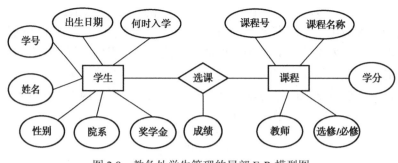

图 2.9 教务处学生管理的局部 E-R 模型图

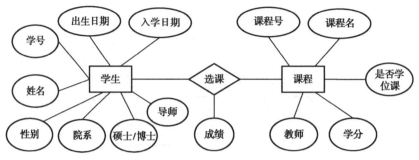

图 2.10 研究生院学生管理的局部 E-R 模型图

【例 2.2】 在医院中，一个病人只能住在一个病房，病房号可以作为病人实体的一个属性。但如果病房还要与医生这个实体发生联系，即一个医生负责几个病房的病人医疗工作，则病房根据准则②应作为一个实体，如图 2.11 所示。

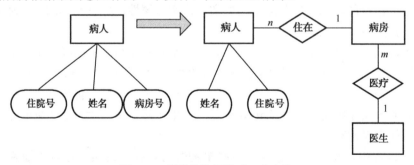

图 2.11 病房作为属性或一个实体

2.3.4 全局概念模式的设计

局部 E-R 模型图的设计从局部的需求出发，比开始就设计全局模式要简单得多。有了各局部 E-R 模型图，就可通过局部 E-R 模型图的集成设计全局模式。在进行局部 E-R 模型图集成时，需按照下面三个步骤来进行。

▶1．确认局部 E-R 模型图中的对应关系相冲突

对应关系是指局部 E-R 模型图中语义都相同的概念，也就是它们的共同部分；冲突指相互之间有矛盾的概念。常见的冲突有下列四种。

（1）命名冲突。命名冲突有同名异义和同义异名两种。例如，"学生"和"课程"这

两个实体集在教务处的局部 E-R 模型图和研究生院的局部 E-R 模型图中含义是不同的：在教务处的局部 E-R 模型图中，"学生"和"课程"是指大学生和大学生的课程，在研究生院的局部 E-R 模型图中，是指研究生和研究生的课程，这属于同名异义；在教务处的局部 E-R 模型图中，学生实体集有"何时入学"这一属性，在研究生院的局部 E-R 模型图中有"入学日期"这一属性，两者是同义异名。

（2）概念冲突。同一个概念在一个局部 E-R 模型图中可能作为实体集，在另一个局部 E-R 模型图中可能作为属性或联系。例如，在上面给出的图中，如果用户提出要求，选课也可以作为实体集，而不作为联系。

（3）域冲突。相同的属性在不同的局部 E-R 模型图中有不同的域。例如，学号在一个局部 E-R 模型图中可能当作字符串，在另一个局部 E-R 模型图中可能当作整数。相同的属性采用不同的度量单位，称为域冲突。

（4）约束冲突。不同局部 E-R 模型图可能有不同的约束。例如，对于"选课"这个联系，大学生和研究生选课数量的最低和最高的限定可能不一样。

2. 对局部 E-R 模型图进行某些修改，解决部门冲突

解决部门的冲突是对各部门中存在的命名冲突、概念冲突、域冲突、约束冲突按照统一的规范定义。如在【例 2.1】的图中，"入学日期"和"何时入学"两个属性名可以统一成"入学日期"，"学号"统一用字符串表示，"学生"分为大学生和研究生两类，"课程"也分为本科生课程和研究生课程两类等。

3. 合并局部 E-R 模型图，形成全局模式

在合并局部 E-R 模型图的过程中，应尽可能合并对应的部分、保留特殊的部分、删除冗余部分，必要时对模式进行适当的修改，力求使模式简明清晰。局部 E-R 模型图的集成并不限于两个局部 E-R 模型图的集成，可以推广到多个局部 E-R 模型图的集成，多个局部 E-R 模型图的集成比较复杂，一般用计算机辅助设计工具进行。

【例 2.3】 在学校机构中设计学生课程管理系统的全局 E-R 模型图，如图 2.12 所示。

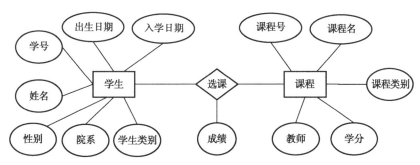

图 2.12　学生课程管理系统的 E-R 模型图

其中，在实体"学生"的属性中，学生类别的域为本科生、研究生、博士生，如果是研究生、博士生，应有他们的"指导老师"属性；在实体"课程"的属性中，课程类别的域为研究生课程、本科生课程。

【例 2.4】 设计一个工厂生产管理系统的 E-R 模型图。

　　分析：工厂的生产由技术部门和供应部门提供保障。技术部门关心的是产品的性能参数、产品由哪些零件组成、零件使用的材料和耗用量等；供应部门关心的是产品的价格、材料的价格及库存量等。分别设计技术部门和供应部门的 E-R 模型图，如图 2.13 和图 2.14 所示。

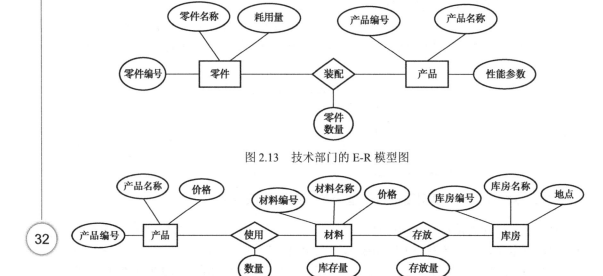

图 2.13　技术部门的 E-R 模型图

图 2.14　供应部门的 E-R 模型图

　　进一步分析：在图 2.13 和图 2.14 中实体"产品"的实体名和含义是相同的，在综合成全局 E-R 模型图时可以合并为一个实体。在现实世界中，产品是通过消耗材料生产出来的，即产品和材料之间也是有联系的。零件也是通过消耗材料而生产出来的，零件和材料之间也有消耗关系。因此图 2.13 和图 2.14 可合并成如图 2.15 所示的全局 E-R 模型图。

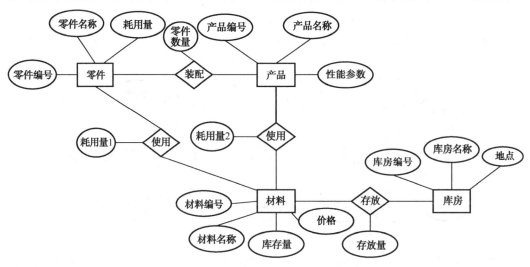

图 2.15　综合后的 E-R 模型图

　　分析：综合后的 E-R 模型图中存在着数据的冗余。产品对材料的耗用量 1 可以通过组成产品的零件所消耗材料的耗用量 2 计算获得，因此耗用量 1 为冗余数据，应该从 E-R 模型图中删除，联系没有了属性，产品与材料之间的联系也可以从图中删除。每种材料的库存量可以从各仓库中这种材料的存放量计算获得，因此实体"材料"的库存量为冗余属性，应该从图中删除。除去冗余后的综合 E-R 模型图如图 2.16 所示。

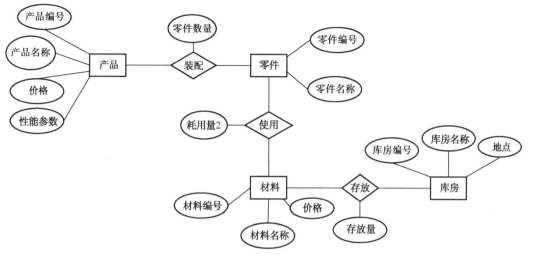

图 2.16 生产管理系统的 E-R 模型图

2.4 逻辑结构设计

概念结构是独立于任何一种数据模型的信息结构。逻辑结构设计的任务就是把概念结构设计阶段设计好的基本 E-R 模型图转换为与数据库管理系统产品所支持的数据模型相符合的逻辑结构。

2.4.1 逻辑结构设计的目标

数据库应用系统逻辑结构设计的目标是：把数据库应用系统概念设计阶段产生的数据库应用系统概念模式变换为数据库应用系统逻辑模式。数据库应用系统逻辑结构设计依赖于数据库管理系统，不同的数据库管理系统支持不同的数据模型，数据库的数据模型包括层次模型、网状模型和关系模型，其中关系模型和关系数据库管理系统因有关系理论支持而得到广泛使用，成为当今数据库应用系统的主流。所以，本章就是以关系模型和关系数据库管理系统为基础讨论数据库应用系统的逻辑结构设计方法。

设计逻辑结构时一般要分三步进行，如图 2.17 所示。

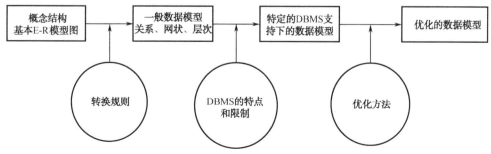

图 2.17 逻辑结构设计的三个步骤

第一步，将概念结构转换为一般的关系、网状、层次模型。

第二步，将转换来的关系、网状、层次模型向特定的 DBMS 支持下的数据模型转换。

第三步，对数据模型进行优化。

2.4.2 E-R 模型图向关系模型的转换

E-R 模型图向关系模型的转换需要将实体和实体间的联系转换为关系模式，并确定这些关系模式的属性和码。

关系模型的逻辑结构是一组关系模式的集合。E-R 模型图则是由实体型、实体的属性和实体型之间的联系三个要素组成的。所以将 E-R 模型图转换为关系模型，实际上就是要将实体、实体的属性和实体之间的联系转换为关系模式，这种转换一般遵循如下六条原则。

第一条，一个实体型转换为一个关系模式，实体的属性就是关系的属性，实体的码就是关系的码（用属性加下画线表示）。

第二条，一个 1:1 联系可以转换为一个独立的关系模式，也可以与任意一端对应的关系模式合并。如果转换为一个独立的关系模式，则与该联系相连的各实体的码以及联系本身的属性均转换为关系的属性，每个实体的码均是该关系的候选码。如果与某一端实体对应的关系模式合并，则需要在该关系模式的属性中加入另一个关系模式的码和联系本身的属性。

第三条，一个 1:n 联系可以转换为一个独立的关系模式，也可以与 n 端对应的关系模式合并。如果转换为一个独立的关系模式，则与该联系相连的各实体的码以及联系本身的属性均转换为关系的属性，而关系的码为 n 端实体的码。

第四条，一个 m:n 联系转换为一个关系模式。与该联系相连的各实体的码以及联系本身的属性均转换为关系的属性，而关系的码为各实体的码的组合。

第五条，3 个或 3 个以上实体间的一个多元联系可以转换为一个关系模式。与该多元联系相连的各实体的码以及联系本身的属性均转换为关系的属性，各实体的码是组成关系的码或关系的码的一部分。

第六条，具有相同码的关系模式可以合并。

【例 2.5】 学生管理系统的 E-R 模型图向关系模型转换，如图 2.18 所示。

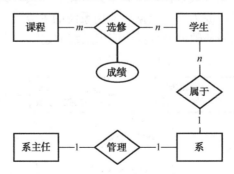

图 2.18 学生管理系统 E-R 模型图

按照上述规则，转换结果可以有多种，其中的一种如下：

课程表（课程号，课程名，开学学期，学分）；

学生表（<u>学号</u>，姓名，年龄，性别，系名）；

系表（<u>系名</u>，专业简介，教工号）；

系主任表（<u>教工号</u>，姓名，性别）；

成绩表（<u>课程号</u>，<u>学号</u>，成绩）。

说明：成绩表的（课程号，学号）是组合码。

【例 2.6】 项目管理系统的 E-R 模型图向关系模型转换，如图 2.19 所示。

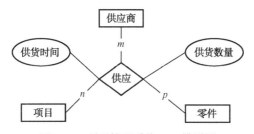

图 2.19　项目管理系统 E-R 模型图

转换后的结果如下：

供应商表（<u>供应商号</u>，供应商名，地址）；

零件表（<u>零件号</u>，零件名，颜色，重量）；

项目表（<u>项目号</u>，项目名，地址）；

供应表（<u>供应商号</u>，<u>零件号</u>，<u>项目号</u>，供货时间，供货数量）。

2.4.3　数据模型的优化

▶ 1. 操作异常

数据库逻辑模型设计的结果可能有多种，但为了使设计出来的系统效率和可靠性更高，还必须对系统进行适当的修改，调整数据模型的结构，这就是数据模型的优化。否则，可能导致大量的数据存储冗余，进而导致数据操作异常。现有一个图书销售信息关系如下：

图书销售信息表（<u>顾客号</u>，顾客姓名，<u>订单号</u>，订购日期，书号，书名，价格，图书类别号，图书类别名，数量）。

在这个关系中，每位顾客可以拥有多张订单，每张订单只属于一个顾客；每张订单可以包含多种图书，每种图书也可以被包含在多张订单中；每种图书属于一个类别，每个类别也可以有多种图书。在此关系中，订单号和书号的组合可以唯一确定一条记录，所以它们的组合是这个关系的主码。

但如果将这个关系转换成一张表来存储数据，将会存在大量的数据存储冗余，例如，对于同一本图书的信息，包括书名、图书类别号、图书类别名都有重复存储的现象。数据的冗余不但会占用大量的存储空间，更严重的是，在数据的操作过程中，可能引发数据不一致的问题。

（1）插入异常。如果有一位顾客想要注册为会员，但是他还从未购买图书，因为该记录缺少部分主码（订单号），违反了实体完整性要求，所以这位顾客的信息就无法插入到该关系中。

（2）更新异常。当需要更新关系中的数据时，如更新书号为 1 的图书的书名时，因为该图书的信息重复存储，所以需要将所有的书号为 1 的记录对应的书名同时更新，一旦有遗漏就会造成数据的不一致现象。

（3）删除异常。当某位顾客只购买了一本书，当需要将该订单信息删除时，则顾客信息将被一起删除掉，因为数据的插入、删除操作在数据库管理系统中总是以数据行为最小单位进行的。

2. 函数依赖

函数依赖是最重要的一种数据依赖，在对关系进行规范化处理的过程中，主要使用函数依赖来分析关系中存在的数据依赖的特点。

（1）函数依赖的概念。在图书销售信息关系中，对于每个"顾客号"都有一个唯一的"顾客姓名"与之对应，我们称"顾客号"函数决定"顾客姓名"，而"顾客姓名"函数依赖于"顾客号"；但是反过来，因为可能存在顾客姓名重名的现实情况，"顾客姓名"不能函数决定"顾客号"。由于在一张订单中，某种图书的销售数量是一定的，使用"订单号"与"书号"的组合（它们共同构成关系的主码）可以函数决定"数量"，或者说"数量"函数依赖于"订单号"与"书号"的组合。

（2）部分函数依赖与完全函数依赖。在图书销售信息关系中，属性"数量"函数依赖于属性"订单号"与"书号"的组合，并且是完全依赖于这个属性组合，其中任何一项属性都不能独立函数决定"数量"这个属性，这就是完全函数依赖。而属性"价格"虽然函数依赖于属性"订单号"与"书号"的组合，但却不是完全依赖于这个属性组合，其中"书号"属性是可以独立函数决定"价格"的，这就是部分函数依赖。

（3）传递函数依赖。在图书销售信息关系中，"订单号"函数决定"顾客号"且"订单号"不函数依赖于"顾客号"（关系中是有可能存在相互依赖的情况的），而"顾客号"函数决定"顾客姓名"，因此"顾客名"也函数依赖于"订单号"这个主属性，但却不是一种直接函数依赖，而是一种传递函数依赖。

3. 关系范式

数据模型优化的指导方针就是规范化，规范化的过程就是以关系范式的思想来消除关系中的数据冗余，消除数据依赖中的不合适的部分，以解决数据插入、数据更新、数据删除操作中的异常。

（1）第一范式（1NF）。如果某个关系的所有属性都是简单属性，即每个属性都是不可再分的，则称该关系属于第一范式，简称 1NF。如果图书销售信息关系中存在一个"联系方式"，我们就可以判定该关系不属于 1NF，因为"联系方式"完全可以继续拆分为"联系地址""联系电话"等。

数据模型规范化的第一个步骤就是要使得关系满足 1NF，进行属性的拆分，将每一个属性都拆分为简单属性。

（2）第二范式（2NF）。如果某关系满足 1NF，并且每个不包含在主码中的属性都完全依赖于关系的主码（主码有可能是多个属性的组合），则称该关系属于第二范式，简称 2NF。在图书销售信息关系中，除了"数量"对主码（订单号与书号的组合）是完全依赖以外，其他非主码的属性相对主码都是部分函数依赖。但是，这些属性却可能完全依赖于主码组合中的某个属性或更小的组合，比如"书名""价格""图书类别号""图书类别名"都完全依赖于"书号"。

数据模型规范化的第二个步骤就是要使得关系满足 2NF，首先将那些部分函数依赖于主码的属性从关系中取出，并将他们所依赖的主码（在数据库管理系统中，也称为主键）中的部分属性或更小组合复制出来作为主码（主键），构成一个新的关系，剩下的属性构成另一个关系。重新得到的这些关系中，可能存在公共的属性，这些公共属性就形成一种相互参考引用的关系，被称为主-外键关系。通常，不能做主码（主键）的或者不能独立做主码（主键）的属性参考引用另一个关系的主码（主键），被称为外键，在关系模型中，可以用斜体字来表示。这就是一个关系的分解的过程，分解后的关系还需要再次检查，再次分解，直到所有新的更小的关系都满足 2NF。比如，图书销售信息关系分解后，就可以得到以下几个关系：

订单（订单号，订购日期，顾客号，顾客姓名）；

图书（书号，书名，价格，图书类别号，图书类别名）；

订单明细（*订单号，书号*，数量）。

尽管如此，分解后的关系仍然存在数据冗余，比如在"订单"关系中，如果一位顾客存在多张订单，顾客的信息就会重复存储，同样，图书类别的信息也可能存在大量重复。

（3）第三范式（3NF）。如果某关系满足 1NF，并且每个不包含在主码中的属性都不传递函数依赖于主码，则称该关系属于第三范式，简称 3NF。在"订单"关系中，主码"订单号"函数决定"顾客号"，"顾客号"函数决定"顾客名"，且"顾客号"不能函数决定"订单号"，所以"顾客名"是传递函数依赖于主码"订单号"的，该关系不满足 3NF。

数据模型规范化的第三个步骤就是要使得关系满足 3NF，消除非主码属性对主码的传递函数依赖。为了使得"订单"和"图书"关系满足 3NF，可以将对主码（主键）存在传递函数依赖的属性从原关系中取出，再复制其所依赖的属性作为新关系的主码（主键）来构成一个新的关系，剩下的属性构成另一个关系就可以了。在重新得到的这些关系中，公共属性也会形成相互参考引用的关系，即主-外键关系，主键用下画线表示，外键则用斜体字来表示。有的关系中的主键也可能同时是外键。以下是对它们的分解：

图书类别（图书类别号，图书类别名）；

顾客（顾客号，顾客姓名）；

订单（订单号，订购日期，*顾客号*）；

图书（书号，书名，价格，*图书类别号*）；

订单明细（*订单号，书号*，数量）。

通过关系模型的优化过程，我们可以看出，关系模型的优化往往是将一个关系拆分为更多的关系来实现的，在数据库设计理论中还有更高级别的范式，但并不是关系模型规范化程度越高越好。当对数据库主要进行查询操作，而修改操作较少时，为了提高查询效率，应当保留适当的数据冗余而不建议将关系分解得太小，否则为了查询数据，通常要做大量的连接运算，反而会花费大量的时间，降低查询的效率。

2.5 物理结构设计

数据库在物理设备上的存储结构与存取方法被称之为数据库的物理结构，它依赖于给定的计算机系统。为一个给定的逻辑数据模型选取一个最适合应用要求的物理结构的过程，就是数据库的物理设计。

2.5.1 物理结构设计的目标

数据库的物理结构设计是对已确定的逻辑数据结构，利用 DBMS 所提供的方法、技术，以较优的数据存储结构、数据存取路径、合理的数据存放位置以及存储分配，设计出一个高效的、可实现的物理数据库结构。物理结构设计常常包括某些操作约束，如响应时间与存储要求等。由于不同的 DBMS 所提供的硬件环境、存储结构、存取方法不同，同时，提供给数据库设计人员的系统参数及其变化范围不同，因此，物理结构设计没有一个放之四海而皆准的原则，只能提供一些技术和方法供参考。

数据库的物理设计通常分为两步。

第一步，确定数据库的物理结构，在关系数据库中主要指存储结构和存取方法。

第二步，对物理结构进行评价，评价的重点是时间和空间效率。

如果评价结果满足原设计要求，则可进入到物理实施阶段，否则，就需要重新设计或修改物理结构，有时甚至要返回逻辑设计阶段修改数据模型。

不同的数据库产品所提供的物理环境、存储结构和存取方法有很大差别，能供设计人员使用的设计变量、参数范围也不尽相同，因此没有通用的物理设计方法可遵循，只能给出一般的设计内容和原则。为了设计出优化的物理数据库结构，使得在数据库上运行的各种事务响应时间短、存储空间利用率高、事务吞吐量大，则首先要对运行的事务进行详细分析，获得选择物理数据库设计所需要的参数；其次，要充分了解所用的关系数据库管理系统（Relational Database Management System，RDBMS）的内部特征，特别是系统提供的存储结构和存取方法。

对于数据库查询事务，需要得到如下信息：

➢ 查询的关系；
➢ 查询条件所涉及的属性；
➢ 连接条件所涉及的属性；
➢ 查询的投影属性。

对于数据库更新事务，需要得到如下信息：

➢ 被更新的关系；
➢ 每个关系上的更新条件所涉及的属性；
➢ 修改操作要改变的属性值。

除此之外，还需要知道每个事务在各关系上运行的频率和性能要求。例如，事务 T 必须在 10 秒内结束，这对于存取方法的选择具有重大影响。

上述这些信息是确定关系的存取方法的依据。应注意，数据库中运行的事务会不断发生变化、增加或减少，因此在后续工作中需要根据上述设计信息的变化调整数据库的物理结构。

通常对于关系数据库物理设计的内容主要包括：

➤ 为关系模式选择存取方法；
➤ 设计关系、索引等数据库文件的物理存储结构。

2.5.2 存储结构设计

物理结构设计中需要考虑的最重要的一个问题是：如何把数据记录在全范围内进行物理存储？常用的存储方式有顺序存放、散列存放和聚簇存放。

（1）顺序存放。采用顺序存放，则平均查询次数为关系记录个数的一半。

（2）散列存放。采用散列存放，则查询次数由散列算法决定。散列存放可以提高数据的查询效率。

（3）聚簇（Cluster）存放。记录聚簇是指将不同类型的记录分配到相同的物理区域中，充分利用物理顺序的优点，提高访问速度，即把经常在一起使用的记录聚簇放在一起，以减少物理 I/O 次数。

2.5.3 存取方法设计

存取方法设计为存储在物理设备上的数据提供数据访问的路径。数据库管理系统一般都提供多种存取方法。常用的存取方法有三类：第一类是索引方法，目前主要是 B+树索引方法；第二类是聚簇方法；第三类是 HASH 方法。

其中索引方法就是根据应用要求确定对关系的哪些属性列建立索引，哪些属性列建立组合索引，哪些索引要设计为唯一索引等。一般要注意以下几点。

➤ 如果一个（或一组）属性经常在查询条件中出现，则考虑在这个（或这组）属性上建立索引（或组合索引）。
➤ 如果一个属性经常作为最大值和最小值等聚集函数的参数，则考虑在这个属性上建立索引。
➤ 如果一个（或一组）属性经常在连接操作的连接条件中出现，则考虑在这个（或这组）属性上建立索引。

2.5.4 确定数据的存放位置和存储结构

确定数据库物理结构主要指确定数据的存放位置和存储结构，包括确定关系、索引、聚簇、日志、备份等存储安排和存储结构，确定系统配置等。确定数据的存放位置和存储结构要综合考虑存取的时间、存储空间的利用率和维护代价三个方面。这三个方面通常是相互矛盾的，因此需要进行权衡，选择一个折中的方案。

▶1. 确定数据存放的位置

为了提高系统性能，应该根据应用情况将数据的易变部分与稳定部分、经常存取部分和存取频率较低的部分分开存放。

由于各系统所能提供的对数据进行物理安排的手段、方法差异很大，因此设计人员应详细了解给定的 RDBMS 提供的方法和参数，针对应用环境的要求，对数据进行适当的物理安排。

2. 确定系统配置

系统配置变量很多，例如：同时使用的用户数、同时打开的数据库对象数、内存分配参数、缓冲区分配参数、存储分配参数、物理块大小等。这些参数值影响存取时间和存储空间的分配，在物理设计时就要根据应用环境确定这些参数值，以使系统性能最佳。虽然 DBMS 产品一般都提供了系统配置的默认参数，但默认值不一定就适合用户的需要，所以要根据实际做适当调整。

2.6　数据库的实施与维护

完成数据库的物理设计后，设计人员就要用 RDBMS 提供的数据定义语言和其他应用程序将数据库逻辑设计和物理设计的结果严格描述出来，成为 DBMS 可以接受的源代码，再经过调试产生目标模式，然后就可以组织数据入库了，这就是数据库实施阶段。

数据库的实施包含一系列活动，其中必不可少的活动包括：创建数据库、数据载入和测试。

2.6.1　创建数据库

创建数据库就是在指定的计算机平台上，通过执行一系列 CREATE 命令，实际建立数据库及组成数据库的各种对象。我们可以在 DBMS 提供的用户友好接口（UFI）支持下，交互式地建立各种数据库对象。也可将各 DDI 命令组织成 SQL 程序脚本，运行该脚本即可批量地创建各种数据库对象。在 MySQL 环境下，可以编写和执行 SQL 脚本程序。

表（Table）是组成关系数据库的主要对象。因为实际数据都是存放在表中的，故表的创建是必不可少的。其他数据库对象，如视图、索引、各种完整性约束等，既可在创建数据库时与表一并创建，也可以之后随时创建。

2.6.2　数据的载入

上一步创建的数据库只是一个"框架"，只有装入实际的数据后，才算真正地建立了数据库。数据库实施阶段包括两项重要的工作：一项是数据的载入，另一项是应用程序的编码和调试。

首次在新建立的数据库（框架）中批量装入实际数据的过程，称为数据载入（Load）。如果之前数据已经"数字化"，即已经存在于某些文件或其他形式的数据库中，则此时载入工作主要是转换（Transformation），即将数据重新组织或组合，并转换成满足新数据库要求的格式。现代 DBMS 一般都提供专门的实用程序或工具，以帮助实现上述工作。

如果原始数据并未"数字化"，则需要将它们通过人工批量录入到数据库中。一般数据库应用系统中，数据量都很大，而且数据来自部门中的不同的单位，数据的组织形式、结构和格式都与新设计的数据库应用系统有一定差距。此时要先将原始数据收集并整理好，然后借助专门开发的应用程序，将数据批量录入。

2.6.3 测试

测试（Testing）是软件工程中的重要阶段，数据库作为一种软件系统，其在投入运行之前一定要经过严格的测试。数据库测试一般要和数据库应用程序的测试结合起来，通过试运行查找错误（或不足），并进行联合调试。

这一阶段要实际运行数据库应用程序，执行对数据库的各种操作，测试应用程序的功能是否满足设计要求。如果不满足，对应用程序要进行修改、调整，直到符合设计要求为止。

对数据库本身的测试，重点放在两个方面：其一，通过操纵性操作（插入、删除、修改）后，判断数据库能否保持一致性，这里实际上要检查在数据库中定义的各种完整性约束能否有效地实施；其二，要测试系统的性能指标，在对数据库进行物理设计时已初步确定了系统的物理参数值，但设计时所考虑的内容在许多方面只代表估计，和实际的系统运行情况总有一定差距，因此必须在试运行阶段实际测量和评价系统性能指标。

在实际操作时一般分期分批地载入数据。先输入小批量数据做测试用，等试运行合格后，再大批量输入数据。

2.6.4 数据库的运行与维护

经过测试和试运行后，数据库开发工作就已经完成，可投入正式运行了。数据库的生命周期也进入到运行和维护阶段。

数据库是企业的重要信息资源，要支持多种应用系统共享数据。为了让数据库高效、平稳地运行，也为了适应应用环境及物理存储的不断变化，需要对数据库进行长期的维护。一方面是继续设计工作；另一方面是有助于该项工作的提高。对数据库的维护工作主要由数据库管理员（Database Administrator，DBA）完成，其主要工作如下所述。

▶1. 数据库的备份与恢复

数据库的备份与恢复是系统最重要的和经常性的维护工作。备份（Backup）就是定期或不定期地将数据库的全部或部分内容转储。通常将转储的副本保存在另外的计算机系统中，或将副本储存在磁带等介质上脱机保存。这样，一旦数据库应用系统发生大的故障，可根据备份的副本进行系统恢复（Recovery），尽可能地减少损失。DBA 应根据系统的特点，制定合适的备份恢复计划。

▶2. 数据库性能监控

在数据库运行过程中，监督系统运行，对监测数据进行分析，找出改进系统性能的方法是 DBA 的又一项重要任务。目前主要的 DBMS 都提供了监测系统参数的工具，DBA 可以利用这些工具方便地得到系统运行过程中一系列性能参数的值。DBA 应仔细分析这些数据，判断当前系统运行状况是否为最佳，应当做哪些改进。常见的改进手段包括调整系统物理参数，重组或重构数据库等。

▶ **3. 数据库的重组与重构**

数据库运行一段时间后，由于记录不断增、删、改，会使数据库的物理存储情况变差，降低了数据的存取效率，数据库性能下降，这时 DBA 就要对数据库进行重组（Reorganization）。在重组过程中，按原设计要求重新安排存储位置、回收垃圾、减少指针链等，提高系统性能。重组要付出代价，但是又可提高性能，两者相互矛盾。为避免矛盾，最好利用计算机空闲时间进行重组。

数据库的重组并不修改原设计的逻辑和物理结构，而数据库重构（Reconstruction）则不同，它是指部分修改数据库的逻辑和物理结构。

数据库的逻辑模式应是相对稳定的，但有时应用环境变化、新应用的出现及老应用内容的更新，就要求对数据库逻辑模式进行必要的变动，这时就要重构数据库。重构不是一切推倒重来，主要是在原来基础上进行修改和扩充。但是重构比重组要复杂得多，因此必须在 DBA 的统一规划下进行。

现代 DBMS 一般都提供动态模式修改功能（如 SQL 中的 ALTER），但重构是一个可能产生错误和有待验证的过程，边重构、边运行一般是不现实的。一般在原数据库运行的同时，另建一个新的数据库，在新数据库基础上去完成重构工作。待新的数据库建立并通过验证后，再将应用程序转移到新数据库上，最后撤销原数据库。

重组对用户和应用是透明的，而重构一般不是。因此应让用户知道重构后的模式，并对应用进行相应的修改，以适应重构后的数据库模式。

2.7 知识小结

数据库设计这一章讨论的是数据库设计的方法，主要从需求分析、概念结构设计、逻辑结构设计、物理结构设计、数据库的实施与维护这几个步骤来进行具体分析的。每个步骤都详细介绍了目标、方法和注意事项，并列举了较多的实例。在这些步骤中，重点应该掌握概念结构设计和逻辑结构设计，因为这两个步骤是将现实世界与机器世界联系起来的重要环节。

在学习完本章后，一旦遇到实际问题，就应该将所学的理论与实际相结合，这样可以少走弯路，避免浪费资源，提高编程效率。

2.8 巩固练习

1. 学校有若干个系，每个系有若干班级和教研室，每个教研室有若干教师，每名教师只教一门课，每门课可由多个教师任教；每个班有若干学生，每个学生选修若干门课程，每门课程可由若干学生选修。请用 E-R 模型图画出该学校的概念模型，注明联系类型，再将 E-R 模型图转换为关系模型，并进行关系模型的规范化处理，至少满足 3NF。

2. 工厂生产的每种产品由不同的零件组成，有的零件可用于不同的产品。这些零件由不同的原材料制成，不同的零件所用的材料可以相同。一个仓库存放多种产品，一种产品存放在一个仓库中。零件按所属的不同产品分别放在仓库中，原材料按照类别放在若干仓库中（不存在跨仓库存放）。请用 E-R 模型图画出题中关于产品、零件、材料、仓库的概念模型。注明联系类型，再将 E-R 模型图转换为关系模型。

3．一个图书馆管理系统中有如下信息。

图书：书号、书名、数量、位置。

借书人：借书证号、姓名、单位。

出版社：出版社名、邮编、地址、电话、E-mail。

其中约定：任何人可以借多种书，任何一种书可以被多个人借阅，借书和还书时，要登记相应的借书日期和还书日期；一个出版社可以出版多种书籍，同一本书仅在一个出版社所出版，出版社名具有唯一性。

根据以上情况，完成如下设计：

（1）设计系统的 E-R 模型图；

（2）将 E-R 模型图转换为关系模型；

（3）指出转换后的每个关系模式的关系键。

4．假定一个部门的数据库包括以下的信息。

职工的信息：职工号、姓名、住址、所在部门。

部门的信息：部门所有职工、经理、销售的产品。

产品的信息：产品名称、制造商、价格、型号、产品内部编号。

制造商的信息：制造商名称、地址、生产的产品名、价格。

完成如下设计：

（1）设计该计算机管理系统的 E-R 模型图；

（2）将该 E-R 模型图转换为关系模型结构；

（3）指出转换结果中每个关系模式的候选码。

2.9 能力拓展

1．有如下所示的运动队和运动会两个方面的实体。

（1）运动队方面，有如下信息。

运动队：队名、教练姓名、队员姓名。

队员：队名、队员姓名、性别、项目名称。

其中，一个运动队有多个队员，一个队员仅属于一个运动队，一个队有一个教练。

（2）运动会方面，有如下信息。

运动队：队编号、队名、教练姓名。

项目：项目名称、参加运动队编号、队员姓名、性别、比赛场地。

其中，一个项目可由多个队参加，一个运动员可参加多个项目，一个项目使用一个比赛场地。请完成如下设计：

① 分别设计运动队和运动会两个局部 E-R 模型图；

② 将它们合并为一个全局 E-R 模型图；

③ 合并时存在什么冲突，应该如何解决这些冲突？

第3章

初探 MySQL

【背景分析】 通过前两章的学习，小李已经掌握了相关的数据库理论知识，也能根据自己项目的需求完成数据库的概念结构设计、逻辑结构设计，但是小李之前从来没有使用过任何数据库管理系统，现在需要快速了解一个数据库管理系统，并着手开发设计学生成绩管理系统。目前比较常用的数据库管理系统有很多，比如 MySQL、SQL Server、Oracle 等，接下来小李就面临如下几个问题。

1. 如何在众多的数据库管理系统中进行选择，即选择哪个数据库管理系统作为学生成绩管理系统的工具？
2. 如何下载、安装、配置数据库管理系统？
3. 如何使用数据库管理系统？
4. 针对小李所选择的数据库管理系统，都有哪些相应的可视化操作工具来方便操作？

🡒 知识目标

1. 掌握选择数据库管理系统的方法。
2. 掌握下载、安装数据库管理系统的方法。
3. 掌握数据库管理系统的配置、启动和停止服务的方法。
4. 熟悉常用的数据库图形管理工具。

🡒 能力目标

1. 能够熟练掌握选择数据库管理系统的方法。
2. 能够熟练掌握 MySQL 数据库下载、安装的方法。
3. 能够熟练掌握 MySQL 数据库系统的启动、停止服务的方法。
4. 能够熟练掌握配置、管理 MySQL 数据库的方法。
5. 能够掌握 MySQL 常用的图形管理工具。

3.1 MySQL 概述

MySQL 是 MySQL AB 公司的数据库管理系统软件，是流行的开放源代码（Open Source）的关系型数据库管理系统。如今很多大型网站已经选择 MySQL 数据库来存储数据。

由于 MySQL 数据库发展势头迅猛，Sun 公司于 2008 年收购了 MySQL 数据库。这笔交易的收购价格高达 10 亿美元，这足以说明 MySQL 数据库的价值。可惜的是，2009年 4 月，就在 Sun 公司处于最低谷的时候，Oracle 公司以 74 亿美元的价格将 Sun 公司整体收购。业界人员大多认为 Sun 公司被 Oracle 公司收购这一事件对开源软件的发展影响并不好。MySQL 数据库有很多的优势，主要有以下四点。

第一点，MySQL 是开放源代码的数据库。

第二点，MySQL 的跨平台性。

第三点，价格低廉。

第四点，功能强大且使用方便。

根据 MySQL 系统平台的开源特性、跨平台性、价格低廉及入门简单和方便使用等优点，小李选择 MySQL 数据库管理系统，作为学生成绩管理系统的开发工具，是完全可行的。

3.2 MySQL 的安装

MySQL 数据库可以在 Windows、UNIX、Linux 和 macOS 等操作系统上运行。因此，MySQL 有不同操作系统的版本。如果要下载 MySQL，必须先了解自己使用的是什么操作系统，然后根据操作系统来下载相应的 MySQL 版本，并且要注意发布的先后顺序。下面将为读者介绍如何下载与安装 MySQL。

3.2.1 下载 MySQL

读者可以到 MySQL 的官方下载地址（http://www.mysql.com/downloads/mysql/）下载不同版本的 MySQL。同时，也可以在百度、谷歌和雅虎等搜索引擎中搜索下载链接。本书使用的数据库为 MySQL 5.1 版本。

3.2.2 安装 MySQL

1. MySQL 数据库安装包的分类

在 Windows 系列的操作系统下，MySQL 数据库分为图形化界面安装和免安装（Noinstall）两种安装包。这两种安装包的安装方式不同，而且配置方式也不同。图形化界面安装包有完整的安装向导，安装和配置很方便，根据安装向导的说明安装即可。免安装的安装包直接解压即可使用，但是配置起来很不方便（具体的配置可看本章 3.2.3 节）。下面将介绍通过图形化界面的安装向导来安装 MySQL 的具体过程。

2. 图形化界面方式安装 MySQL

（1）下载完成 Windows 版的 MySQL 5.1，解压后双击安装文件进入安装向导，此时弹出 MySQL 安装欢迎界面，如图 3.1 所示。

（2）单击 "Next" 按钮，进入选择安装方式的界面，如图 3.2 所示。有三种安装方式可供选择："Typical"（典型安装）、"Complete"（完全安装）和 "Custom"（定制安装）。对于大多数用户，选择 "Typical" 就可以了。单击 "Next" 按钮进入下一步。

（3）进入如图 3.3 所示的准备安装界面。在 MySQL 5.1 中，数据库主目录和文件目录是分开的。其中，"Destination Folder" 为 MySQL 所在的目录，默认目录为 "C:\Program

Files\MySQL\MySQL Server 5.1"。"Data Folder"为 MySQL 数据库文件和表文件所在的目录，默认目录为"C:\Documents and Settings\All Users\Application Data\MySQL\MySQL Server 5.1\data"，其中"Application Data"是隐藏文件夹。确认后单击"Install"按钮，进入 MySQL 安装界面，正式开始安装。

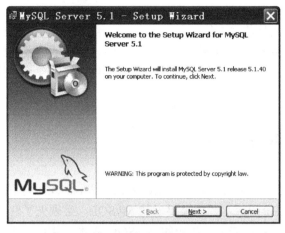

图 3.1　MySQL 安装欢迎界面

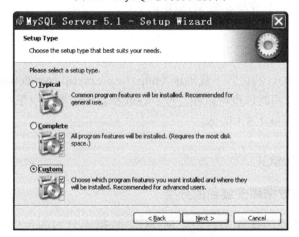

图 3.2　选择安装方式的界面

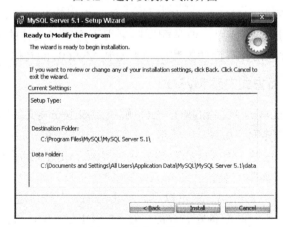

图 3.3　准备安装界面

（4）单击"Next"按钮后，进入安装完成的界面，如图 3.4 所示。此处有两个选项，分别是"Configure the MySQL Server now"和"Register the MySQL Server now"。这两个选项的说明如下。

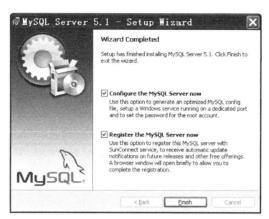

图 3.4　安装完成的界面

"Configure the MySQL Server now"表示现在就配置 MySQL 服务。如果读者不想现在就配置，则不选择该选项。

"Register the MySQL Server now"表示现在注册 MySQL 服务。

为了使读者更加全面地了解安装过程，此处就进行简单的配置，并且注册 MySQL 服务，故选择上述两个选项。

（5）单击"Finish"按钮，就完成了 MySQL 数据库安装过程，然后进入 MySQL 配置的欢迎界面。

3.2.3　配置 MySQL

安装完成时，选择"Configure the MySQL Server now"选项，图形化安装向导将进入 MySQL 配置欢迎界面。通过配置向导，可以设置 MySQL 数据库的各种参数。本小节将为读者介绍配置 MySQL 的内容。

配置 MySQL 的操作步骤如下。

（1）上一节的操作完成后，将进入 MySQL 配置欢迎界面，如图 3.5 所示。

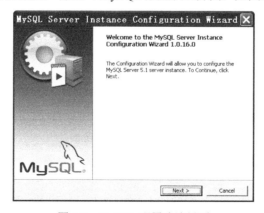

图 3.5　MySQL 配置欢迎界面

（2）单击"Next"按钮，进入选择配置类型的界面，如图3.6所示。MySQL中有两种配置类型，分别为"Detailed Configuration"（详细配置）和"Standard Configuration"（标准配置）。两者的介绍如下。

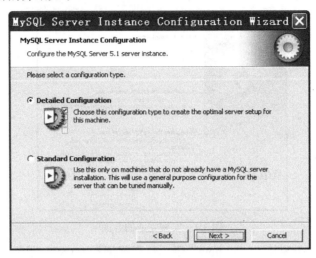

图3.6　选择配置类型界面

"Detailed Configuration"代表详细配置用户的连接数、字符编码等信息。

"Standard Configuration"代表应用MySQL最常用的配置。

为了了解MySQL详细的配置过程，本书选择"Detailed Configuration"进行配置。

（3）选择"Detailed Configuration"选项，然后一直单击"Next"按钮，进入字符集配置的界面，如图3.7所示。前面的选项一直是按默认设置进行的，这里要进行一些修改。选中"Manual Selected Default Character Set/Collation"选项，在"Character Set"下拉列表中将"latin1"修改为"gb2312"。

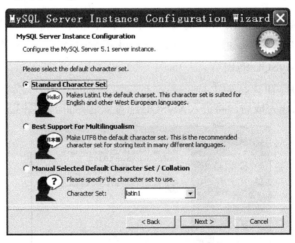

图3.7　字符集配置的界面

（4）单击"Next"按钮，进入服务选项对话框，服务名为MySQL，这里不进行修改。

（5）单击"Next"按钮，进入配置安全选项界面，如图3.8所示。在密码输入框中输入root用户的密码。要想防止通过网络以root登录，取消选中"Enable root access from remote machine"（允许从远程主机登录连接 root）复选框。要想创建一个匿名用户账户，选中"Create An Anonymous Account"（创建匿名账户）复选框。由于安全原因，这里不建议选择此项。

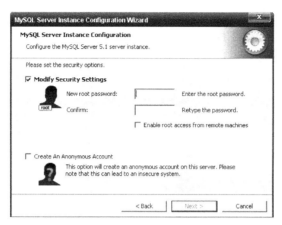

图 3.8　配置安全选项界面

（6）单击"Next"按钮，进入准备执行的界面。随后单击"Execute"按钮来执行配置，执行完毕，将进入配置完成的界面，如图 3.9 所示。

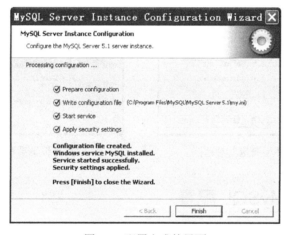

图 3.9　配置完成的界面

（7）单击"Finish"按钮后，MySQL 整个安装与配置过程就完成了。

如果顺利地执行了上述步骤，MySQL 就已经安装成功了，并且 MySQL 的服务已经启动。

3.2.4　配置 Path 系统变量

如果 MySQL 应用程序的目录没有添加到 Windows 系统的 Path 中（使用免安装的方式时，一般都会出现这种现象），可以手工将 MySQL 的目录添加到 Path 中。

将 MySQL 应用程序的目录添加到 Windows 系统的 Path 中，可以使以后的操作更加方便。例如，可以直接在运行对话框中输入 MySQL 数据库的命令。而且，也会使以后编程更加方便。配置 Path 路径很简单，只要将 MySQL 应用程序的目录添加到系统的 Path

变量中就可以了。具体操作步骤如下所示。

第一步，右击"我的电脑"图标，选择"属性"命令。然后在系统属性中选择"高级"→"环境变量"命令，这样就可以进入"环境变量"对话框，如图3.10所示。

第二步，在系统变量中选中"Path"变量选项，然后单击"编辑"按钮，进入"编辑系统变量"对话框，如图3.11所示。

第三步，在"变量值"文本输入框中添加MySQL应用程序的目录。假设MySQL的文件安装在"C:\Program Files\MySQL\MySQL Server 5.1"这个目录下，则此处应输入MySQL应用程序的目录为"C:\Program Files\MySQL\MySQL Server 5.1\bin"。然后单击"确定"按钮，这样MySQL数据库的Path变量就添加好了，可以直接在DOS窗口中输入mysql等其他命令了。如果在DOS窗口中执行mysql命令，并可以成功登录到MySQL数据库中，这说明Path变量已经配置成功。

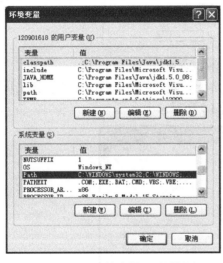

图3.10 "环境变量"对话框

图3.11 "编辑系统变量"对话框

3.3 更改 MySQL 配置

MySQL配置一般可以通过两种方式来更改，一种是通过配置向导来更改配置，另一种是手工更改配置。本节将为读者详细介绍更改MySQL配置的方法。

3.3.1 通过配置向导来更改配置

MySQL提供了一个图形化的配置向导，通过配置向导可以很方便地进行配置。对于初级用户而言，这种配置方式方便使用。本小节将为读者介绍使用配置向导来更改配置的方法。

选择"开始"→"所有程序"→"MySQL"→"MySQL Server 5.1"命令，进入MySQL配置向导。在该位置可以看到"MySQL Command Line Client""MySQL Server Instance Config Wizard"和"SunInventory Registration"。这三项内容的具体含义如下。

➢ "MySQL Command Line Client"是MySQL客户端的命令行，通过该命令行可以

登录到 MySQL 数据库中。然后可以在该命令行中执行 SQL 语句、操作数据库等。

> "MySQL Server Instance Config Wizard"是配置向导，通过该向导可以配置 MySQL 数据库的各种配置。

> "SunInventory Registration"是注册的网页链接。

通过配置向导进行配置的具体操作步骤如下。

第一步，选择"开始"→"所有程序"→"MySQL"→"MySQL Server 5.1"→"MySQL Server Instance Config Wizard"命令，进入到 MySQL 配置欢迎界面。

第二步，单击"Next"按钮，进入选择配置选项的界面，如图 3.12 所示。该窗口中有两个选项，分别是"Reconfigure Instance"（重新配置实例）和"Remove Instance"（删除实例）。两个选项的说明如下。

> "Reconfigure Instance"：选择该项后，可以对 MySQL 的各项参数进行配置。

> "Remove Instance"：选择该项后，将会删除之前对 MySQL 服务的配置。删除之后，MySQL 服务将会停止。但是，这个操作不会删除 MySQL 的所有安装文件。如果还想恢复之前的状态，可以再次单击"MySQL Server Instance Config Wizard"选项来进行配置。

第三步，选择"Reconfigure Instance"选项，然后单击"Next"按钮进入配置过程。接下来的配置过程与本章 3.2.3 节的配置过程大致相同，其中配置向导的步骤插图基本一样，只有图 3.8 有所不同。因为图 3.8 所示为第一次安装，所以只需输入两次密码即可，而在重新配置时，需要输入旧密码，然后输入两次新密码，如图 3.13 所示。其余的操作过程与本章 3.2.3 节的操作步骤一样。

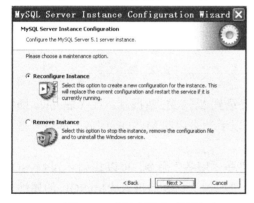

图 3.12　选择配置选项的界面

图 3.13　密码设置

3.3.2　手工更改配置文件

用户可以通过修改 MySQL 配置文件的方式来进行配置。这种配置方式更加灵活，但是相对来说比较难。初级用户可以通过手工配置的方式来学习 MySQL 配置。这样可以了解得更加透彻。本小节将向读者介绍手工更改配置的方法。

在进行手工配置之前，读者需要对 MySQL 的文件有所了解。前面已经介绍过，MySQL 的文件安装在"C:\Program Files\MySQL\MySQL Server 5.1"这个目录下。而 MySQL 数据库的数据文件安装在"C:\Documents and Settings\All Users\Application Data\MySQL\ MySQL Server 5.1\data"目录下。

MySQL 数据库中使用的配置文件是"my.ini"。因此，只要修改"my.ini"中的内容就可以达到更改配置的目的。

"my.ini"中的内容分为两块："Client Section"和"Server Section"。"Client Section"用来配置 MySQL 客户端参数，"Server Section"用来配置 MySQL 服务器端参数。下面介绍"my.ini"中的主要参数。

▶ 1. Client Section

```
[client]
port = 3306                    # 设置 MySQL 客户端连接服务端时默认使用的端口
[mysql]
default-character-set=utf8     # 设置 MySQL 客户端默认字符集为 utf8
```

▶ 2. Server Section

```
[mysqld]
port=3306      # MySQL 服务端默认监听(listen on)的 TCP/IP 端口
basedir="C:/Program Files/MySQL/MySQL Server 5.5/"      # 软件的根目录
datadir="C:/Program Files/MySQL/MySQL Server 5.5/Data"  # MySQL 数据库文件所在
目录
character-set-server=latin1    # 服务端使用的字符集默认为 8 比特编码的 latin1 字符集
default-storage-engine=INNODB      # 创建新表时将使用的默认存储引擎
sql-mode="STRICT_TRANS_TABLES,NO_AUTO_CREATE_USER,NO_ENGINE_SUBS
TITUTION"    # SQL 模式为 strict 模式
```

◤ 3.4 MySQL 基本操作

3.4.1 启动 MySQL 服务

只有启动 MySQL 服务后，客户端才可以登录到 MySQL 数据库。在 Windows 操作系统上，可以设置自动启动 MySQL 服务，也可以手动来启动 MySQL 服务。本小节将为读者介绍启动与终止 MySQL 服务的方法。

选择"开始"→"控制面板"→"管理工具"→"服务"命令，可以找到名为 MySQL 的服务。然后右击"MySQL 服务"选项，选择"属性"命令后进入"MySQL 的属性"对话框，如图 3.14 所示。

可以在"MySQL 的属性"对话框中设置服务状态，可以将服务状态设置为"启动""停止""暂停"和"恢复"。而且还可以设置启动类型，在启动类型处的下拉菜单中可以选择"自动""手动"和"已禁用"。这三种启动类型的说明如下。

"自动"：MySQL 服务是自动启动，可以手动将状态变为停止、暂停和重新启动等。

"手动"：MySQL 服务需要手动启动，启动后可以改变服务状态，如停止、暂停等。

"已禁用"：MySQL 服务不能启动，也不能改变服务状态。

MySQL 服务启动后，可以在 Windows 的任务管理器中查看 MySQL 的服务是否已经运行。通过"Ctrl+Alt+Delete"组合键来打开任务管理器，可以看到"mysqld.exe"的进程正在运行，如图 3.15 所示。这说明 MySQL 服务已经启动，可以通过客户端来访问

MySQL 数据库。

图 3.14　MySQL 的属性

图 3.15　Windows 任务管理器

3.4.2　登录 MySQL

MySQL 数据库分为服务器端（Server）和客户端（Client）两部分。只有当服务器端的 MySQL 服务开启后，用户才可以通过 MySQL 客户端来登录 MySQL 数据库。Windows 操作系统下也可以在 DOS 窗口中通过 DOS 命令来登录 MySQL 数据库。本小节将为读者介绍用 MySQL 客户端和 DOS 窗口命令两种方式登录 MySQL 数据库的方法。

1. 用 MySQL 客户端方式

MySQL 安装和配置完后，选择"开始"→"程序"→"MySQL"→"MySQL Server 5.1"→"MySQL Command Line Client"命令，进入到 MySQL 客户端，在客户端窗口输入密码，就以"root"用户身份登录到 MySQL 服务器，在窗口中出现如图 3.16 所示命令行，在命令行中"mysql>"提示符后面输入 SQL 语句就可以操作 MySQL 数据库。以"root"用户身份登录可以对数据库进行所有的操作。MySQL 还可以使用其他用户身份登录，这在以后会讲到。

图 3.16　MySQL 命令行

➋2. 用 DOS 窗口命令方式

在 Windows 操作系统下要使用 DOS 窗口来执行命令，选择"开始"→"运行"命令，打开"运行"对话框，如图 3.17 所示。在"运行"对话框的"打开"文本框中输入"cmd"命令，即可进入 DOS 窗口。

图 3.17 "运行"对话框

在 DOS 窗口中"C:\>"提示符后，可以通过 DOS 命令登录 MySQL 数据库，命令如下：

```
C:\> mysql -h 127.0.0.1 -u root -p
```

其中，"mysql"是登录 MySQL 数据库的命令；"-h"后面接 MySQL 服务器的 IP，因为 MySQL 服务器在本地计算机上，因此 IP 为"127.0.0.1"；"-u"后面接数据库的用户名，本次用"root"用户身份登录；"-p"后面接"root"用户的密码。如果"-p"后面没有密码，则在 DOS 窗口下运行该命令后，系统会提示输入密码。密码输入正确后，即可登录到 MySQL 数据库，如图 3.18 所示。

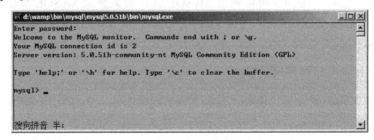

图 3.18 登录到 MySQL 数据库的 DOS 窗口

登录成功以后，会出现"Welcome to the MySQL monitor"的欢迎语。在"mysql>"提示符后面可以输入 SQL 语句操作 MySQL 数据库。每个 SQL 语句以分号";"或"\g"来结束，并通过按下"Enter"键来执行 SQL 语句。

◣ 3.5 知识拓展

使用 MySQL 图形管理工具可以在图形界面上操作 MySQL 数据库。在命令行中操作 MySQL 数据库时，需要使用很多命令。而图形管理工具则只是使用鼠标点击即可，这使 MySQL 数据库的操作更加简单。本节将介绍一些常用的 MySQL 图形管理工具。

MySQL 的图形管理工具有很多，常用的包括 MySQL GUI Tools、phpMyAdmin、Navicat 等。通过这些图形管理工具，可以使 MySQL 的管理更加方便。每种图形管理工具各有其特点，下面分别进行简单介绍。

3.5.1　MySQL GUI Tools

MySQL GUI Tools 是 MySQL 官方提供的图形化管理工具，功能很强大，提供了四个非常好用的图形化应用程序，方便数据库管理和数据查询。这些图形化管理工具可以大大提高数据库管理、备份、迁移和查询以及管理数据库实例的效率，即使没有丰富的 SQL 语言基础的用户也可以应用自如。它们分别如下所示。

➢ MySQL Migration Toolkit：MySQL 数据库迁移工具。
➢ MySQL Administrator：MySQL 管理器。
➢ MySQL Query Browser：用于数据查询的图形化客户端。
➢ MySQL Workbench：DB Design 工具。

MySQL GUI Tools 现在的版本是 5.0，下载地址是"http://dev.mysql.com/downloads/gui-tools/5.0.html"。这个图形管理工具安装非常简单，使用也非常容易。虽然该工具只有英文版，但是这些英文都较为简单，很容易看懂。

3.5.2　phpMyAdmin

phpMyAdmin 是最常用的 MySQL 维护工具，是一个用 PHP 开发的基于 Web 方式架构在网站主机上的 MySQL 图形管理工具，支持中文，管理数据库也非常方便。phpMyAdmin 使用非常广泛，尤其是在进行 Web 开发方面，不足之处在于对大数据库的备份和恢复不方便。phpMyAdmin 的下载网址是"http://www.phpmyadmin.net/"。

3.5.3　Navicat

Navicat for MySQL 是一款专为 MySQL 设计的高性能的图形化数据库管理及开发工具。它可以用于 3.21 版本或 3.21 以上任何版本的 MySQL 数据库服务器，并支持大部分 MySQL 最新版本的功能，包括触发器、存储过程、函数、事件、视图、管理用户等。Navicat 和微软 SQL Server 的管理器很类似，易学易用。Navicat 使用图形化的用户界面，可以让用户使用和管理更为轻松。该软件支持中文，有免费版本提供。Navicat 下载地址是"http://www. navicat.com/"。

3.5.4　SQLyog

SQLyog 是业界著名的 Webyog 公司出品的一款简单高效、功能强大的图形化 MySQL 数据库管理工具。使用 SQLyog 可以快速直观地让用户从世界的任何角落通过网络来维护远端的 MySQL 数据库，而且它本身完全免费。SQLyog 下载网址是"https://www.webyog.com/"。

3.5.5　MySQL-Front

MySQL-Front 是一款小巧的管理 MySQL 的高性能的图形化应用程序，支持中文界面操作，主要特性包括多文档界面，语法突出，其构成包括拖曳方式的数据库和表格，可编辑/增加/删除的域，可编辑/插入/删除的记录，可显示的成员，可执行的 SQL 脚本，提供与外部程序的接口，保存数据到 CSV 文件等。MySQL-Front 是一个非常好用的 MySQL 管理工具，它可以让用户很轻松明了地知道数据库中有哪些表和哪些字段，对应的字段有哪些类型等，在处理一个表中有很多字段的时候是很有用的。

第4章

数据库与表的操作

【背景分析】 小李已经对 MySQL 数据库有了初步认识，在自己的计算机上也安装好了 MySQL 数据库。之后，小李为了完成自己开发学生成绩管理系统的任务，就需要在 MySQL 数据库中创建学生信息数据库及相应的数据表，并在数据表中进行数据的插入、修改、删除操作。

小李接下来需要完成的任务大概有如下几类。

1. 创建数据库对象：根据需要创建相应数据库、数据表。
2. 查看数据库对象：查看已经存在的数据库、数据表，以及表的存储结构。
3. 修改数据库对象：根据系统业务的需要，对已经创建好的数据库及数据表做相应的修改，比如修改数据库的相应参数、修改已经存在的数据表的存储参数及表结构等。
4. 删除数据库对象：对于已经创建好的数据库以及表结构，当我们不再需要时，可以使用删除操作将其删除。
5. 根据需要向表中插入数据。
6. 根据需要修改表中的数据。
7. 根据需要删除表中的数据。

MySQL 数据库对以上这些操作提供了强有力的支持，用户可以使用 MySQL 的可视化操作工具进行操作，也可以使用 MySQL 的命令进行相应操作。

➡ 知识目标

1. 掌握创建、删除、修改数据库的基本语法。
2. 掌握创建、删除、修改、查看表的基本语法。
3. 掌握 "INSERT" 语句的语法规则及使用方法。
4. 掌握 "UPDATE" 语句的语法规则及使用方法。
5. 掌握 "DELETE" 语句的语法规则及使用方法。

➡ 能力目标

1. 能够熟练掌握创建、删除、配置数据库的方法。
2. 能够熟练掌握创建、删除、修改、查看数据表的方法。
3. 能够熟练掌握向数据库的表中插入数据的方法。
4. 能够熟练掌握修改数据库中表的数据的方法。
5. 能够熟练掌握删除数据库中表的数据的方法。
6. 能够熟悉 "where" 语句的条件表达式应用规则。
7. 能够熟悉基本的查询语句。

4.1 数据库的基本操作

数据库是指长期存储在计算机内，有组织的、可共享的数据集合。换句话说，数据库就是一个存储数据的地方，只是其存储方式有特定的规律，这样可以方便处理数据。数据库的操作包括创建数据库和删除数据库。这些操作都是数据库管理的基础。本节将讲解创建数据库和删除数据库的方法。

4.1.1 创建数据库

创建数据库是指在系统磁盘上划分一块区域用于数据的存储和管理。这是进行表操作的基础，也是进行数据库管理的基础。MySQL 中，创建数据库是通过 SQL 语句"CREATE DATABASE"实现的。根据 MySQL 参考手册，创建数据库的 SQL 基本语法格式如下：

```
CREATE DATABASE [IF NOT EXISTS] db_name
[create_specification [, create_specification] ...]
```

其中 create_specification：

```
[DEFAULT] CHARACTER SET charset_name
| [DEFAULT] COLLATE collation_name
```

温馨提示：中括号的内容为可选项，其余为必须书写的项。

语法剖析如下。

➢ CREATE DATABASE：是创建数据库的固定语法，不能省略。

➢ IF NOT EXISTS：由于包含在中括号里面，为可选项，意思是在创建数据库之前，判断即将创建的数据库名是否存在。如果不存在，将创建该数据库，如果数据库中已经存在同名的数据库，则不创建任何数据库。但是，如果存在同名数据库，并且没有指定 IF NOT EXISTS，则会出现错误。

➢ db_name：是即将创建的数据库名称，该名称不能与已经存在的数据库重名。数据库中相关对象的命名要求如表 4-1 所示。除了表内注明的限制，识别符不可以包含 ASCII 码中的 0 或值为 255 的字节。数据库、表和列名不应以空格结尾。在识别符中可以使用引号识别符，但应尽可能避免这样使用。

表 4-1　每类识别符的最大长度和允许的字符

识别符	最大长度（字节）	允许的字符
数据库	64	目录名允许的任何字符，不包括 '/'、'\' 或者 '。'
表	64	文件名允许的任何字符，不包括 '/'、'\' 或者 '。'
列	64	所有字符
索引	64	所有字符
别名	255	所有字符

➢ create_specification：用于指定数据库的特性。数据库特性储存在数据库目录中的db.opt 文件中。CHARACTER SET 子句用于指定默认的数据库字符集。COLLATE 子句用于指定默认的数据库排序。

⚠ **注意**：在 MySQL 中，每条 SQL 语句都以"；"作为结束标志。

【例 4.1】 创建一个名为 student 的数据库。

CREATE DATABASE student;

执行结果如图 4.1 所示。

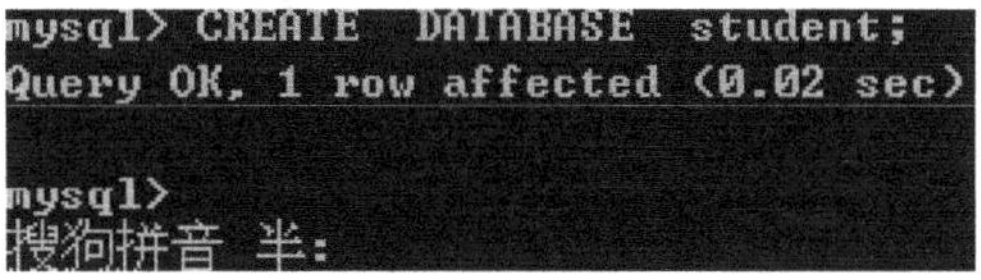

图 4.1 创建数据库成功

结果信息显示"Query OK, 1 row affected（0.02 sec）"表示数据库创建成功。

💬 **温馨提示**：在进行此操作及本章后续操作之前，请确定你已经连接到 MySQL 中。

如果服务器上已经存在名为 student 的数据库，则会有如下错误提示，如图 4.2 所示。

图 4.2 错误提示

完整的创建数据库的代码如下，但大家一般会习惯省略"IF NOT EXISTS"。

CREATE DATABASE IF NOT EXISTS student;

【例 4.2】 创建一个名为 studentinfo 的数据库，并指定其默认字符集为 UTF8。

CREATE DATABASE IF NOT EXISTS studentinfo;
DEFAULT CHARACTER SET UTF8;

执行结果如图 4.3 所示。

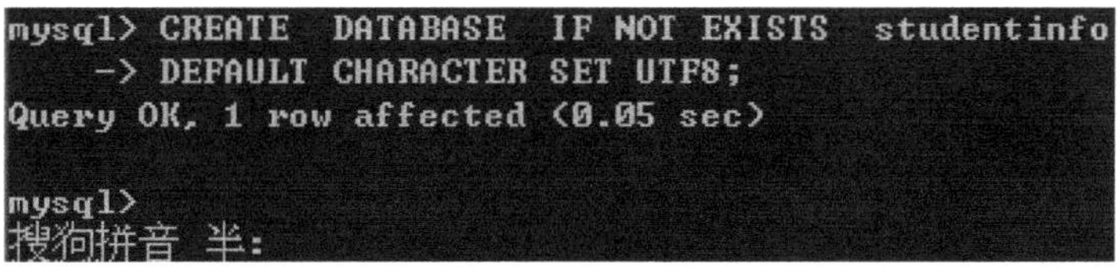

图 4.3 创建数据库并指定其默认字符集

创建了数据库之后可利用"SHOW DATABASES"查看效果。

4.1.2 查看数据库

为了检验数据库系统中是否已经存在命名为 student 的数据库，可使用"SHOW DATABASES"命令来查看。执行"SHOW DATABASES"命令后可以列出在 MySQL 服务器主机上的所有数据库。

语法形式如下：

```
SHOW DATABASES;
```

查看 MySQL 服务器主机上的所有数据库的语法比较简单，只需把"SHOW DATABASES"输入到 MySQL 的命令行后按"Enter"键即可。

⚠️**友情提示**：此处为 DATABASES，而非 DATABASE，初学者容易混淆。

执行结果如图 4.4 所示。

图 4.4 查看数据库结果

从显示的结果可看出，已经存在 student 数据库。说明 student 数据库创建成功。

4.1.3 选择数据库

创建 student 数据库之后，可以使用"USE"命令来选择我们需要操作的数据库。语法形式如下：

```
USE db_name;
```

语法剖析如下。

➢ USE db_name：该语句可以通知 MySQL 把 db_name 数据库作为默认（当前）数据库使用，用于后续语句。该数据库保持为默认数据库，直到语段的结尾，或者直到运行另一个不同的"USE"语句。也可以理解为从一个数据库切换到另一个数据库，在用"CREATE DATABASE"语句创建了数据库之后，刚才创建的数据库不会自动成为当前数据库，需要用这条 USE 语句来指定。

【例 4.3】 分别从 db1 和 db2 两个数据库中的 mytable 查询数据。

```
mysql> USE db1;
mysql> SELECT COUNT(*) FROM mytable;    # selects from db1.mytable
mysql> USE db2;
mysql> SELECT COUNT(*) FROM mytable;    # selects from db2.mytable
```

我们在前面用"CREATE DATABASE"命令创建了 student 数据库，如果我们需要将 student 数据库作为当前操作的数据库，就需要使用下面的命令进行操作。

```
USE student;
```

4.1.4　删除数据库

删除数据库是指在数据库应用系统中删除已经存在的数据库。删除数据库之后，原来分配的空间将被收回。值得注意的是，删除数据库会永久删除该数据库中所有的表及其数据。因此，在使用 DROP 命令删除数据库时，应该特别谨慎。本小节主要讲解如何删除数据库。

MySQL 中，删除数据库是通过 SQL 语句"DROP DATABASE"实现的。其语法格式如下：

DROP {DATABASE} [IF EXISTS] db_name

语法剖析：

DROP {DATABASE} db_name 为固定用法,此命令可以删除名为 db_name 的数据库，当 db_name 数据库在 MySQL 主机中不存在时，系统就会出现错误提示，如图 4.5 所示。

```
mysql> DROP DATABASE DB_NAME;
ERROR 1008 (HY000): Can't drop database 'db_name'; database doesn't exist
mysql>
搜狗拼音 半:
```

图 4.5　删除不存在的数据库出现错误提示

【例 4.4】　删除一个名为 student 的数据库。

DROP DATABASE student;

或者

DROP DATABASE IF NOT EXISTS student;

执行结果如图 4.6 所示。

```
mysql> DROP DATABASE STUDENT;
Query OK, 0 rows affected (0.00 sec)

mysql>
搜狗拼音 半:
```

图 4.6　删除数据库执行结果

4.1.5　MySQL 存储引擎

MySQL 中提到了存储引擎的概念。简而言之，存储引擎就是指表的类型。数据库的存储引擎决定了表在计算机中的存储方式。本小节将讲解存储引擎的内容和分类，以及如何选择合适的存储引擎。存储引擎的概念体现了 MySQL 的特点，而且它是一种插入式的存储引擎概念。这决定了 MySQL 数据库中的表可以用不同的方式存储。用户可以根据自己的不同要求，选择不同的存储方式，决定是否进行事务处理等。

使用"SHOW ENGINES"语句可以查看 MySQL 数据库支持的存储引擎类型。查询方法如下：

SHOW ENGINES;

"SHOW ENGINES"语句可以用";"结束，也可以使用"\g"或者"\G"结束。"\g"

与 ";" 的作用相同, "\G" 可以让结果显示得更加美观。"SHOW ENGINES" 语句查询的结果显示如下:

```
mysql> SHOW ENGINES\G;
*************************** 1. row ***************************
  Engine: MyISAM
 Support: YES
 Comment: Default engine as of MySQL 3.23 with great performance
*************************** 2. row ***************************
  Engine: MEMORY
 Support: YES
 Comment: Hash based, stored in memory, useful for temporary tables
*************************** 3. row ***************************
  Engine: InnoDB
 Support: DEFAULT
 Comment: Supports transactions, row-level locking, and foreign keys
*************************** 4. row ***************************
  Engine: BerkeleyDB
 Support: NO
 Comment: Supports transactions and page-level locking
*************************** 5. row ***************************
  Engine: BLACKHOLE
 Support: YES
 Comment: /dev/null storage engine (anything you write to it disappears)
*************************** 6. row ***************************
  Engine: EXAMPLE
 Support: NO
 Comment: Example storage engine
*************************** 7. row ***************************
  Engine: ARCHIVE
 Support: YES
 Comment: Archive storage engine
*************************** 8. row ***************************
  Engine: CSV
 Support: NO
 Comment: CSV storage engine
*************************** 9. row ***************************
  Engine: ndbcluster
 Support: NO
 Comment: Clustered, fault-tolerant, memory-based tables
*************************** 10. row ***************************
  Engine: FEDERATED
 Support: YES
 Comment: Federated MySQL storage engine
*************************** 11. row ***************************
  Engine: MRG_MYISAM
 Support: YES
 Comment: Collection of identical MyISAM tables
*************************** 12. row ***************************
  Engine: ISAM
```

```
Support: NO
Comment: Obsolete storage engine
12 rows in set (0.00 sec)
```

查询结果中，"Engine"参数指存储引擎名称；"Support"参数说明 MySQL 是否支持该类引擎，"YES"表示支持；"Comment"参数指对该引擎的评论；"Transactions"参数表示是否支持事务处理，"YES"表示支持；"XA"参数表示是否支持分布式交易处理的 XA 规范，"YES"表示支持；"Savepoints"参数表示是否支持保存点，以便事务回滚到保存点，"YES"表示支持。从查询结果中可以看出，MySQL 支持的存储引擎包括 MyISAM、MEMORY、InnoDB、ARCHIVE 和 MRG_MYISAM 等。其中 InnoDB 为默认（DEFAULT）存储引擎。

MySQL 中另一个"SHOW"语句也可以显示支持的存储引擎的信息。

使用"SHOW"语句查询 MySQL 支持的存储引擎。其代码如下：

```
SHOW VARIABLES LIKE 'have%';
```

查询结果如下：

```
mysql> SHOW VARIABLES LIKE 'have%';
+----------------------+----------+
| Variable_name        | Value    |
+----------------------+----------+
| have_archive         | YES      |
| have_bdb             | NO       |
| have_blackhole_engine| YES      |
| have_compress        | YES      |
| have_crypt           | NO       |
| have_csv             | NO       |
| have_dynamic_loading | YES      |
| have_example_engine  | NO       |
| have_federated_engine| YES      |
| have_geometry        | YES      |
| have_innodb          | YES      |
| have_isam            | NO       |
| have_merge_engine    | YES      |
| have_ndbcluster      | NO       |
| have_openssl         | DISABLED |
| have_ssl             | DISABLED |
| have_query_cache     | YES      |
| have_raid            | NO       |
| have_rtree_keys      | YES      |
| have_symlink         | YES      |
+----------------------+----------+
20 rows in set (0.00 sec)
```

查询结果中，第一列"Variable_name"表示存储引擎的名称，第二列"Value"表示 MySQL 的支持情况。"YES"表示支持，"NO"表示不支持，"DISABLED"表示支持但还没有开启。"Variable_name"列有取值为"have_innodb"的记录，对应"Value"的值为"YES"，这表示支持 InnoDB 存储引擎。在创建表时，若没有指定存储引擎，表的存储引擎将为默认的存储引擎。读者也可以使用以下介绍的"SHOW"语句查看默认的存储引擎。

下面是用"SHOW"语句查询默认存储引擎。语句的代码如下：

```
SHOW VARIABLES LIKE 'storage_engine';
```

代码执行结果如下：

```
mysql> SHOW VARIABLES LIKE 'storage_engine';
+----------------+--------+
| Variable_name  | Value  |
+----------------+--------+
| storage_engine | InnoDB |
+----------------+--------+
1 row in set (0.03 sec)
```

结果显示，默认的存储引擎为 InnoDB。读者可以使用该方式查看 MySQL 数据库的默认存储引擎。如果读者想更改默认的存储引擎，可以在"my.ini"中进行修改。将"default-storage-engine=InnoDB"更改为"default-storage-engine= MyISAM"，然后重启服务，修改生效。下面详细介绍一下 MySQL 三种常见的存储引擎。

1. InnoDB 存储引擎

InnoDB 是 MySQL 数据库的一种存储引擎。InnoDB 给 MySQL 的表提供了事务、回滚、崩溃修复能力，并且能够保障多版本并发控制的事务安全。MySQL 从 3.23.34a 版本开始包含 InnoDB 存储引擎。InnoDB 是 MySQL 第一个提供外键约束的表引擎。而且 InnoDB 对事务处理的能力，也是 MySQL 其他存储引擎所无法与之比拟的。笔者安装的 MySQL 的默认存储引擎就是 InnoDB。下面将讲解 InnoDB 存储引擎的特点及其优缺点。

InnoDB 存储引擎中支持自动增长列 AUTO INCREMENT。自动增长列的值不能为空，且值必须唯一。MySQL 中规定自动增长列必须为主键。在插入值时，如果自动增长列不输入值，则插入的值为自动增长后的值；如果输入的值为"0"或空（NULL），则插入的值也为自动增长后的值；如果插入某个确定的值，且该值在前面没有出现过，则可以直接插入。

InnoDB 存储引擎中支持外键（Foreign Key）。外键所在的表为子表，外键所依赖的表为父表。父表中被子表外键关联的字段必须为主键。当删除、更新父表的某条信息时，子表也必须有相应的改变。

InnoDB 存储引擎中，创建的表的表结构存储在".frm"文件中。数据和索引存储在"innodb_data_home_dir"和"innodb_data_file_path"定义的表空间中。

InnoDB 存储引擎的优势在于提供了良好的事务管理、崩溃修复能力和并发控制。缺点是其读写效率稍差，占用的数据空间相对比较大。

2. MyISAM 存储引擎

MyISAM 存储引擎是 MySQL 中常见的存储引擎，曾是 MySQL 的默认存储引擎。MyISAM 存储引擎是基于 ISAM 存储引擎发展起来的，MyISAM 增加了很多有用的扩展。

MyISAM 存储引擎的表存储为以下三个文件类型。文件的名字与表名相同，扩展名包括".frm"".MYD"和".MYI"。其中，".frm"扩展名的文件存储表的结构；".MYD"扩展名的文件存储数据，它是 MYData 的缩写；".MYI"扩展名的文件存储索引，它是

MYIndex 的缩写。

基于 MyISAM 存储引擎的表支持三种不同的存储格式，包括静态型、动态型和压缩型。其中，静态型为 MyISAM 存储引擎的默认存储格式，其字段是固定长度的；动态型包含变长字段，记录的长度是不固定的；压缩型需要使用 myisampack 工具创建，占用的磁盘空间较小。

MyISAM 存储引擎的优势在于占用空间小、处理速度快，缺点是不支持事务的完整性和并发性。

3. MEMORY 存储引擎

MEMORY 存储引擎是 MySQL 中的一类特殊的存储引擎。它使用存储在内存中的内容来创建表，而且所有数据也放在内存中。这些特性与 InnoDB 存储引擎、MyISAM 存储引擎均不同。下面将讲解 MEMORY 存储引擎的文件存储形式、索引类型、存储周期和优缺点。

每个基于 MEMORY 存储引擎的表实际对应一个磁盘文件。该文件的文件名与表名相同，类型为 ".frm" 类型。该文件中只存储表的结构，而其数据文件都存储在内存中。这样有利于对数据的快速处理，提高整个表的处理效率。值得注意的是，服务器需要有足够的内存来维持 MEMORY 存储引擎的表的使用。如果不需要使用，可以释放这些内存，甚至可以删除不需要的表。

MEMORY 存储引擎默认使用哈希（HASH）索引，其速度要比使用 BTree 索引快。如果读者希望使用 B 型树索引，可以在创建索引时选择使用。

MEMORY 表的大小是受到限制的。表的大小主要取决于两个参数，分别是 "max rows" 和 "max_heap_table_size"。其中，"max rows" 可以在创建表时指定；"max_heap_table_size" 的大小默认为 16MB，可以按需要进行扩大。因此，正是因为 MEMORY 表存在于内存中，故这类表的处理速度非常快。但是，由于它数据易丢失，生命周期短，所以选择 MEMORY 存储引擎时需要特别小心。

4. 存储引擎的选择

在实际工作中，选择一个合适的存储引擎是一个很复杂的问题。每种存储引擎都有各自的优势。本小节将对各存储引擎的特点进行对比，给出不同情况下选择存储引擎的建议。

下面从存储引擎的事务安全、存储限制、空间使用、内存使用、插入数据的速度和对外键的支持这几个角度进行比较，如表 4.2 所示。

表 4.2 存储引擎的对比

特　性	InnoDB	MyISAM	MEMORY
事务安全性	支持	无	无
存储限制	64TB	有	有
空间使用	高	低	低
内存使用	高	低	高
插入数据的速度	低	高	高
对外键的支持	支持	无	无

表 4.2 中介绍了 InnoDB、MyISAM、MEMORY 这三种存储引擎特性的对比。下面根据其不同的特性，给出选择存储引擎的建议。

InnoDB 存储引擎：InnoDB 存储引擎支持事务处理，支持外键，同时支持崩溃修复能力和并发控制。如果对事务的完整性要求比较高，同时要求实现并发控制，那选择 InnoDB 存储引擎更具优势。如果需要频繁地对数据库进行更新、删除操作，也可以选择 InnoDB 存储引擎，因为该类存储引擎可以实现事务的提交（Commit）和回滚（Rollback）。

MyISAM 存储引擎：MyISAM 存储引擎插入数据快，空间和内存使用率比较低。如果表主要是用于插入新记录和读出记录，那么选择 MyISAM 存储引擎能在处理过程中体现高效率。如果应用的完整性、并发性要求很低，也可以选择 MyISAM 存储引擎。

MEMORY 存储引擎：MEMORY 存储引擎的所有数据都在内存中，数据的处理速度快，但安全性不高。如果需要很快地读写速度，对数据的安全性要求较低，可以选择 MEMORY 存储引擎。MEMORY 存储引擎对表的大小有要求，不能建立太大的表。所以，这类数据库只用于相对较小的数据库表。

上述选择存储引擎的建议都是根据不同存储引擎的特点提出的。这些建议方案并不是绝对的。实际应用中还需要根据实际情况进行分析。

4.1.6　小结

本节主要介绍了创建数据库、删除数据库和 MySQL 存储引擎的知识。创建和删除数据库是本节的重点内容。读者应该在计算机上练习创建和删除数据库的方法，这样可以更加透彻地理解这部分的内容。存储引擎的知识比较难理解，读者只要了解相应的知识即可。读者应该特别注意，安装 MySQL 数据库的方式不同，造成默认存储引擎也就不同。因此，读者一定要了解自己的 MySQL 数据库在默认状况下使用哪一个存储引擎。

4.2　表的基本操作

表是数据库存储数据的基本单位。一个表包含若干个字段或记录。表的操作包括创建新表、修改表和删除表。这些操作都是数据库管理中最基本，也是最重要的操作。在这一节中将讲解如何在数据库中操作表，内容包括：

➢ 创建表的方法；
➢ 查看表结构的方法；
➢ 修改表的方法；
➢ 删除表的方法。

4.2.1　创建表

创建表是指在已存在的数据库中建立新表。这是建立数据库最重要的一步，是进行其他表操作的基础。MySQL 中，创建表是通过 SQL 语句"CREATE TABLE"实现的。此语句的完整语法是相当复杂的，但在实际应用中此语句的应用较为简单。

其语法格式如下:

```
CREATE [TEMPORARY] TABLE [IF NOT EXISTS] tbl_name
    [(create_definition,...)]
    [table_options] [select_statement]
```

或者

```
CREATE [TEMPORARY] TABLE [IF NOT EXISTS] tbl_name
[(| LIKE old_tbl_name )];

create_definition:
    column_definition
  | [CONSTRAINT [symbol]] PRIMARY KEY [index_type] (index_col_name,...)
  | KEY [index_name] [index_type] (index_col_name,...)
  | INDEX [index_name] [index_type] (index_col_name,...)
  | [CONSTRAINT [symbol]] UNIQUE [INDEX]
        [index_name] [index_type] (index_col_name,...)
  | [FULLTEXT|SPATIAL] [INDEX] [index_name] (index_col_name,...)
  | [CONSTRAINT [symbol]] FOREIGN KEY
        [index_name] (index_col_name,...) [reference_definition]
  | CHECK (expr)
```

以上为 MySQL 官方参考文档给出的创建表的完整的语法格式,由于创建表和设置表的选项较多,我们不能逐一详述,详细的语法介绍可以参考本书的附录或者 MySQL 语法的官方参考文档。

语法剖析:"TEMPORARY"为创建临时表的选项,如果创建正式表,可以不填此项。通常情况下,我们创建表的时候,按照如下的语法来创建:

```
Create [TEMPORARY] table  表名 (
    属性名 数据类型 [完整性约束条件],
    属性名 数据类型 [完整性约束条件],
    ......
    属性名 数据类型 [完整性约束条件]
);
```

其中数据类型和完整性约束为:

```
  TINYINT[(length)] [UNSIGNED] [ZEROFILL]
| SMALLINT[(length)] [UNSIGNED] [ZEROFILL]
| MEDIUMINT[(length)] [UNSIGNED] [ZEROFILL]
| INT[(length)] [UNSIGNED] [ZEROFILL]
| INTEGER[(length)] [UNSIGNED] [ZEROFILL]
| BIGINT[(length)] [UNSIGNED] [ZEROFILL]
| REAL[(length,decimals)] [UNSIGNED] [ZEROFILL]
| DOUBLE[(length,decimals)] [UNSIGNED] [ZEROFILL]
| FLOAT[(length,decimals)] [UNSIGNED] [ZEROFILL]
| DECIMAL(length,decimals) [UNSIGNED] [ZEROFILL]
| NUMERIC(length,decimals) [UNSIGNED] [ZEROFILL]
| DATE
| TIME
```

```
| TIMESTAMP
| DATETIME
| CHAR(length) [BINARY | ASCII | UNICODE]
| VARCHAR(length) [BINARY]
| TINYBLOB
| BLOB
| MEDIUMBLOB
| LONGBLOB
| TINYTEXT [BINARY]
| TEXT [BINARY]
| MEDIUMTEXT [BINARY]
| LONGTEXT [BINARY]
| ENUM(value1,value2,value3,...)
| SET(value1,value2,value3,...)
| spatial_type
```

【例4.5】假设已经创建了数据库 student，在该数据库中创建一个学生情况表 student。

```
CREATE TABLE student (
    sno char(9) NOT NULL COMMENT '学号',
    sname varchar(10) NOT NULL COMMENT '姓名',
    ssex char(2) default NULL COMMENT '性别',
    sbirthday date default NULL COMMENT '年龄',
    sdept varchar(8) NOT NULL COMMENT '系别',
    PRIMARY KEY (sno)
) ENGINE=InnoDB DEFAULT CHARSET=gbk;
```

在上面的例子中，学生情况表 student 有五个字段："sno""sname""ssex""sbirthday""sdept"。"sno"字段存储学生的学号，"sname"字段存储学生的姓名，"ssex"字段存储学生的性别，"sbirthday"字段存储学生的出生日期，"sdept"字段用来存储学生所属的系别。每个字段名后面都必须跟一个指定的数据类型。例如，字段名"sno"后面跟有 char(6)，这指定了"sno"字段的数据类型是长度为 6 的字符型（即 char 型）。数据类型决定了一个字段可以存储什么样的数据。因为字段"sno"包含固定长度的文本信息，其数据类型可设置为 char 型。

每个字段都包含附加约束或修饰符，这些可以用来增加对所输入数据的约束。"PRIMARY KEY"表示将"sno"字段定义为主键。"default NULL"表示字段可以为空值。"ENGINE=InnoDB"表示采用的存储引擎是 InnoDB。InnoDB 是 MySQL 在 Windows 平台默认的存储引擎，所以"ENGINE=InnoDB"可以省略。

执行结果如图 4.7 所示。

创建了学生表 student 之后，再创建一个成绩表 sc，并将 sc 表的"sno"字段设置为外键。

```
CREATE TABLE sc (
    sno char(9) NOT NULL COMMENT '学号',
    cno char(4) NOT NULL COMMENT '课程编号',
    grade float default NULL COMMENT '成绩',
    CONSTRAINT S_FK FOREIGN KEY(SNO)
```

REFERENCES student(SNO)
) ENGINE=InnoDB DEFAULT CHARSET=gbk;

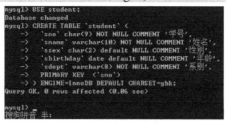

图 4.7　创建表执行结果

4.2.2　查看表结构

查看表结构是指查看数据库中已存在的表的定义。查看表结构的语句包括"DESCRIBE"和"SHOW CREATE TABLE"。通过这两个语句,可以查看表的字段名、字段的数据类型、完整性约束条件等。本小节将详细讲解查看表结构的方法。

1. 查看表基本结构语句 DESCRIBE

MySQL 中,"DESCRIBE"语句可以查看表的基本定义。其中包括:字段名、字段数据类型、是否为主键和默认值等。"DESCRIBE"语句的语法格式如下:

DESCRIBE 表名;

其中,"表名"参数指明所要查看的表的名称。

【例 4.6】 利用"DESCRIBE"语句查看学生情况表 student 的定义结构。命令代码如下:

DESCRIBE student;

执行命令后,结果如图 4.8 所示。

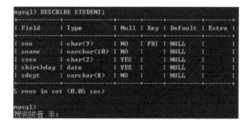

图 4.8　查看表结构语句执行结果

2. 查看表详细结构语句 SHOW CREATE TABLE

MySQL 中,"SHOW CREATE TABLE"语句可以查看表的详细定义。该语句可以查看表的字段名、字段的数据类型、完整性约束条件等信息。除此之外,还可以查看表默认的存储引擎和字符编码。"SHOW CREATE TABLE"语句的语法格式如下:

SHOW CREATE TABLE 表名;

其中,"表名"参数指明所要查看的表的名称。

【例 4.7】 利用"SHOW CREATE TABLE"语句查看学生情况表 student 的定义结构。命令代码如下：

```
SHOW CREATE TABLE student;
```

执行命令后，结果如图 4.9 所示。

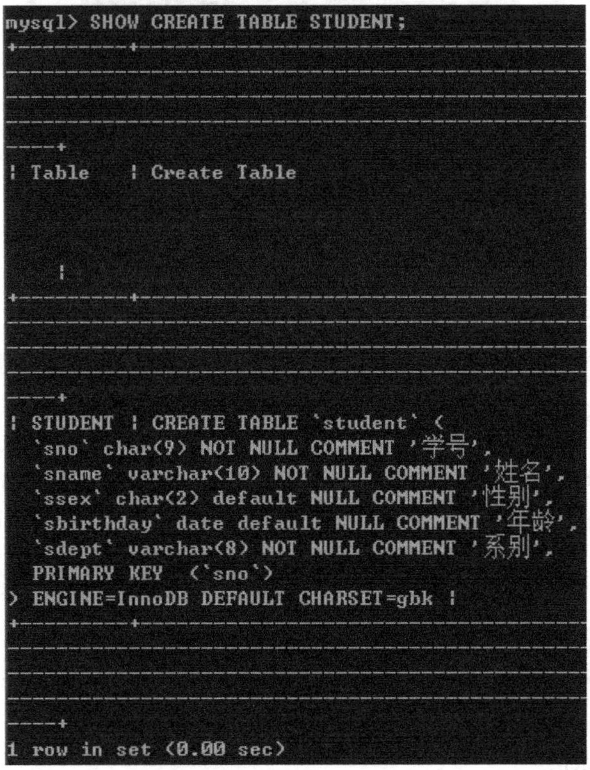

图 4.9   执行查看表详细结构运行结果

4.2.3 修改表

修改表是指修改数据库中已存在的表的定义。修改表比重新定义表简单，不需要重新加载数据，也不会影响正在进行的服务。MySQL 中通过"ALTER TABLE"语句来修改表。修改表包括修改表名、修改字段数据类型、修改字段名、增加字段、删除字段、修改字段的排列位置、更改默认存储引擎和删除表的外键约束等。本小节将详细讲解上述几种修改表的方式。

➤ 1. 修改表名

表名可以在一个数据库中确定唯一的一张表。数据库系统通过表名来区分不同的表。例如，数据库"student"中有"student"表。那么，"student"表就是唯一的。在数据库"student"中不可能存在另一个名为"student"的表。MySQL 中，修改表名是通过 SQL 语句"ALTER TABLE"实现的。其语法格式如下：

```
ALTER TABLE 旧表名 RENAME [TO] 新表名;
```

【例 4.8】 将【例 4.5】中学生情况表 student 的表名修改为 student1。命令代码如下：

```
ALTER TABLE student RENAME student1;
```

2. 修改字段的数据类型

字段的数据类型包括整数型、浮点数型、字符串型、二进制类型、日期和时间类型等。数据类型决定了数据的存储格式、约束条件和有效范围。表中的每个字段都有数据类型。有关数据类型的详细内容参见第 3 章。MySQL 中，"ALTER TABLE"语句也可以修改字段的数据类型。其基本语法格式如下：

```
ALTER TABLE 表名 MODIFY 属性名 数据类型;
```

【例 4.9】 将【例 4.5】中学生情况表 student 的 sname 字段的数据类型修改为 char型，长度为 10。命令代码如下：

```
ALTER TABLE student MODIFY sname char(10) not null;
```

3. 修改字段名及数据类型

字段名可以在一张表中确定唯一的一个字段。数据库应用系统通过字段名来区分表中的不同字段。例如，"student"表中包含"sno"字段。那么，"sno"字段在"student"表中是唯一的。"student"表中不可能存在另一个名为"sno"的字段。MySQL 中，"ALTER TABLE"语句也可以修改表的字段名。其基本语法格式如下：

```
ALTER TABLE 表名 CHANGE 旧属性名 新属性名 新数据类型;
```

其中，"旧属性名"参数指修改前的字段名；"新属性名"参数指修改后的字段名；"新数据类型"参数指修改后的数据类型，若不需要修改，则将新数据类型设置为与原来一样。

【例 4.10】 将【例 4.5】中学生情况表 student 的 sno 字段的字段名修改为 sid。命令代码如下：

```
ALTER TABLE student CHANGE sno sid char(6) not null;
```

4. 增加字段

在创建表时，表中的字段就已经完成定义。如果要增加新的字段，可以通过"ALTER TABLE"语句进行增加。MySQL 中，"ALTER TABLE"语句增加字段的基本语法格式如下：

```
ALTER TABLE 表名 ADD 属性名 1 数据类型 [完整性约束条件] [FIRST | AFTER 属性名 2];
```

【例 4.11】 向【例 4.5】中学生情况表 student 新增一个存储学生年龄的字段 sage。命令代码如下：

```
ALTER TABLE student ADD sage VARCHAR(100);
```

5. 删除字段

删除字段是指删除已经定义好的表中的某个字段。在表创建好之后，如果发现某个字段需要删除。可以采用将整个表都删除，然后重新创建一张表的做法。这样做是可以达到目的，但必然会影响到表中的数据。而且，操作比较麻烦。MySQL 中，"ALTER TABLE"语句也可以删除表中的字段。其基本语法格式如下：

```
ALTER TABLE 表名 DROP 属性名;
```

【例 4.12】 删除【例 4.11】中新增的 sage 字段。命令代码如下：

```
ALTER TABLE student DROP sage;
```

6. 更改表的存储引擎

MySQL 存储引擎是指 MySQL 数据库中表的存储类型。MySQL 存储引擎包括 InnoDB、MyISAM、MEMORY 等。在创建表的时候，存储引擎就已经设定好了。如果要改变，可以通过重新创建一张表来实现。这样做可以达到目的，但必然会影响到表中的数据。而且，操作比较麻烦。MySQL 中，"ALTER TABLE"语句也可以更改表的存储引擎的类型。语法格式如下：

```
ALTER TABLE 表名 ENGINE=存储引擎名;
```

【例 4.13】 将【例 4.5】中学生情况表 student 的存储引擎设置为 MyISAM。命令代码如下：

```
ALTER TABLE student ENGINE=MyISAM;
```

4.2.4 删除表

删除表是指删除数据库中已存在的表。删除表时，会删除表中的所有数据。因此，在删除表时要特别注意。MySQL 中通过"DROP TABLE"语句来删除表。由于创建表时可能存在外键约束，一些表成为与之关联的表的父表。要删除这些父表，情况比较复杂。本节将详细讲解删除没有被关联的普通表和被其他表关联的父表的方法。

1. 删除没有被关联的普通表

MySQL 中，直接使用"DROP TABLE"语句可以删除没有被其他表关联的普通表。其基本语法格式如下：

```
DROP TABLE 表名;
```

其中，"表名"参数是要删除的表的名称。
为了下一步操作，我们先执行如下语句，复制一张 test 表：

```
CREATE 7ABLE test like student;
```

【例 4.14】 请删除 test 表。在执行代码之前，先用"DESC"语句查看是否存在 test 表，以便在删除后进行对比。"DESC"语句执行后的显示结果如下：

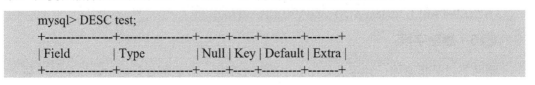

```
mysql> DESC test;
+----------------+----------------+------+-----+---------+-------+
| Field          | Type           | Null | Key | Default | Extra |
+----------------+----------------+------+-----+---------+-------+
```

```
| sno        | char(9)     | NO  | PRI | NULL |     |
| sname      | varchar(10) | NO  |     | NULL |     |
| ssex       | char(2)     | YES |     | NULL |     |
| sbirthday  | date        | YES |     | NULL |     |
| sdept      | varchar(8)  | NO  |     | NULL |     |
+------------+-------------+-----+-----+------+-----+
5 rows in set (0.22 sec)
```

从查询结果可以看出，当前存在 test 表。然后，执行"DROP TABLE"语句删除表。执行结果如下：

```
mysql> DROP TABLE test;
Query OK, 0 rows affected (0.09 sec)
```

代码执行完毕，结果显示执行成功。为了检验数据库中是否还存在 test 表，使用"DESC"语句重新查看 test 表。查看结果如下：

```
mysql> DESC test;
ERROR 1146 (42S02): Table 'student. test' doesn't exist
```

查询结果显示，test 表已经不存在了，说明我们删除操作执行成功。

⚠️**友情提醒**：删除一个表时，表中的所有数据也会被删除。因此，在删除表的时候一定要慎重。最稳妥的方法是先将表中所有数据备份出来，然后再删除表。一旦删除表后发现造成了损失，可以通过备份的数据还原表，以便尽可能降低损失。

❯2. 删除被其他表关联的父表

如果在数据库中将某些表之间建立了关联关系，使一些表成为父表，这些表被其他表所关联，那么要删除这些父表，情况便比较复杂。

【例 4.15】 请删除被其他表关联的表 student。代码如下：

```
DROP TABLE student;
```

代码执行后，结果显示如下：

```
mysql> DROP TABLE STUDENT;
ERROR 1217 (23000): Cannot delete or update a parent row: a foreign key constraint fails
```

结果显示删除失败，这是因为有外键依赖于该表。因为前面我们新建的表"sc"依赖于"student"表。"sc"表的外键"sno"依赖于"student"表的主键。"student"表是"sc"表的父表。如果要删除"sc"表，必须先去掉这种依赖关系。最简单直接的办法是，先删除子表"sc"，然后再删除父表"student"，但这样可能会影响子表的其他数据；另一种办法是，先删除子表"sc"的外键约束，然后再删除父表，这种办法不会影响子表的其他数据，可以保证数据库的安全。因此，这里将重点讲解第二种办法。

首先，删除"sc"表的外键约束。先用"SHOW CREATE TABLE"语句查看"sc"表的外键别名，执行如下：

```
mysql> show create table sc\G;
CREATE TABLE 'sc' (
  'sno' char(9) NOT NULL COMMENT '学号',
```

73

```
      'cno' char(4) NOT NULL COMMENT '课程编号',
      'grade' float default NULL COMMENT '成绩',
      KEY 'S_FK' ('sno'),
      CONSTRAINT 'S_FK' FOREIGN KEY ('sno') REFERENCES 'student' ('sno')
   ) ENGINE=InnoDB DEFAULT CHARSET=gbk
   1 row in set (0.00 sec)
```

查询结果显示，"sc"表的外键别名为"S_FK"。然后执行"ALTER TABLE"语句，删除"sc"表的外键约束。删除"sc"表的外键的语句如下：

```
ALTER TABLE SC DROP FOREIGN KEY S_FK;
```

执行结果如下：

```
mysql> ALTER TABLE SC DROP FOREIGN KEY S_FK;
Query OK, 0 rows affected (0.20 sec)
Records: 0   Duplicates: 0   Warnings: 0
```

为了查看"sc"表的外键约束是否已经被删除，使用"SHOW CREATE TABLE"语句查看，查看结果如下：

```
mysql> SHOW CREATE TABLE SC\G;
*************************** 1. row ***************************
        Table: SC
Create Table: CREATE TABLE 'sc' (
   'sno' char(9) NOT NULL COMMENT '学号',
   'cno' char(4) NOT NULL COMMENT '课程编号',
   'grade' float default NULL COMMENT '成绩',
   KEY 'S_FK' ('sno')
) ENGINE=InnoDB DEFAULT CHARSET=gbk
1 row in set (0.00 sec)
```

查询结果显示，"sc"表中已经不存在外键了。现在，已经消除了"sc"表与"student"表的关联关系，即可直接使用"DROP TABLE"语句删除"student"表了。代码如下：

```
DROP TABLE student;
```

执行结果如下：

```
mysql> DROP TABLE student;
Query OK, 0 rows affected (0.00 sec)
```

结果显示，操作成功。为了验证我们的操作，可以使用"DESC"语句查询"student"表是否存在，结果如下：

```
mysql> DESC student;
ERROR 1146 (42S02): Table 'student.student' doesn't exist
```

执行结果显示，"student"表已经不存在了，说明"student"表已经删除成功。

4.2.5　小结

本节介绍了创建表、查看表结构、修改表和删除表的方法。创建表、修改表是本节最重要的内容。创建表和修改表的内容比较多，难度也非常大。这两部分需要不断练习。只有通过实践操作，才会对这两部分了解得更加透彻。而且，这两部分很容易出现语法错误，必须在练习中掌握正确的语法规则。创建表和修改表后一定要查看表的结构，这样可以判断操作是否正确。本节中的完整性约束条件是难点，希望读者在以后的学习和实践中多思考，以便对完整性约束条件了解得更加透彻。在执行删除表操作时一定要特别小心，因为删除表的同时会删除表中的所有记录。

4.3 插入数据

插入数据即向表中写入新的记录（表的一行数据即为一条记录）。插入的新记录必须完全遵守表的完整性约束，所谓完整性约束指的是，列是何种数据类型，新记录对应的值就必须是这种数据类型，列上有什么约束条件，新记录的值也必须满足这些约束条件。若不满足其中任何一条，则可能导致插入记录不成功。

在 MySQL 中，我们可以通过"INSERT"语句来实现插入数据的功能。"INSERT"语句有两种方式插入数据：第一，插入特定的值，即所有的值都是在"INSERT"语句中明文确定的；第二，插入某查询的结果，结果指的是插入到表中的那些值，"INSERT"语句本身看不出来，完全由查询结果确定。

"INSERT"语句的基本语法格式如下：

```
INSERT INTO 表名[列名 1，列名 2…]
[VALUES(值 1，值 2，…,值 n) [ ,(值 1，值 2，…，值 n)，…]]    --插入特定的值
[查询语句]                                                --插入查询的结果
```

4.3.1 插入一条完整的记录

插入一条完整的记录可以理解为向表的所有字段插入数据，一般有两种方法可以实现：第一，只指定表名，不指定具体的字段，按字段的默认顺序填写数值，然后插入记录；第二，在表名的后面指定要插入的数值所对应的字段，并按指定的顺序写入数值。当某条记录的数据比较完整时，如 student 表有学号、姓名、性别、出生日期、系别共五列，当要插入的学生的五条信息都明确的时候，用第一种方法可以省略表的列名，直接输入数据。而当某些记录有好几个字段值都不明确时，如学生"李勇"目前只知道姓名和性别，那就可以考虑用第二种方法，只指定输入这几个明确的信息，而不用顾虑真实表的字段顺序。

▶ 1. 不指定字段名，按默认顺序插入数值

在 MySQL 中，若想按默认的数值顺序插入某记录，可用如下语句：

```
INSERT INTO 表名 VALUES（值 1，值 2，…，值 n）;
```

特别注意："VALUES"后面所跟的值列表必须和表的字段前后顺序一致，且数据类型匹配。若某列的值允许为空，且插入的记录此字段的值也为空，则必须在"VALUES"后面跟上"NULL"。

【例 4.16】 网络系新进一名学生，名叫“张小雨”，女，出生于 1982 年 5 月 27 日，现需要将此学生的信息加入学生表中。

“张小雨”已知的信息有姓名、性别、出生日期和系别，学号是在学生入学后由学校为其分配的，所以我们可以暂时认为学号也是已知的。student 表需要的五个字段信息目前都有了，那么我们就可以省略表的字段名，然后按字段默认顺序插入数据。

在插入数据之前，最重要的一点就是明确student表的字段顺序及各字段的数据类型。要实现此目标必须经过如下几个步骤。

第一步，进入 student 数据库：

```
USE student;
```

第二步，使用“DESC”查看 student 表的结构：

```
DESC student;
```

此语句的执行结果如图 4.10 所示。

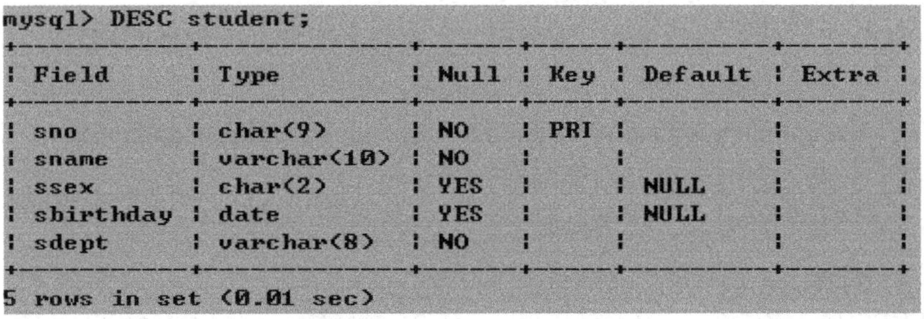

```
mysql> DESC student;
+------------+-------------+------+-----+---------+-------+
| Field      | Type        | Null | Key | Default | Extra |
+------------+-------------+------+-----+---------+-------+
| sno        | char(9)     | NO   | PRI |         |       |
| sname      | varchar(10) | NO   |     |         |       |
| ssex       | char(2)     | YES  |     | NULL    |       |
| sbirthday  | date        | YES  |     | NULL    |       |
| sdept      | varchar(8)  | NO   |     |         |       |
+------------+-------------+------+-----+---------+-------+
5 rows in set (0.01 sec)
```

图 4.10　student 表的结构

从 student 表的结构中，我们可以分析得出如下结论。

（1）表中字段的前后顺序（Field）。如本表第一个字段是“sno”，第二个字段是“sname”，第三个字段是“ssex”，第四个字段是“sbirthday”，第五个字段是“sdept”。在不指定字段顺序的情况下向表中插入数值，数据的顺序必须与表中默认字段顺序相一致（也就是说数据的顺序是：学号、姓名、性别、出生日期、系别）。

（2）字段的数据类型（Type）。如：“sno”为 char(9)，即此字段最长接收 9 个字符，且在输入数据的时候用单引号；“sname”的数据类型为 varchar(10)，表明姓名字段输入的数据是字符型数值。字符型数值（不管是 char 还是 varchar）在插入的时候，必须用单引号引起来。“sbirthday”数据类型为 date，该字段只接受日期型的数值，即在插入数值的时候，必须用‘XXXX－XX－XX’的格式，且数据用单引号引起来。

（3）每个字段是否允许为空（Null）。若某字段不允许为空，且无默认值约束（Default），则表示向此表插入一条记录时，此字段必须写入值，否则插入数值不成功。若某字段不允许为空，但它有默认值约束，则在用户不写入值的情况下自动用默认值代替。

（4）约束（Key）。本表只涉及主键约束（PRI），即表示表中此列的值不允许重复。

为了验证数据是否插入成功，我们可以在插入新数据之前使用如下的“SELECT”语句先查看表中已有的数值。

```
SELECT * FROM student;
```

查询语句的结果如图 4.11 所示。

```
mysql> select * from student;
+-----------+--------+------+------------+--------+
| sno       | sname  | ssex | sbirthday  | sdept  |
+-----------+--------+------+------------+--------+
| 200515001 | 赵菁菁 | 女   | 1994-08-10 | 网络系 |
| 200515002 | 李勇   | 男   | 1993-02-24 | 网络系 |
| 200515003 | 张力   | 男   | 1992-06-12 | 网络系 |
| 200515004 | 张衡   | 男   | 1995-01-04 | 软件系 |
| 200515005 | 张向东 | 男   | 1992-12-24 | 软件系 |
| 200515006 | 张向丽 | 女   | 1994-04-12 | 软件系 |
| 200515007 | 王芳   | 女   | 1993-10-05 | 网络系 |
| 200515008 | 王明生 | 男   | 1991-09-16 | 通信系 |
| 200515009 | 王小丽 | 女   | 1993-08-18 | 通信系 |
| 200515010 | 李晨   | 女   | 1993-12-01 | 通信系 |
| 200515011 | 张毅   | 男   | 1993-02-24 | 外语系 |
| 200515012 | 杨丽华 | 女   | 1994-02-01 | 英语系 |
| 200515013 | 李芳   | 女   | 1992-05-03 | 通信系 |
| 200515014 | 张丰毅 | 男   | 1995-05-05 | 网络系 |
| 200515015 | 李雷   | 女   | 1994-03-02 | 英语系 |
| 200515016 | 刘杜   | 男   | 1992-07-02 | 中文系 |
| 200515017 | 刘星耀 | 男   | 1994-06-17 | 数学系 |
| 200515018 | 李贵   | 男   | 1994-02-17 | 英语系 |
| 200515019 | 林自许 | 男   | 1991-07-23 | 网络系 |
| 200515020 | 马翔   | 男   | 1993-09-24 | 网络系 |
| 200515021 | 刘峰   | 男   | 1994-01-18 | 网络系 |
| 200515022 | 朱晓鸥 | 女   | 1994-01-01 | 软件系 |
| 200515023 | 牛站强 | 男   | 1993-07-28 | 中文系 |
| 200515024 | 李婷婷 | 女   | 1993-01-29 | 通信系 |
| 200515025 | 严丽   | 女   | 1992-07-12 | 数学系 |
+-----------+--------+------+------------+--------+
25 rows in set (0.00 sec)
```

图 4.11　student 表原始数据

现用“INSERT”语句插入本学生信息：

```
INSERT INTO student
VALUES('200515026','张小雨','女','1982-05-27','网络系');
```

在上面的语句中需要特别注意每种字段的数值是否需要单引号，还有符号是否是半角。如果稍不注意就可能引起如图 4.12 所示的错误。所以在插入数值的时候应该特别注意待插入值的数据类型。一般来说，字符型（char、varchar）和日期时间型（date 等）都需要在值的前后加单引号，只有数值型（int、float 等）的值前后不用加单引号。

```
mysql> INSERT INTO student
    -> VALUES(200515026,'张小雨','女','1982-05-27','网络系');
ERROR 1064 (42000): You have an error in your SQL syntax; check the manual that
corresponds to your MySQL server version for the right syntax to use near '' 张
小雨','女','1982-05-27','网络系')' at line 2
```

图 4.12　“sno”字段值没有用单引号引起来而出现的错误信息

除了注意符号问题外，还得注意数值的前后顺序是否和字段的前后顺序相一致，若不一致，则可能导致数据插入位置错误或直接提示插入数据不成功。

插入数据成功后再使用“SELECT”语句查询一下 student 表，可以发现多了一行“张小雨”的数据。

若某条记录完整（即每个字段都有值），则可以用上面的方法将每个值分别对应其字段写入“VALUES”子句后。但是现实生活中经常有一些记录的数据并不完整，那么就得在上面的代码中做适当的调整。

【例 4.17】 student 表中，需要再插入一条记录，此人是软件系的，名叫“何为”，性别男，但是其出生日期暂不确定。请插入“何为”的记录。

按我们上面的方法，有的人可能会编写如下所示的 SQL 语句：

```
INSERT INTO student
VALUES('200515027','何为','男','软件系');
```

语句运行的结果却会出现如图 4.13 所示的错误。

```
mysql> INSERT INTO student
    -> VALUES('200515027','何为','男','软件系');
ERROR 1136 (21S01): Column count doesn't match value count at row 1
```

图 4.13　插入数值个数错误

为什么会出现这个现象？那是因为 "INSERT" 语句后面如果只跟上了表的名字而省略了字段名，则意味着按照表中的字段的原始顺序逐一地将 "VALUES" 后面的值写入。从图 4.11 中我们看出 student 表有 5 个字段，而上面语句的 "VALUES" 后面却只有 4 个值，5 个字段和 4 个值并不匹配，所以计算机不知道该如何插入数据，最后导致报错。

那么如何解决这个问题呢？其实，只要 "INSERT" 语句后面的字段个数和 "VALUES" 语句后面的值的个数匹配（数量和数据类型都得匹配），插入语句就能成功。所以应该将后面没有值的部分写为 "NULL"，表示空值，就可以了。最终的 SQL 语句为：

```
INSERT INTO student
VALUES('200515027','何为','男',NULL,'软件系');
```

此 "INSERT" 语句执行后，再次查询表中数据，就可以在最后一行看到 "何为" 的信息了，如图 4.14 所示。

图 4.14　插入记录成功后

》2. 指定字段名，按指定顺序插入数值

在【例 4.17】中，我们按照 student 表字段的顺序完整地将要插入的值写在 "VALUES" 语句的后面，其实，在 "INSERT" 语句中，表名后面跟上与表中字段顺序一致的字段名与不跟任何字段名具有同样意义。比如下面这条语句。

```
INSERT INTO student
VALUES('200515027','何为','男',NULL,'软件系');
```

也可以写为：

```
INSERT INTO student (sno, sname, ssex, sbirthday, sdept)
VALUES('200515027','何为','男',NULL,'软件系');
```

前一种写法比后一种写法更简捷一些。但是后一种写法却比前一种更能使用户读懂。

既然这样，是否可以通过修改表名中字段名的顺序，从而修改"VALUES"后面值的顺序呢？

这种想法完全可以。除了按默认的字段顺序输入数值外，我们还可以指定输入数值的顺序。即在表名后指定要插入数值的字段名。这在某些数据库应用系统的前台数据调用过程中用得很多。语法格式如下：

```
INSERT INTO 表名（字段名 1，字段名 2，…，字段名 3）
VALUES（值 1，值 2，…，值 n）；
```

注意："值 1"必须和"字段名 1"相匹配，"值 2"和"字段名 2"相匹配，依次类推。

也就是说，【例 4.17】还可以写成：

```
INSERT INTO student (sname, sno, ssex, sbirthday, sdept)
VALUES('何为','200515027','男',NULL,'软件系');
```

读者还可以随意改变 student 表名后面的字段名顺序。只要保证字段名和"VALUES"后面的值的顺序完全一致就可以了。

4.3.2 插入一条不完整的记录

若插入的某条记录很多字段对应的值都为空，则可以考虑在"INSERT"语句中直接省略值为空的字段名，只列出有值的字段。如上面的语句中，发现"sbirthday"字段的值为空，如果不写入空值的话，就能节约时间。

【例 4.18】 软件系新进一名学生，目前只知道他的名字是"李驯"，是一名男生，其他信息暂时不知道。现在请将此学生已知的信息插入到表中，其他信息以后再去修改。

很明显，发现 student 表需要 5 个字段，而此学生只有 3 个属性值可知。如果用【例 4.17】的方法来插入此学生的信息，就会出现多个"NULL"。此时就可以考虑在"INSERT"语句中直接省略为空的字段名，只列出有值的字段，然后在"VALUES"语句后面写上与字段名相匹配的数值。

可直接用如下 SQL 语句实现：

```
INSERT INTO student (sname, ssex, sdept)
VALUES('李驯','男','软件系');
```

代码执行成功后，再查询 student 表，结果如图 4.15 所示。可以看到在第一行的位置添加了一条记录，其"sno"字段的值为空，而"sbirthday"字段的值却为"NULL"。这是因为"sno"字段上有主键约束，不允许为"NULL"，student 表之前已有的记录全部都有"sno"字段值，所以此处暂时用空表示。"sbirthday"字段允许为"NULL"，在不输入值的情况下，系统自动将一个"NULL"插入到表中。

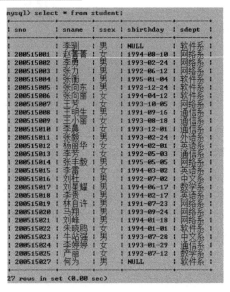

图 4.15　插入不完整的记录

❓想一想：从此例可以看出，student 表的"sno"列上有主键约束，而有主键约束的字段是一定不能为空的，此时在"INSERT"语句中却没有向此字段插入数值，但我们又想让系统为这个学生自动地编一个学号，这可以实现吗？

提醒：可在 student 表的"sno"字段上设置值的自动增长属性。

4.3.3　同时插入多条记录

大多数情况下，用户不会只插入一条记录，若每插入一条记录都写一条"INSERT"语句，这会让插入工作显得烦琐。可用如下格式一次性插入多条记录：

> INSERT INTO 表名[(字段列表)]
> VALUES(取值列表 1),(取值列表 2),…,(取值列表 *n*);

【例 4.19】　某一天，有四名学生到学校报到，他们的信息分别如下：

赵菁菁，女，出生于 1994 年 8 月 10 日，就读于网络系；

李勇，男，出生于 1993 年 2 月 24 日，就读于网络系；

张力，男，出生于 1992 年 6 月 12 日，就读于网络系；

张衡，男，出生于 1995 年 1 月 4 日，就读于软件系。

如何更快地将这些数据插入到数据库的表中呢？

这四名学生的数据类型其实是一样的（都有姓名、性别、出生日期、系别），此时我们就可以将四名学生的数据按相同的结构（顺序）写入到"VALUES"语句后面，然后用逗号隔开，就可以实现四条记录同时插入。

> INSERT INTO student
> VALUES
> ('200515029', '赵菁菁', '女', '1994-08-10', '网络系'),
> ('200515030', '李勇', '男', '1993-02-24', '网络系'),
> ('200515031', '张力', '男', '1992-06-12', '网络系'),
> ('200515032', '张衡', '男', '1995-01-04', '软件系');

在上面的语句中一定要注意，一个"INSERT"语句只能配一个"VALUES"语句，如果要写多条记录，只需在取值列表（即小括号中的值）后面再跟另一条记录的取值列表。

如果不小心写成如图 4.16 所示的代码，那么在执行代码的时候就会报错。图 4.16 中的错误提示其实已经指明了是在"VALUES"关键字附近出了错。以后读者在遇到这类错误的时候，就可以在第一时间思考，是不是自己的关键词写错了或者写多了？

一般情况下，一个"INSERT"语句后只能出现一次"VALUES"语句。

```
mysql> INSERT INTO student
    -> VALUES('200515029', '赵菁菁', '女', '1994-08-10', '网络系'),
    -> VALUES('200515030', '李勇', '男', '1993-02-24', '网络系'),
    -> VALUES ('200515031', '张力', '男', '1992-06-12', '网络系'),
    -> VALUES ('200515032', '张衡', '男', '1995-01-04', '软件系');
ERROR 1064 (42000): You have an error in your SQL syntax; check the manual that
corresponds to your MySQL server version for the right syntax to use near 'VALUE
S('200515030', '李勇', '男', '1993-02-24', '网络系'),
VALUES ('200515' at line 3
```

图 4.16 插入多条记录时报错

4.3.4 小结

当需要向表中增加记录时，可用"INSERT"语句来实现。"INSERT"语句的基本语法格式为：

INSERT [INTO] 表名[(字段名列表)] VALUES(数值列表)

其具体的用法可归纳为如下几种。

➤ 当向表中插入每列都有数值的记录时。格式如下：

INSERT [INTO] 表名(此处省略了字段名) values(每列的值，用","隔开)

➤ 当向表中插入部分列有数值的记录时。格式如下：

INSERT [INTO] 表名(此处必须写上需要插入值的字段名)
VALUES(每列的值用","隔开，值的顺序必须和上面字段名的顺序完全一样)

➤ 当向表中插入某查询的结果时。格式如下：

INSERT [INTO] 表名[(字段名列表)]
完整的 SELECT 查询语句

◣ 4.4 修改数据

表中已经存在的数据也可能会出现需要修改的情况。此时，我们就可以只修改某个字段的值，而不用再去管其他数据。但是在修改数据的过程中，必须先明确两点：第一，需要修改哪些值？即修改的数据其所在行要满足什么样的条件？第二，需要修改成什么值？这两点明确了，就可以灵活地对表中数据进行更新了。否则，可能导致误修改到其他的数据。修改数据可用"UPDATE"语句实现。其语法格式为：

```
UPDATE 表名
SET 字段名 1＝修改后的值 1 [,字段名 2＝修改后的值 2,...]
WHERE 条件表达式;
```

若将上面的语句用通俗的语言进行描述，就可以简化为：修改××表，将满足条件表达式的那些记录（行）中"字段名 1（列）"的值改为修改后的"值 1"；"字段名 2（列）"的值改为修改后的"值 2"，依次类推。

修改数据的操作可以看作把表先从行的方向上筛选出那些要修改的记录，然后将筛选出来的记录中某些列的值进行修改。

4.4.1　修改一个字段的值

若数据表中只有一个字段的值需要修改，则只需在"UPDATE"语句的"SET"子句后跟一个表达式（即"字段名＝修改后的值"的形式）。

【例 4.20】李勇从网络系转到了软件系，请将其在 student 表中的数值做相应的修改。修改数值之前，我们可以使用"SELECT"语句查询李勇的信息，如图 4.17 所示。

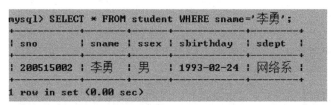

图 4.17　查询李勇的信息

从图 4.17 中可以看出，我们需要修改的就是这一条记录的"sdept"字段的值。现在可以将此操作进行步骤分解。

（1）明确要改哪个表中的值？结论：student 表。代码："UPDATE student"。

（2）明确要修改的是哪些记录（行）的值？结论：姓名为"李勇"的那条记录。代码："WHERE sname='李勇'"。

（3）明确要修改记录的哪个字段的值？改成什么？结论：sdept 字段的值改为"软件系"。代码："SET sdept='软件系'"。

将上面三个步骤的语句进行整合，即为最终的 SQL 执行语句：

```
UPDATE student
SET sdept='软件系'
WHERE sname='李勇';
```

修改成功后，再用"SELECT"语句查询李勇的信息，如图 4.18 所示。

```
mysql> SELECT * FROM student WHERE sname='李勇';
+-----------+-------+------+------------+--------+
| sno       | sname | ssex | sbirthday  | sdept  |
+-----------+-------+------+------------+--------+
| 200515002 | 李勇  | 男   | 1993-02-24 | 软件系 |
+-----------+-------+------+------------+--------+
1 row in set (0.00 sec)
```

图 4.18　查询修改后的李勇的信息

? 想一想：如果想要将所有人的系别都改为"软件系"，该如何实现？

82

提醒： 所有人的数据全部修改，即为无条件，整表修改。在"UPDATE"语句中只要不加"WHERE"语句，即为无条件，代表所有记录。

4.4.2 修改几个字段的值

有时候，某些记录可能需要同时修改多个字段的值，那么此时可以将所有待修改的表达式都放在"SET"语句后面，然后用逗号把它们隔开。

【例 4.21】 李勇从网络系转到了软件系，所以需要在其学号的后面加个"*"进行标注，现请将其在 student 表中的数值进行相应的修改。

此例和上一例要修改的值和条件相似，但是多修改一个学号，所以只需在"SET"语句后面将学号也进行相应的修改即可。

```
UPDATE student
SET sdept='软件系',sno=sno+'*'
WHERE sname='李勇';
```

成功执行语句后，再查看 student 表中李勇的信息，如图 4.19 所示。

图 4.19 查询再次修改后的李勇的信息

很明显，在图 4.19 中学号字段上并没有任何变化，这是为什么呢？

想一想： 由图 4.19 可以看出，"sno"字段的数据类型为 char。如果用"sno=sno+'*'"表达式能否实现将其学号最后面加一个"*"号的功能？

提醒： char 为定长型字符串，如 char(4)，若输入一个数值"1"，则在插入到数据库中时，会自动在"1"后面增加三个空格，即"1   "（注意"1"后面有三个空格）。此时再用"sno=sno+'*'"表示在"1   "后面加一个"*"号时，很明显就超过了 4 个字节的长度，最后一个"*"号是显示不出来的。

只有将其设置为 varchar 时，输入一个数值"1"，才只占一个字节的位置，后面三个字节位置是空的，可以再插入一个"*"号。

4.4.3 小结

当需要修改某个表中的数据时，可用"UPDATE"语句来实现，"UPDATE"语句的基本语法格式为：

UPDATE 表名 SET 列名=表达式 [WHERE 条件]

其具体的用法可归纳如下。

➢ 修改某一列的所有值。格式如下：

UPDATE 表名 SET 列名=表达式

➢ 修改符合某种条件的记录对应的某字段的值。格式如下：

> UPDATE 表名 SET 列名=表达式 [where 一个条件]

➢ 修改符合某种条件的记录的多个字段的值。格式如下：

> UPDATE 表名 SET 列名=表达式, 列名=表达式 [where 条件 1 or 条件 2 …]

4.5　删除数据

当表中的某些记录不再需要时，可以直接从表中将其删除。删除操作最关键的是一定要在语句中明确要删除哪些记录。删除记录用"DELETE"语句来实现。具体格式如下：

> DELETE FROM 表名 [WHERE 条件表达式]

若没有条件表达式，则表示无条件的，会将表中的所有记录都删除。

4.5.1　删除所有数据

删除表中的所有数据，指无任何条件，表中的所有数据都被删除。无条件可以直接解释为没有"WHERE"语句。所以删除所有数据就用"DELETE FROM 待删除的表名"即可。

【例 4.22】 若想删除 student 记录表中的所有数据，该如何操作？代码如下：

> DELETE FROM student;

这样可以无条件删除 student 表中的所有数据，但是在删除数据之前，最好再一次确定这个表是否真的不需要了，因为这样的删除方式，找回数据几乎是不可能的。

4.5.2　删除某些记录

首先，需要明确，删除数据是逐条记录（即逐行）删除的。全部删除的意思可以进一步表达为删除表中的所有记录（所有行）。

【例 4.23】 假设李勇退学了，我们现在想删除李勇的记录，该怎么办？

很明显，我们只要先找到李勇的数据，然后用"DELETE"语句就可以了。代码如下：

> DELETE FROM student
> WHERE sname='李勇';

也就是说，想删除哪些数据，就在"WHERE"语句后面写上要删除的记录所满足的条件。

4.5.3　小结

表中的某些记录不再需要时，可以直接将其删除，但是此删除属于不可逆操作，所以在删除之前一定要先确定好这些数据是否不需要了。删除数据可用"DELETE"语句，"DELETE"语句的基本语法格式为：

DELETE FROM 表名 [WHERE 条件]

其具体的用法可归纳如下：

➤ 无条件删除表中的所有数据。格式如下：

DELETE FROM 表名；

➤ 删除符合某些条件的记录。格式如下：

DELETE FROM 表名 WHERE 条件；

注意： 几个表之间有外键约束时，要注意是否级联。

4.6   表的约束

在前面的 1.4 节中，我们讲到了关系的完整性包括：实体完整性、参照完整性、用户定义完整性三大类，在介绍本章的创建与删除表时，我们也讲到了主键与外键约束。其实在数据库管理系统中，关系模型完整性就是靠创建与维护数据约束来实现的。在 MySQL 中，主要有 PRIMARY KEY（主键约束）、FOREIGN KEY（外键约束）、UNIQUE（唯一约束）几种，目前 MySQL 不支持 CHECK（检查约束），但是为了与其他系统兼容，加入创建检查约束的语句也不会报错。

4.6.1   主键约束

主键用 PRIMARY KEY 表示，通常一个表必须指定一个主键，这个主键是唯一的。我们可以指定一个字段作为表的主键，也可以指定两个或两个以上的字段作为主键，其值能唯一标识表中的每一行，因此构成主键的字段值不允许为空，值或者值的组合不允许重复。

一般可以在创建表的时候创建主键，也可以对一个已有表中的已有主键进行修改或者为没有主键的表增加主键。设置主键通常有两种方式：表的完整性约束和列的完整性约束。

▶1. 表的完整性约束主键

【例 4.24】 创建课程表 course，用表的完整性约束设置主键。

```
CREATE    TABLE   course (
  cno   char(4)  NOT  NULL  COMMENT  '课程号',
  cname  varchar(20)  NOT  NULL  COMMENT  '课程名',
  ccredit  int  DEFAULT  NULL  COMMENT  '课程学分',
  chours  int DEFAULT  NULL  COMMENT  '课程学时',
  CONSTRAINT  PK_course  PRIMARY  KEY (cno)
) ENGINE=InnoDB  DEFAULT  CHARSET=gbk;
```

其中的 PRIMARY KEY (cno)就是指定 course 表的 cno 字段作为该表的主键。而 CONSTRAINT PK_course 部分不是必须的，只是以一种显式的方式说明 PRIMARY KEY (cno)是一个约束，并且约束被命名为 PK_course，如果省略 CONSTRAINT PK_course，系统将自动为该主键命名。

▶2. 列的完整性约束主键

【例 4.25】 创建课程表 course2，用列的完整性约束设置主键。

```
CREATE  TABLE  course2  (
  Cno  char(4)  NOT  NULL  PRIMARY  KEY,
  cname  varchar(20)  NOT  NULL,
  ccredit  int,
  chours  int
);
```

❓想一想：在用列的完整性约束设置主键时，能不能为其指定约束名称呢？

▶3. 复合主键

【例 4.26】 创建成绩表 sc2，用 sno 和 cno 字段作为复合主键。

```
CREATE  TABLE  sc2  (
  Sno  char(9)  NOT  NULL,
  Cno  char(4)  NOT  NULL,
  Grade  float(5,1) ,
  CONSTRAINT  PK_sc  PRIMARY  KEY (sno,cno)
);
```

❓想一想：在用的列完整性约束设置主键时，能不能设置复合主键呢？

▶4. 修改表的主键

【例 4.27】 修改课程表 course2，删除原来的主键，增加新的主键。

```
ALTER  TABLE  course2
DROP  PRIMARY  KEY;
ALTER TABLE course2
ADD  CONSTRAINT  PK_course2  PRIMARY  KEY(cno);
```

4.6.2 唯一约束

唯一约束用 UNIQUE 表示，唯一约束又称为替代键，是没有被选作主键的候选键，替代键与主键一样，是表的一列或一组列，它们的值在任何时候都是唯一的。唯一约束与主键的区别在于一个表可以有多个唯一约束，并且唯一约束的列可以为空值。设置唯一约束也可以使用表的完整性约束和列的完整性约束两种方式。

【例 4.28】 创建一张雇员表 employees，并同时创建它的主键约束与唯一约束。

```
CREATE TABLE employees(
  employeeid char(6) not null,
  ename char(10) not null,
  esex char(2),
  education char(6),
  CONSTRAINT PK_id PRIMARY KEY(employeeid),
  CONSTRAINT UN_name  UNIQUE(ename)
);
```

或者

```
CREATE TABLE employees2(
    employeeid char(6) not null PRIMARY KEY,
    ename char(10) not null UNIQUE,
    esex char(2),
    education char(6),
    CONSTRAINT PK_id
);
```

【例 4.29】 给课程表 course 的 cname 列添加唯一约束。

```
ALTER TABLE course
ADD CONSTRAINT UN_name UNIQUE(cname);
```

4.6.3 外键约束

▶1. 理解参照完整性约束

在关系型数据库中，有很多规则是和表之间的关系相关的，表与表之间往往存在一种"父子"关系。例如，sc 表中的 sno 字段，它就依赖于 student 的主键字段 sno，如果代表一个学生的唯一的学号都不存在的话，那么这个学号存入成绩表中也是完全没有意义的。这里，我们称 student 为父表，称 sc 为子表，通常将 sno 设为 sc 表的外键，参照 student 表的主键字段，通过 sno 字段将父表 student 和子表 sc 建立关联关系。这种类型的关系就是参照完整性约束，是一种比较特殊的完整性约束，通过设置外键来实现，外键是一张表的特殊字段。

创建外键时，主要是为外键定义参照语句 reference_definition，其语法格式如下：

```
REFERENCES tbl_name (index_col_name,...)
    [ON DELETE reference_option]
    [ON UPDATE reference_option]
```

其中 reference option：

```
{ RESTRICT | CASCADE | SET NULL | NO ACTION }
```

相关说明如下。

（1）外键被定义为表的完整性约束，reference_definition 中包含了外键所参照的表和列，还可以声明参照动作。

（2）RESTRICT（限制）：当要删除或更新父表中被参照列上在外键中出现的值时，拒绝对父表的删除或更新操作。

（3）CASCADE（级联）：从父表删除或更新在外键中出现了的值时，自动删除或更新子表中匹配的行。

（4）SET NULL（置为空）：当子表相应字段设定为 NOT NULL，并从父表删除或更新在外键中出现了的值时，自动将子表中对应的值设置为 NULL。

（5）NO ACTION（不动作）：与 RESTRICT 一样，不允许删除或更新父表中已经被子表参照了的值。

（6）参照动作不是必须的，可以不设定，不声明时效果与 RESTRICT 一样。

2. 在创建表时创建外键

【例4.30】 创建成绩表 sc3，同时创建它的主键和两个外键。

```
CREATE    TABLE sc3 (
    Sno   char(9)  NOT   NULL   REFERENCES student(sno)  ON UPDATE CASCADE
ON DELETE CASCADE,
    Cno   char(4)  NOT   NULL,
    Grade   float(5,1),
    CONSTRAINT   PK_sc   PRIMARY   KEY (sno,cno),
    CONSTRAINT FK_sc2 FOREIGN KEY (cno)    REFERENCES  course(cno) ON
UPDATE CASCADE ON DELETE CASCADE
    );
```

3. 在修改表时创建外键

【例4.31】 修改成绩表 sc，为 sno 和 cno 字段添加外键。

```
ALTER TABLE sc
    ADD  CONSTRAINT FK_sc1 FOREIGN KEY(sno) REFERENCES  student(sno)  ON
UPDATE CASCADE ON DELETE CASCADE,
    ADD  CONSTRAINT  FK_sc2  FOREIGN  KEY(cno)  REFERENCES  course(cno)  ON
UPDATE CASCADE ON DELETE CASCADE;
```

4.7   巩固练习

1．结合所学知识，完成以下内容。

（1）创建名为 example 的数据库，全部使用默认设置。

（2）使用 USE 命令选择 example 数据库为当前数据库。

（3）在 example 中创建 table1 表，该表包含两个字段：编号 id，数据类型为 int；名称 name，数据类型为 varchar，长度为 10。

（4）查看 table1 的表结构。

（5）修改表结构，增加一个字段：年龄 age，类型为 int。

（6）将表 table1 重命名为 table2，并删除 table2。

2．请自己再创建一个学生表，命名为 student2，列名分别为：姓名、学号、性别、出生日期、籍贯。各列的数据类型自定义（请仔细分析每个字段使用什么数据类型最合适，然后说明原因）。创建完成后，实现如下操作要求。

（1）插入一条记录（刘晨、10003、女、1983-6-5、成都）。

（2）将年龄字段的默认值设置为"SYSDATE()"。

（3）在"学号"字段添加主键约束，然后在表中插入一条记录，学号为"100001"，其他数据自定义。

（4）将所有人的出生日期增加一年。

（5）将学号为"001"的人其出生地址改成"重庆"。

（6）删除学号为"001"的人其相关记录。

3．完善小李的学生成绩管理系统数据库（students）的表、表的约束、表数据，为后续任务做准备。

因为是初次学习数据库，小李将数据库设计得非常简单，只用于管理有关学生成绩的最基本数据。students 数据库共包括三张表：student（学生表）、course（课程表）、sc（成绩表），所有表及各表之间的主-外键关系如图 4.20 所示。

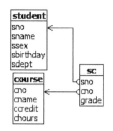

图 4.20　students 数据库各表之间的主-外键关系

各表的具体结构如表 4.3～表 4.5 所示。

表 4.3　student（学生表）

字段名	数据类型	长度	是否允许为空	是否主外键	备注
sno	char	9	no	主键	学号
sname	varchar	10	no		姓名
ssex	char	2	yes		性别
sbirthday	date		yes		出生日期
sdept	varchar	8	no		系别

表 4.4　course（课程表）

字段名	数据类型	长度	是否允许为空	是否主外键	备注
cno	char	4	no	主键	课程号
cname	varchar	20	no		课程名
ccredit	int		yes		课程学分
chours	int		yes		课程学时

表 4.5　sc（成绩表）

字段名	数据类型	长度	是否允许为空	是否主外键	备注
sno	char	9	no	主键、外键	学号
cno	varchar	4	no	主键、外键	课程号
grade	float		yes		成绩

温馨提示：UTF8 编码存储一个汉字需要 3 个字节，而 GBK 编码、GB2312 编码存储一个汉字只需 2 个字节，因此建议数据库、表的 character set 都使用 GBK 编码或 GB2312 编码，以免在数据存取过程中丢失数据位进而导致汉字乱码显示。工具软件的环境变量也要进行相应处理，查看有关字符集环境变量的语句可以使用 show 命令，设置可以使用 set 命令，数据库与表的字符集也可在创建数据库或创建表时明确指定。查看与设置字符集环境变量的语句如下。

```
mysql> show variables like '%character%';
mysql> set character_set_database=GB2312;
```

其中的 character_set_client、character_set_connection、character_set_results 三个变量，可以用如下语句一起设置。

```
mysql> set names GB2312;
```

如果字符编码坚持采用 UTF8，也可以考虑将需要存入汉字的表字段的长度值设置得适当大一些，但无论如何，也应保持各字符集环境变量一致，以免引起不必要的错误。

各表的示例数据如图 4.21～图 4.23 所示。

sno	sname	s...	sbirthday	sdept
00001	许三多	男	1990-01-01	通信系
200515001	赵菁菁	女	1994-08-10	网络系
200515002	李勇	男	1993-02-24	软件系
200515003	张力	男	1992-06-12	网络系
200515004	张衡	男	1995-01-04	软件系
200515005	张向东	男	1992-12-24	网络系
200515006	张向丽	女	1994-04-12	软件系
200515007	王芳	女	1993-10-05	网络系
200515008	王明生	男	1991-09-16	通信系
200515009	王小丽	女	1993-08-18	通信系
200515010	李晨	女	1993-12-01	通信系
200515011	张毅	男	1993-02-24	外语系
200515012	杨丽华	女	1994-02-01	英语系
200515013	李芳	女	1992-05-03	通信系
200515014	张丰毅	男	1995-05-05	网络系
200515015	李蕾	女	1994-03-02	英语系
200515016	刘社	男	1992-07-02	中文系
200515017	刘星耀	男	1994-06-17	数学系
200515018	李贵	男	1994-02-17	英语系
200515019	林自许	男	1991-07-23	网络系
200515020	马翔	男	1993-09-24	网络系
200515021	刘峰	男	1994-01-18	网络系
200515022	朱晓鸥	女	1994-01-01	软件系
200515023	牛站强	男	1993-07-28	中文系
200515024	李婷婷	女	1993-01-29	通信系
200515025	严丽	女	1992-07-12	数学系

图 4.21　student 表的示例数据

cno	cname	ccredit	chours
1	MYSQL	3	64
10	大学英语	6	128
11	会计电算化	3	64
2	计算机文化基础	2	64
3	操作系统	3	72
4	数据结构	3	54
5	PHOTOSHOP	2	54
6	思想政治课	2	60
7	IT产品营销	2	48
8	公文写作	2	45
9	网页设计	1	32

图 4.22　course 表的示例数据

sno	cno	grade
00001	1	100.0
200515001	1	75.0
200515001	2	
200515001	4	62.0
200515001	5	58.0
200515001	7	70.0
200515002	1	85.0
200515002	3	53.0
200515002	4	85.0
200515003	1	86.0
200515004	1	74.0
200515004	2	46.0
200515005	1	58.0
200515005	10	65.0
200515005	2	89.0
200515006	1	84.0
200515006	2	65.0
200515008	2	72.0
200515009	2	76.0
200515010	2	96.0
200515010	8	96.0
200515011	8	72.0
200515015	8	10.0
200515016	8	0.0
200515017	8	0.0
200515018	8	68.0
200515021	6	58.0
200515021	9	54.0

图 4.23　sc 表的示例数据

4.8 知识拓展

4.8.1 INSERT 语句的完整语法及使用

▶ 1. 使用 VALUES 插入数值

使用 VALUES 插入数值，其语法格式如下：

```
INSERT [LOW_PRIORITY |DELAYED| HIGH_PRIORITY] [IGNORE]
[INTO] tbl_name[(col_name,…)]
VALUES ({expr| DEFAULT} ,…),(…),…
[ON DUPLICATE KEY UPDATEcol_name=expr, … ]
```

▶ 2. 使用 SELECT 查询语句向表中插入查询的结果值

使用 SELECT 查询语句向表中插入查询的结果值，其语法格式如下：

```
INSERT [LOW_PRIORITY | HIGH_PRIORITY] [IGNORE]
[INTO] tbl_name [(col_name, … ) ]
SELECT …
[ON DUPLICATE KEY UPDATEcol_name=expr, …]
```

其中涉及的关键词有如下意义。

（1）"DELAYED"：使用延迟插入操作。"DELAYED"主要用于"INSERT"和"REPLACE"语句。当"DELAYED"插入操作来临的时候，服务器把数据行放入一个队列中，并立即给客户端返回一个状态信息，这样客户端就可以在数据表被真正插入记录之前继续进行操作了。

（2）"IGNORE"：重复修正。"IGNORE"是 MySQL 相对于标准 SQL 的扩展。如果在新表中有重复关键字，或者当"STRICT"模式启动后出现警告，则使用"IGNORE"控制"ALTER TABLE"的运行。如果没有指定"IGNORE"，当发生重复关键字错误时，复制操作被放弃，返回前一步骤。如果指定了"IGNORE"，则对于有重复关键字的行，只使用第一行，其他有冲突的行被删除。并且，对错误值进行修正，使之尽量接近正确值。

（3）"ON DUPLICATE KEY UPDATE"：重复插入判断。使用该语句可在插入记录的时候先判断记录是否存在，如果不存在则插入，否则更新。使用很方便，无须执行两条 SQL 语句。

4.8.2 UPDATE 语句的完整语法及使用

▶ 1. MySQL 中单表的 UPDATE 语句

在 MySQL 中，单表使用 UPDATE 语句，其语法格式如下：

```
UPDATE [LOW_PRIORITY] [IGNORE] tbl_name
SET col_name1=expr1 [, col_name2=expr2 …]
[WHERE where_definition]
[ORDER BY …]
[LIMIT row_count]
```

▶2. MySQL 多表的 UPDATE 语句

在 MySQL 中，多表使用 UPDATE 语句，其语法格式如下：

```
UPDATE [LOW_PRIORITY] [IGNORE] table_references
SET col_name1=expr1 [, col_name2=expr2 …]
[WHERE where_definition]
```

其中涉及的关键词有如下意义。

"UPDATE"语句可以用新值更新原有表中的各列。"SET"子句指定要修改哪些列和要给予哪些值。"WHERE"子句指定应更新哪些行。如果没有"WHERE"子句，则更新所有的行。如果指定了"ORDER BY"子句，则按照被指定的顺序对行进行更新。"LIMIT"子句用于给定一个限值，限制可以被更新的行的数目。

4.8.3 DELETE 语句的完整语法及使用

▶1. 单表语法

单表语法格式如下：

```
DELETE [LOW_PRIORITY] [QUICK] [IGNORE] FROM tbl_name
[WHERE where_definition]
[ORDER BY …]
[LIMIT row_count]
```

▶2. 多表语法

多表语法格式如下：

```
DELETE [LOW_PRIORITY] [QUICK] [IGNORE]
tbl_name[.*] [, tbl_name[.*] …]
FROM table_references
[WHERE where_definition]
```

或

```
DELETE [LOW_PRIORITY] [QUICK] [IGNORE]
FROM tbl_name[.*] [, tbl_name[.*] …]
USING table_references
[WHERE where_definition]
```

"tbl_name"中有些行满足由"where_definition"给定的条件。MySQL 中"DELETE"语句用于删除这些行，并返回被删除的记录的数目。

如果读者编写的"DELETE"语句中没有"WHERE"子句，则所有的行都被删除。当读者不想知道被删除的行的数目时，有一个更快的方法，即使用"TRUNCATE TABLE"。

如果删除的行中包括用于"AUTO_INCREMENT"列的最大值，则该值被重新用于 BDB 表，但是不会被用于 MyISAM 表或 InnoDB 表。如果用户在"AUTOCOMMIT"模式下使用"DELETE FROM tbl_name"（不含"WHERE"子句）删除表中的所有行，则对于所有的表类型（除 InnoDB 和 MyISAM 外），序列重新编排。

第 *5* 章

查询数据

【背景分析】 小李之前已经按照信息类别，完成了向多张表录入数据的工作。但由于数据录入量较大，小李自己也记不清楚到底录入了哪些数据，多少行数据，更无法将各张表里的数据逐一关联起来。现在，如何查询、统计之前录入的数据，显得特别关键。比如：查询 student 表中录入了哪些数据；软件系全体学生名单；软件系男女生总数分别是多少；期末考试成绩录入以后，查询软件系所有学生 C 语言成绩不合格的学生名单；以及最高分、最低分和平均成绩等。以上查询看似复杂，其实只要掌握相关知识，这些查询功能实现起来就很简单。小李需要完成的以上查询、统计工作，会用到以下三个方面的知识：

1. 单表查询；
2. 聚合函数查询；
3. 多表连接查询。

这三类查询，在 MySQL 数据库中都得到了完美体现，而且 MySQL 数据库还支持一些其他的查询特性。小李只需对 student 表、score 表分别进行单表、多表联合查询，就可以完成以上工作。

➜ 知识目标

1. 掌握查询语句的基本语法。
2. 掌握聚合函数的使用。
3. 掌握多表联合查询语法。
4. 掌握子查询的语法。
5. 掌握为表和字段取别名的方法。

➜ 能力目标

1. 能够掌握基本的查询语法，并在单表上进行数据查询。
2. 能够掌握 WHERE 条件的运用，并把查询要求转换为对应的 WHERE 条件表达式。
3. 能够掌握多表联合查询语法，并熟练进行查询。
4. 能够掌握将查询结果合并的方法。
5. 能够掌握为表和字段取别名的方法。

5.1 基本查询语句

查询数据是数据库操作中最常用的一项。通过对数据库的查询，用户可以从数据库中获取需要的数据。数据库中可能包含着很多表，表中可能包含着很多记录。因此，要获得所需的数据并非易事。MySQL 中可以使用 SQL 语句来查询数据。根据查询的条件不同，数据库系统会找到不同的数据。通过 SQL 语句可以很方便地获取所需的信息。

MySQL 中，SELECT 的基本语法如下：

> SELECT 属性列表；
> FROM 表名和视图列表；
> WHERE 条件表达式 1；
> GROUP BY 属性名 1{HAVING 条件表达式 2}；
> ORDER BY 属性名 2{ASC | DESC}。

"属性列表"参数表示需要查询的字段名，它控制的是最终结果的显示状况。

"表名和视图列表"参数表示从此处指定的表或者视图中查询数据，表和视图可以有多个；如果查询的数据来自一个表，我们称其为单表查询；若需要在多个表中进行，则称为多表查询。

"条件表达式 1"参数指定查询条件，我们可以理解为要让哪些原始记录的数据显示出来。

"属性名 1"参数指按该字段中的数据进行分组。

"条件表达式 2"参数表示数据分组或汇总结果满足该表达式的数据才能输出。

"属性名 2"参数指按该字段中的数据进行排序，排序方式由"ASC"和"DESC"两个参数指出。"ASC"参数表示按升序进行排序，这是默认参数；"DESC"参数表示按降序进行排序。

说明：升序指的是数值按从小到大的顺序排列。例如，{1，2，3}这个顺序就是升序。降序表示数值按从大到小的顺序排列。例如，{3，2，1}这个顺序就是降序。对记录进行排序时，如果没有指定是"ASC"还是"DESC"，默认情况下是"ASC"。如果有"WHERE"子句，就按照"条件表达式 1"指定的条件进行查询；如果没有"WHERE"子句，就查询所有记录。

如果有"GROUP BY"子句，就按照"属性名 1"指定的字段进行分组；如果"GROUP BY"子句后带着"HAVING"关键字，那么只有在数据分组或汇总结果满足"条件表达式 2"中指定条件的情况才能够输出。"GROUP BY"子句通常和"COUNT"、"SUM"等聚合函数一起使用。如果有"ORDER BY"子句，就按照"属性名 2"指定的字段进行排序。排序方式由"ASC"和"DESC"两个参数确定。默认的情况下是"ASC"。

5.2　单表查询——SELECT 子句

查询数据时，可以从一张表中查询数据，也可以从多张表中同时查询数据，它们的主要区别体现为"FROM"子句中只有一个表名，还是有多个表名。因为单表查询只涉及一张表的数据，它的"FROM"子句中只有唯一的一个表名，所以我们更关注的是结果的显示方式和条件控制。

"SELECT"子句主要控制的是查询结果的显示形式。它可以从两方面实现有效控制。

第一，控制显示的字段。也就是说通过"SELECT"子句，我们可以决定表中显示哪些字段的值，不显示哪些字段的值。

第二，控制显示的字段样式。如果我们想在原始字段名的基础上进行修改，或者在原始值的基础上展开运算，都可以通过"SELECT"子句达到目的。但是需要注意的是，"SELECT"子句只控制了这一次查询的结果，并不影响表中存储的真实数据，也就是说，即使在"SELECT"子句中对某些字段中的数据做了一些运算，也不会影响到真实的表中数据。

所以我们可以简单归纳为："SELECT"主要实现控制功能。

5.2.1 查询所有字段

查询所有字段是指查询表中所有字段的数据。这种方式可以将表中所有字段的数据都查询出来。MySQL 中有两种方式可以查询表中所有字段。

▶ 1. 使用*号默认显示表中的所有字段

MySQL 中，可以在 SQL 语句的"属性列表"中列出所要查询的表中的所有字段。

【例 5.1】 查询 student 表中的所有数据。

查询表中所有数据，就是要看到表中所有行的所有字段的值。读者可以尝试从查询语法的结构上去分析。按语法结构，明确以下问题。

（1）明确最终要看到的结果是哪些字段。

结论：所有字段。

代码：SELECT *。

分析：*号代表按表的字段顺序排列的所有字段名。

（2）明确要查询的数据来自哪个表。

结论：student 表。

代码：FROM student。

分析：目前只针对单表进行查询，所以 FROM 语句后面一般只出现一个表名，若是查询的字段来自不同的表，可以将这些表的表名都放在 FROM 语句后面，然后用逗号隔开，如：FROM 表名 1，表名 2。

本例最终的代码如下所示：

```
SELECT * FROM student;
```

代码执行结果如图 5.1 所示。

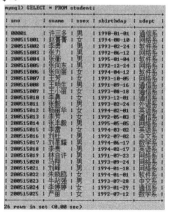

图 5.1 student 表记录

2. 在 SELECT 子句中列举需要显示的字段名

从图 5.1 可以看到，student 表包含 5 个字段，分别是“sno”“sname”“ssex”“sbirthday”和“sdept”，*号代表默认的字段顺序。我们也可以逐一将要显示的字段名列举在“SELECT”子句后面来实现【例 5.1】的需求，代码如下所示：

```
SELECT sno, sname, ssex, sbirthday, sdept FROM student;
```

代码执行结果如图 5.2 所示。

```
mysql> SELECT sno,sname,ssex,sbirthday,sdept FROM student;
+-----------+--------+------+------------+--------+
| sno       | sname  | ssex | sbirthday  | sdept  |
+-----------+--------+------+------------+--------+
| 00001     | 许三多 | 男   | 1990-01-01 | 通信系 |
| 200515001 | 赵菁菁 | 女   | 1994-08-10 | 网络系 |
| 200515002 | 李勇   | 男   | 1993-02-24 | 软件系 |
| 200515003 | 张力   | 男   | 1992-06-12 | 网络系 |
| 200515004 | 张衡   | 男   | 1995-01-04 | 软件系 |
| 200515005 | 张向东 | 男   | 1992-12-24 | 网络系 |
| 200515006 | 张向丽 | 女   | 1994-04-12 | 软件系 |
| 200515007 | 王芳   | 女   | 1993-10-05 | 网络系 |
| 200515008 | 王明生 | 男   | 1991-09-16 | 通信系 |
| 200515009 | 王小丽 | 女   | 1993-08-18 | 通信系 |
| 200515010 | 李晨   | 女   | 1993-12-01 | 通信系 |
| 200515011 | 张毅   | 男   | 1993-02-24 | 外语系 |
| 200515012 | 杨丽华 | 女   | 1994-02-01 | 英语系 |
| 200515013 | 李芳   | 女   | 1992-05-03 | 通信系 |
| 200515014 | 张丰毅 | 男   | 1995-05-05 | 网络系 |
| 200515015 | 李蕾   | 女   | 1994-03-02 | 英语系 |
| 200515016 | 刘杜   | 男   | 1992-07-02 | 中文系 |
| 200515017 | 刘星耀 | 男   | 1994-06-17 | 数学系 |
| 200515018 | 李贵   | 男   | 1994-02-17 | 英语系 |
| 200515019 | 林自许 | 男   | 1991-07-23 | 网络系 |
| 200515020 | 马翔   | 男   | 1993-09-24 | 网络系 |
| 200515021 | 刘峰   | 男   | 1994-01-18 | 网络系 |
| 200515022 | 朱晓鸥 | 女   | 1994-01-01 | 软件系 |
| 200515023 | 牛站强 | 男   | 1993-07-28 | 中文系 |
| 200515024 | 李婷婷 | 女   | 1993-01-29 | 通信系 |
| 200515025 | 严丽   | 女   | 1992-07-12 | 数学系 |
+-----------+--------+------+------------+--------+
26 rows in set (0.00 sec)
```

图 5.2　通过逐一列举字段名查询的结果

这种方式同样也可以查询出表中所有字段的数据。只是在写代码的时候需要先明确表中每个字段的具体名字。

使用“DESC 表名”语句可以查询表的结构，如图 5.3 所示，最左边的一列显示的就是 student 表中的字段名，此结果的前后顺序就代表字段名的顺序。

```
mysql> DESC student;
+-----------+-------------+------+-----+---------+-------+
| Field     | Type        | Null | Key | Default | Extra |
+-----------+-------------+------+-----+---------+-------+
| sno       | char(9)     | NO   | PRI | NULL    |       |
| sname     | varchar(10) | NO   |     | NULL    |       |
| ssex      | char(2)     | YES  |     | NULL    |       |
| sbirthday | date        | YES  |     | NULL    |       |
| sdept     | varchar(8)  | NO   |     | NULL    |       |
+-----------+-------------+------+-----+---------+-------+
5 rows in set (0.02 sec)
```

图 5.3　查询表的结构

想一想： 如果我们需要查询的结果其字段显示顺序与默认顺序不一致，该怎么办？如果我们只需查询表中的部分字段名，又应该怎么办？

提醒： 使用第二种方法可以通过在“SELECT”子句后面逐一列举所有字段名的方式

实现默认字段的输出，那么我们只需修改一下“SELECT”子句后面的字段名及字段顺序，就可达到查询结果字段及字段顺序改变的目的了。

5.2.2 查询指定字段

【例 5.2】 查询所有学生的姓名、性别、出生日期和系别。

使用【例 5.1】的方法先明确一些具体值。

（1）明确最终要看到的结果是哪些字段。

结论：姓名、性别、出生日期和系别对应的字段分别是“sname”“ssex”“sbirthday”“sdept”。

代码：SELECT sname, ssex, sbirthday, sdept。

（2）明确要查询的数据来自哪个表。

结论：student 表。

代码：FROM student。

其最终的 SQL 语句如下：

```
SELECT sname, ssex, sbirthday, sdept FROM student;
```


代码执行结果如图 5.4 所示。

```
mysql> SELECT sname,ssex,sbirthday,sdept FROM student;
+--------+------+------------+--------+
| sname  | ssex | sbirthday  | sdept  |
+--------+------+------------+--------+
| 许三多 | 男   | 1990-01-01 | 通信系 |
| 赵菁菁 | 女   | 1994-08-10 | 网络系 |
| 李勇   | 男   | 1993-02-24 | 软件系 |
| 张力   | 男   | 1992-06-12 | 网络系 |
| 张衡   | 男   | 1995-01-04 | 软件系 |
| 张向东 | 男   | 1992-12-24 | 网络系 |
| 张向丽 | 女   | 1994-04-12 | 软件系 |
| 王芳   | 女   | 1993-10-05 | 网络系 |
| 王明生 | 男   | 1991-09-16 | 通信系 |
| 王小丽 | 女   | 1993-08-18 | 通信系 |
| 李晨   | 女   | 1993-12-01 | 通信系 |
| 张毅   | 男   | 1993-02-24 | 外语系 |
| 杨丽华 | 女   | 1994-02-01 | 英语系 |
| 李芳   | 女   | 1992-05-03 | 通信系 |
| 张丰毅 | 男   | 1995-05-05 | 网络系 |
| 李雷   | 女   | 1994-03-02 | 英语系 |
| 刘杜   | 男   | 1992-07-02 | 中文系 |
| 刘星耀 | 男   | 1994-06-17 | 数学系 |
| 李贵   | 男   | 1994-02-17 | 英语系 |
| 林自许 | 男   | 1991-07-23 | 网络系 |
| 马翔   | 男   | 1993-09-24 | 网络系 |
| 刘峰   | 男   | 1994-01-18 | 网络系 |
| 朱晓鸥 | 女   | 1994-01-01 | 软件系 |
| 牛站强 | 男   | 1993-07-28 | 中文系 |
| 李婷婷 | 女   | 1993-01-29 | 通信系 |
| 严丽   | 女   | 1992-07-12 | 数学系 |
+--------+------+------------+--------+
26 rows in set (0.00 sec)
```

图 5.4 查询指定四个字段的执行结果

结果显示了“sname”“ssex”“sbirthday”“sdept”四个字段的数据。结果中字段的排列顺序与 SQL 语句中字段的排列顺序相同。如果改变 SQL 语句中字段的排列顺序，可以改变结果中字段的显示顺序。例如，将“sdept”字段排到“sbirthday”字段前面，其代码如下：

```
SELECT sname, ssex, sdept , sbirthday FROM student;
```

代码执行结果图 5.5 所示。

```
mysql> SELECT sname,ssex,sdept,sbirthday FROM student;
+--------+------+--------+------------+
| sname  | ssex | sdept  | sbirthday  |
+--------+------+--------+------------+
| 许三多 | 男   | 通信系 | 1990-01-01 |
| 赵菁菁 | 女   | 网络系 | 1994-08-10 |
| 李勇   | 男   | 软件系 | 1993-02-24 |
| 张力   | 男   | 网络系 | 1992-06-12 |
| 张衡   | 男   | 软件系 | 1995-01-04 |
| 张向东 | 男   | 网络系 | 1992-12-24 |
| 张向丽 | 女   | 软件系 | 1994-04-12 |
| 王芳   | 女   | 网络系 | 1993-10-05 |
| 王明生 | 男   | 通信系 | 1991-09-16 |
| 王小丽 | 女   | 通信系 | 1993-08-18 |
| 李晨   | 女   | 通信系 | 1993-12-01 |
| 张毅   | 男   | 外语系 | 1993-02-24 |
| 杨丽华 | 女   | 英语系 | 1994-02-01 |
| 李芳   | 女   | 通信系 | 1992-05-03 |
| 张丰毅 | 男   | 网络系 | 1995-05-05 |
| 李蕾   | 女   | 英语系 | 1994-03-02 |
| 刘杜   | 男   | 中文系 | 1992-07-02 |
| 刘星耀 | 男   | 数学系 | 1994-06-17 |
| 李贵   | 男   | 英语系 | 1994-02-17 |
| 林自许 | 男   | 网络系 | 1991-07-23 |
| 马翔   | 男   | 网络系 | 1993-09-24 |
| 刘峰   | 男   | 网络系 | 1994-01-18 |
| 朱晓鸥 | 女   | 软件系 | 1994-01-01 |
| 牛站强 | 男   | 中文系 | 1993-07-28 |
| 李婷婷 | 女   | 通信系 | 1993-01-29 |
| 严丽   | 女   | 数学系 | 1992-07-12 |
+--------+------+--------+------------+
26 rows in set (0.00 sec)
```

图 5.5 调换排列顺序后的执行结果

注意：查询的字段必须包含在表中。如果查询的字段不在表中，系统会报错。例如，在 student 表中查询“age”字段，系统会出现“ERROR 1054 (42S22): Unknown column 'age' in 'field list'” 这样的错误提示信息，如图 5.6 所示。

```
mysql> select age from student;
ERROR 1054 (42S22): Unknown column 'age' in 'field list'
```

图 5.6 字段名错误现象

5.2.3 查询经过计算后的字段

除了可以将表中的原始数据查询出来，我们还可以在原始数据的基础上对数据进行某种计算，但这种计算只是在此次查询时显示出来，不会影响到表中的真实数据。

【例 5.3】 查询每位学生的学号、姓名和年龄。

每位学生的学号和姓名能够通过直接查询字段的值来获得，但是年龄在 student 表中是没有的。我们能通过 student 表确定每位学生的出生日期，并且能通过 MySQL 得知当前的日期，两个日期计算差值，就能得到学生的年龄。

MySQL 提供了几个日期函数，可以用来对日期进行相应的计算。

➢ CURDATE：获取当前系统日期。

➢ YEAR：获取日期值中的年份。格式为 YEAR('日期值')。

➢ MONTH：获取日期值中的月份。格式为 MONTH('日期值')。

➢ DAY：获取日期值中的日期。格式为 DAY('日期值')。

此例我们使用最简单的方式计算两个日期之间的年份差距，就是直接提取两个日期的年份数，然后相减，即“YEAR(CURDATE())−YEAR(sbirthday)”。这中间可能存在计算误差，如：当年的 12 月及当年的 1 月与某一日期相差的实际年份数是不同的，但是按照本例中的运算法则结果却一样了。此问题在本例中暂时不考虑，留给读者思考完善。

现在继续对【例 5.2】进行分析。

（1）明确最终要看到的结果是哪些字段。

结论：学号、姓名对应的字段分别是“sno”“sname”。年龄对应 YEAR（CURDATE（））-YEAR（sbirthday）。

代码：SELECT sno,sname,YEAR(CURDATE())-YEAR(sbirthday)。

（2）明确要查询的数据来自哪个表。

结论：student 表。

代码：FROM student。

其最终的 SQL 语句如下：

```
SELECT sno,sname,YEAR(CURDATE())-YEAR(sbirthday) FROM student;
```

其运行结果如图 5.7 所示。

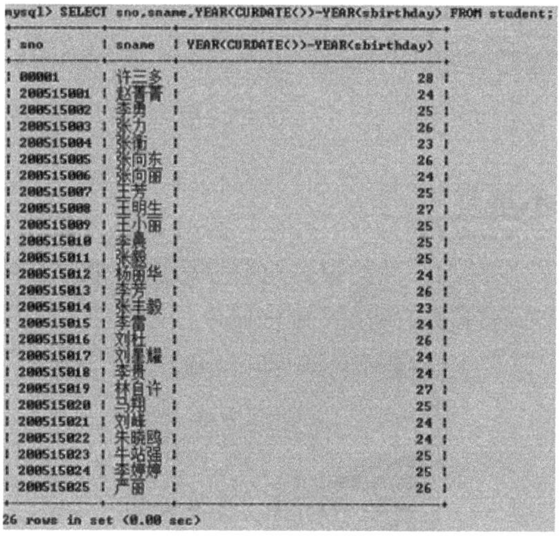

mysql> SELECT sno,sname,YEAR(CURDATE())-YEAR(sbirthday) FROM student;

sno	sname	YEAR(CURDATE())-YEAR(sbirthday)
00001	许三多	28
200515001	赵菁菁	24
200515002	李勇	25
200515003	张力	26
200515004	张衡	23
200515005	张向东	26
200515006	张向丽	24
200515007	王芳	25
200515008	王明生	27
200515009	王小丽	25
200515010	李晨	25
200515011	张毅	25
200515012	杨丽华	24
200515013	李芳	26
200515014	张丰毅	23
200515015	李雷	24
200515016	刘杜	26
200515017	刘星耀	24
200515018	李贵	24
200515019	林自许	27
200515020	马翔	25
200515021	刘峰	24
200515022	朱晓鸥	24
200515023	牛站强	25
200515024	李婷婷	25
200515025	严丽	26

26 rows in set (0.00 sec)

图 5.7 计算字段

5.2.4 修改原始字段名

当查询数据时，默认的情况下，会显示当前查询字段的原始名字，但是我们需要一个更加直观的名字来表示这一个字段。如某表的字段名“department_name”不太好记，也不好理解，所以我们可以直接为它换个名字叫“部门名称”，这样就非常直观了。

MySQL 中为字段取别名的基本形式为：

```
属性名 [ AS ] 别名
```

其中，“属性名”参数为字段原来的名称。“别名”参数为字段新的名称；“AS”关键字可有可无，实现的作用都是一样的。通过这种方式，显示结果中“别名”就代替“属性名”了。将字段名“department_name”改为“部门名称”就可以写为：“SELECT department_name AS 部门名称 FROM…”。

在【例 5.3】中最后一列计算的是学生的年龄，但是如果在 SELECT 子句里面出现了计算字段，那结果就会显示该计算的表达式作为列的显示名称，非常不直观，如：

`YEAR(CURDATE())-YEAR(sbirthday)`。现在我们想让它直接显示为"年龄"，就可以在这个表达式的后面加上"AS 年龄"，最后结果如图 5.8 所示。

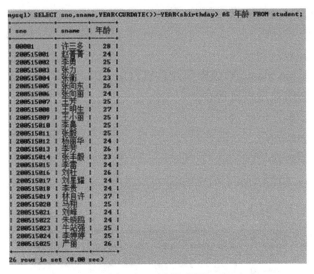

图 5.8　别名的使用

5.2.5　查询结果不重复

如果表中的某些字段没有唯一性约束，这些字段就可能存在重复的值。例如，sc 成绩表中的"sno"字段就存在重复的情况，如图 5.9 所示。

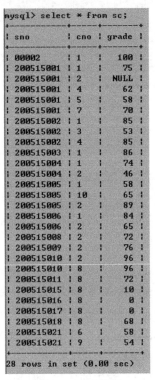

图 5.9　sc 表数据

sc 表中有五条记录的"sno"值为"200515001"。SQL 语句中可以使用"DISTINCT"关键字来消除重复的记录。其语法规则如下：

SELECT DISTINCT 属性名

其中，"属性名"参数表示要消除重复记录的字段的名称。

【例 5.4】使用"DISTINCT"关键字来消除"sno"字段中的重复记录。带"DISTINCT"关键字的 SQL 语句如下：

SELECT DISTINCT sno FROM sc;

代码执行结果如图 5.10 所示。

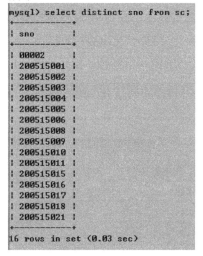

图 5.10　使用"DISTINCT"后查询结果

结果显示，"sno"字段只有一条值为"200515001"的记录。这说明，使用"DISTINCT"关键字消除了重复的记录。

提醒："DISTINCT"关键字非常有用，尤其是重复的记录非常多时。例如，需要从消息表中查询有哪些消息。但是，这个表中可能有很多相同的消息，将这些相同的消息都查询出来显然是没有必要的。那么，这就需要用"DISTINCT"关键字消除相同的记录。

5.2.6　使用聚合函数

聚合函数包括 COUNT、SUM、AVG、MAX 和 MIN。其中，COUNT 用来统计记录的条数；SUM 用来计算字段的值的总和；AVG 用来计算字段的值的平均值；MAX 用来查询字段的最大值；MIN 用来查询字段的最小值。当需要对表中的记录进行求和、求平均值、查询最大值和查询最小值等操作时，可以使用聚合函数。例如，需要计算学生成绩表中的平均成绩，可以使用 AVG 函数。聚合函数通常需要与"GROUP BY"关键字一起使用，意为根据某个字段对表数据进行归类分组，这样就可以对每组的记录进行聚合函数运算。本小节将详细讲解各种聚合函数的使用，"GROUP BY"关键字以后再讨论。

▶1. COUNT 函数

COUNT 函数用来统计记录的数量。如果要统计 employee 表中有多少条记录，可以使用 COUNT 函数。如果要统计 employee 表中不同部门的人数，也可以使用 COUNT 函数。

【例 5.5】 查询 student 表中学生的总人数。SQL 语句如下：

```
SELECT COUNT(*) FROM student;
```

执行结果如图 5.11 所示。

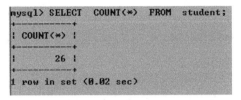

图 5.11　COUNT 的运用

【例 5.6】 查询每个学生考试的科目总数。SQL 语句如下：

```
SELECT sno,count(*) FROM sc GROUP BY sno;
```

执行结果如图 5.12 所示。

```
mysql> SELECT  sno,count(*) from sc group by sno;
+-----------+----------+
| sno       | count(*) |
+-----------+----------+
| 00002     |        1 |
| 200515001 |        5 |
| 200515002 |        3 |
| 200515003 |        1 |
| 200515004 |        2 |
| 200515005 |        3 |
| 200515006 |        2 |
| 200515008 |        1 |
| 200515009 |        1 |
| 200515010 |        2 |
| 200515011 |        1 |
| 200515015 |        1 |
| 200515016 |        1 |
| 200515017 |        1 |
| 200515018 |        1 |
| 200515021 |        2 |
+-----------+----------+
16 rows in set (0.00 sec)
```

图 5.12　COUNT 与分组的使用

结果显示，sc 表"sno"为"200515001"的记录有 5 条；"sno"为"200515002"的记录有 3 条；"sno"为"200515003"的记录有 1 条。从这个例子可以看出，表中的记录先通过"GROUP BY"关键字进行分组。然后，再计算每个分组的记录数量，COUNT(*) 计算的是表中记录的条数，其实也可以用 COUNT(字段名)统计某个字段的值的个数，COUNT(DISTINCT 字段名)还可以统计某个字段的不重复值的个数。

2. SUM 函数

SUM 函数是求和函数。使用 SUM 函数可以求出表中某个字段取值的总和。例如，可以用 SUM 函数来计算学生的总成绩。

【例 5.7】 统计 sc 表中学号为"200515001"的学生的总成绩。SQL 语句如下：

```
SELECT SUM(grade) FROM sc WHERE sno= '200515001';
```

在执行该 SQL 语句之前,可以先查看学号为"200515001"的学生的各科成绩。查询结果如图 5.13 所示。

现在执行带 SUM 函数的 SQL 语句,来计算学生的总成绩。执行结果如图 5.14 所示。

结果显示,学号为"200515001"的学生的总成绩为 265,正是他各科成绩的总和。本例可以看出,使用 SUM 函数计算出了指定字段取值的总和。

```
mysql> select * from sc where sno=200515001;
+-----------+-----+-------+
| sno       | cno | grade |
+-----------+-----+-------+
| 200515001 | 1   |    75 |
| 200515001 | 2   |  NULL |
| 200515001 | 4   |    62 |
| 200515001 | 5   |    58 |
| 200515001 | 7   |    70 |
+-----------+-----+-------+
5 rows in set (0.00 sec)
```

图 5.13 "sno"为"200515001"的学生成绩记录

```
mysql> select sum(grade) from sc where sno=200515001;
+------------+
| sum(grade) |
+------------+
|        265 |
+------------+
1 row in set (0.02 sec)
```

图 5.14 SUM 函数统计学生的总成绩

SUM 函数通常和"GROUP BY"关键字一起使用。这样可以计算出不同分组中某个字段取值的总和。

注意: SUM 函数只能计算数值类型的字段。包括 INT 类型、FLOAT 类型、DOUBLE 类型、DECIMAL 类型等。字符类型的字段不能使用 SUM 函数进行计算。使用 SUM 函数计算字符类型字段时,计算结果都为"0"。"sno"字段的数据类型为 CHAR,尽管 MySQL 具有一定的数据类型的自动转换功能,但将其值 200515001 用一对单引号括起来是一个好习惯。

▶3. AVG 函数

AVG 函数是求平均值的函数。使用 AVG 函数可以求出表中某个字段取值的平均值。例如,可以用 AVG 函数来求平均年龄,也可以使用 AVG 函数来求学生的平均成绩。

【**例 5.8**】 计算所有人的平均成绩。SQL 语句如下:

SELECT AVG(grade) FROM sc;

执行结果如图 5.15 所示。

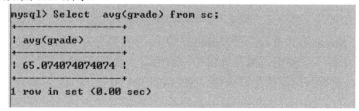

图 5.15 AVG 函数的使用

结果显示，AVG 函数计算出"grade"字段的平均值。AVG 函数经常与"GROUP BY"关键字一起使用，来计算每个分组的平均值。

【例 5.9】 查询每个学生的平均成绩。SQL 语句如下：

SELECT sno,AVG(grade) FROM sc GROUP BY sno;

执行结果如图 5.16 所示。

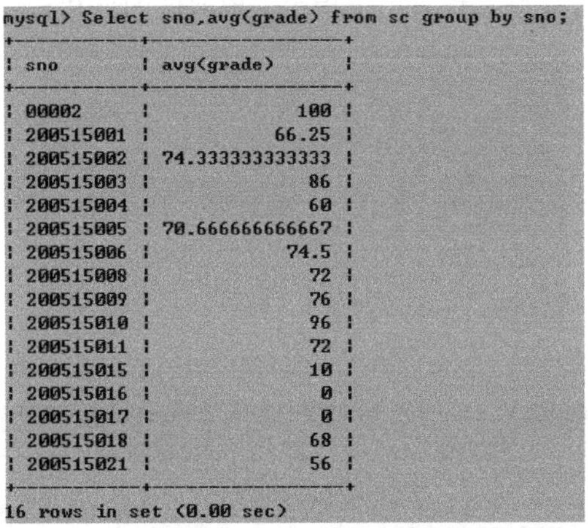

图 5.16　分组统计平均成绩

使用"GROUP BY"关键字将 sc 表的记录按照"sno"字段进行分组。然后计算出每组的平均成绩。本例可以看出，AVG 函数与"GROUP BY"关键字结合后可以灵活地计算平均值。通过这种方式可以计算各科目的平均分数，还可以计算每个人的平均分数。如果按照班级和科目两个字段进行分组，还可以计算出每个班级不同科目的平均分数。

4．MAX 函数

MAX 函数是求最大值的函数。使用 MAX 函数可以求出表中某个字段取值的最大值。例如，可以用 MAX 函数来查询最大年龄，也可以使用 MAX 函数来查询各科的最高成绩。

【例 5.10】 查询 sc 表中的最高成绩。SQL 语句如下：

SELECT MAX (grade) FROM sc;

执行结果如图 5.17 所示。

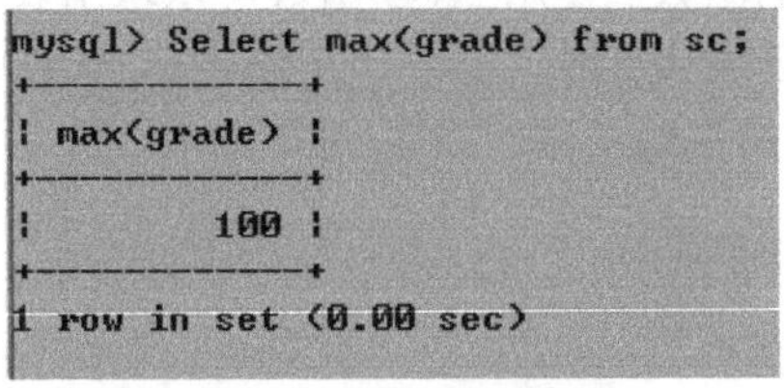

图 5.17　MAX 函数的使用

结果显示，MAX 函数查询出了"grade"字段的最大值为"100"。MAX 函数通常与"GROUP BY"字段一起使用，来计算每个分组的最大值。

【例 5.11】 查询每门课的最高成绩。SQL 语句如下：

SELECT sno,MAX(grade) FROM sc GROUP BY sno;

执行结果如图 5.18 所示。

先将 sc 表的记录按照"sno"字段进行分组。然后查询出每组的最高成绩。本例可以看出，MAX 函数与"GROUP BY"关键字结合后可以查询不同分组的最大值。通过这种方式可以计算各科目的最高分。如果按照班级和科目两个字段进行分组，还可以计算出每个班级不同科目的最高分。MAX 不仅适用于数值类型，而且也适用于字符类型。

```
mysql> Select sno,max(grade) from sc group by sno;
+-----------+------------+
| sno       | max(grade) |
+-----------+------------+
| 00002     |        100 |
| 200515001 |         75 |
| 200515002 |         85 |
| 200515003 |         86 |
| 200515004 |         74 |
| 200515005 |         89 |
| 200515006 |         84 |
| 200515008 |         72 |
| 200515009 |         76 |
| 200515010 |         96 |
| 200515011 |         72 |
| 200515015 |         10 |
| 200515016 |          0 |
| 200515017 |          0 |
| 200515018 |         68 |
| 200515021 |         58 |
+-----------+------------+
16 rows in set (0.00 sec)
```

图 5.18　分组使用 MAX 函数

如图 5.19 所示的查询语句，在"sname"字段上使用 MAX 函数，结果显示，"sname"字段中"朱晓鸥"是最大值。

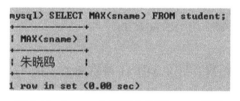

图 5.19　"sname"字段上使用 MAX 函数

说明：在 MySQL 表中，字母"a"最小，字母"z"最大。因为，"a"的 ASCII 码值最小。在使用 MAX 函数进行比较时，先比较第一个字母。如果第一个字母的 ASCII 码值相等时，再继续比较下一个字母。例如，"hhc"和"hhz"只有比较到第 3 个字母时才能比出大小。一般中文字符是按字典顺序进行比较的，与数据库选择的字符校对集 COLLATE 相关。

5. MIN 函数

MIN 函数是求最小值的函数。使用 MIN 函数可以求出表中某个字段取值的最小值。例如，可以用 MIN 函数来查询最小年龄，也可以使用 MIN 函数来查询各科的最低成绩。

MIN 函数经常与"GROUP BY"关键字一起使用，来计算每个分组的最小值。

【例 5.12】　查询 sc 表中各科的最低成绩。SQL 语句如下：

```
SELECT sno,MIN(grade) FROM sc GROUP BY sno;
```

执行结果如图 5.20 所示。

先将 sc 表的记录按照"sno"字段进行分组，然后查询出每组的最低成绩。MIN 函数也可以用来查询字符类型的数据，其基本方法与 MAX 函数相似。

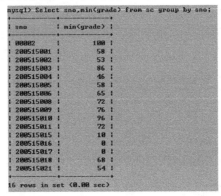

图 5.20　分组函数中使用 MIN 函数

5.2.7　小结

本节主要介绍了 SELECT 子句的使用方法，SELECT 子句主要控制结果显示，包括结果字段和字段的显示形式等。总而言之，SELECT 子句的主要功能是：

➢ 显示所有字段，则使用*号；
➢ 显示部分字段，则分别列举字段名；
➢ 显示计算字段；
➢ 为原始字段或计算字段修改字段名称；
➢ 控制结果不重复，则使用 DISTINCT；
➢ 聚合函数。

共有五个重要的聚合函数，其中 COUNT 函数用于计算当前查询结果的记录数量（或者称为行数），AVG 和 SUM 函数分别用于求平均值和总和，它们主要用于数值型数据的统计，MAX 和 MIN 函数用于求最大值和最小值，它们可以用于数值型数据也可用于字符型数据，甚至日期型数据。

所谓的聚合函数，就是将很多数据经过某种计算得到一个结果，所以不管对多少符合条件的记录进行计算，最终的结果只是一个值，它常与"GROUP BY"子句配合使用。

5.3　单表查询——WHERE 子句

SQL 语句中可以设置查询条件。用户可以根据自己的需要来设置查询条件，按条件进行查询。查询的结果必须满足查询条件。

"WHERE"子句就用来对表中的行进行某种条件筛选。例如，用户需要查找"sno"为"200515001"的记录，那么可以设置"WHERE sno=200515001"为查询条件。这样查询结果中就会显示满足该条件的记录。其语法规则如下：

WHERE 条件表达式

其中，"条件表达式"参数指定 SQL 语句的查询条件。

【例 5.13】 查询 student 表中“sno”为“200515001”的记录。

每个查询需求都是可以按结构化的方式来分析的，查询语句中“SELECT”子句和“FROM”子句是必要的，所以不管是在做什么类型的查询，都必须兼顾“SELECT”和“FROM”子句。我们仍然以【例 5.1】进行分析。

（1）明确最终要看到的结果是哪些字段。

结论：查询需求没有详细地说最后要得到的是什么字段，所以我们可以通过分析得到结论——最终想看到的是某人的所有字段值（即*号）。

代码：SELECT *。

（2）明确要查询的数据来自哪个表。

结论：student 表。

代码：FROM student。

（3）明确最终要显示出来的是哪几行的数据。

结论：查询需求中明确提出，只想看到学号为“200515001”这个人的信息，即要将数据表的每行的学号与“200515001”相比较，若与它相同，则表示当前行就是我们需要的信息。

代码：WHERE sno=200515001。

最终的 SQL 语句的代码如下：

```
SELECT * FROM student WHERE sno=200515001;
```

代码执行结果如图 5.21 所示。

```
mysql> Select  *  from  student  where  sno=200515001;
+-----------+--------+------+------------+--------+
| sno       | sname  | ssex | sbirthday  | sdept  |
+-----------+--------+------+------------+--------+
| 200515001 | 赵青菁 | 女   | 1994-08-10 | 网络系 |
+-----------+--------+------+------------+--------+
1 row in set (0.00 sec)
```

图 5.21　查询指定条件下的显示结果

查询结果中只包含“sno”为“200515001”的记录。如果根据指定的条件进行查询时，没有查出任何结果，系统会提示“Empty set (0.00 sec)”，如图 5.22 所示。

```
mysql> SELECT  *  FROM  student  WHERE  sno=2005150;
Empty set (0.00 sec)
```

图 5.22　查询无结果

“WHERE”子句的常用查询条件有很多种，如表 5-1 所示。

表 5-1　查询条件

查 询 条 件	符号或关键字
比　　较	=、<、<=、>、>=、!=、<>、!>、!<
指定范围	BETWEEN AND/NOT BETWEEN AND
指定集合	IN/NOT IN
通配字符	LIKE/NOT LIKE
是否为空值	IS NULL/IS NOT NULL
多个查询条件	AND/OR

表中，"<>"表示不等于，其作用等价于"!="；"!>"表示不大于，等价于"<="；"!<"表示不小于，等价于">="；"BETWEEN AND"指定了某字段的取值范围；"IN"指定了某字段取值的集合；"IS NULL"用来判断某字段的取值是否为空；"AND"和"OR"用来连接多个查询条件。关于这些查询条件的内容，在后面的章节中会详细地介绍。下一小节将介绍"IN"关键字在查询数据时如何使用。

注意：条件表达式中设置的要求同时满足的条件（用 AND 连接多个条件）越多，查询出来的记录就会越少。相反，不同时满足的条件（用 OR 连接多个条件）越多，查询出来的记录就会越多。为了使查询出来的记录是所需的记录，可以在"WHERE"语句中将查询条件设置得更加具体。后面会讲到如何使用多个条件进行更精细的查询。

5.3.1　带 IN 关键字的查询

"IN"关键字可以判断某个字段的值是否在指定的集合中。如果字段的值在集合中，则满足查询条件，该记录将被查询出来；如果不在集合中，则不满足查询条件。其语法规则如下：

[NOT] IN（元素 1，元素 2，…，元素 n）

其中，"NOT"是可选参数，加上"NOT"表示不满足集合内的条件；"元素 n"表示集合中的元素，各元素之间用逗号隔开，字符型、日期型元素需要加上单引号。

【例 5.14】　查询学号为"200515001"或"200515002"的学生的记录。

此例与【例 5.3】的思路基本一致，只是在第 3 步明确最终要显示出来的行数据时多了一个条件。即学号是"200515001"或者是"200515002"。也可以更直接地说学号只要等于（200515001, 200515002）其中的一个就可以了。其 SELECT 代码如下：

```
SELECT * FROM student WHERE sno IN ( '200515001', '200515002');
```

代码执行结果如图 5.23 所示。

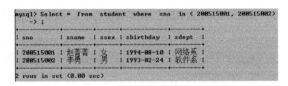

图 5.23　"IN"关键字的使用

结果显示，"sno"字段的取值为"200515001"或"200515002"的记录都被查询出来。如果集合中的元素为字符时，需要加上单引号。如查询"李勇"或"张力"的记录如图 5.24 所示。

```
mysql> SELECT * FROM student WHERE sname IN('李勇','张力');
| sno       | sname | ssex | sbirthday  | sdept |
| 200515002 | 李勇  | 男   | 1993-02-24 | 软件系 |
| 200515003 | 张力  | 男   | 1992-06-12 | 网络系 |
2 rows in set (0.00 sec)
```

图 5.24　字符加单引号

？想一想：如果要查询的条件为某个字段的取值，不在指定的集合中，应该怎么做呢？如上例，若要把条件改为"sno"取值不出现在集合（'200515001', '200515002'）中，应该怎么写查询语句呢？

提醒："NOT IN"中，"NOT"是可选参数，表示不出现或者不在的意思。而"IN"表示出现或在的意思。我们只需加上这个可选参数便可实现。比如"SELECT * FROM student WHERE sno not in ('200515001', '200515002')"，就表示学号的取值不出现在集合（'200515001', '200515002'）中。

5.3.2　带 BETWEEN AND 关键字的范围查询

"BETWEEN AND"关键字可以判断某个字段的值是否在指定的取值范围内。如果字段的值在指定取值范围内，则满足查询条件，可查询出该记录。如果不在指定取值范围内，则不满足查询条件。其语法规则如下：

[NOT] BETWEEN 取值 1 AND 取值 2

其中，"NOT"是可选参数，加上"NOT"表示不在指定范围内满足条件；"取值 1"表示范围的起始值；"取值 2"表示范围的终止值，"取值 1"一定要小于"取值 2"。

【例 5.15】　查询年龄在 15 和 25 之间的学生的信息。

SQL 语句的代码如下：

SELECT * FROM student WHERE YEAR(CURDATE())-YEAR(sbirthday) between 15 and 25;

执行结果如图 5.25 所示。

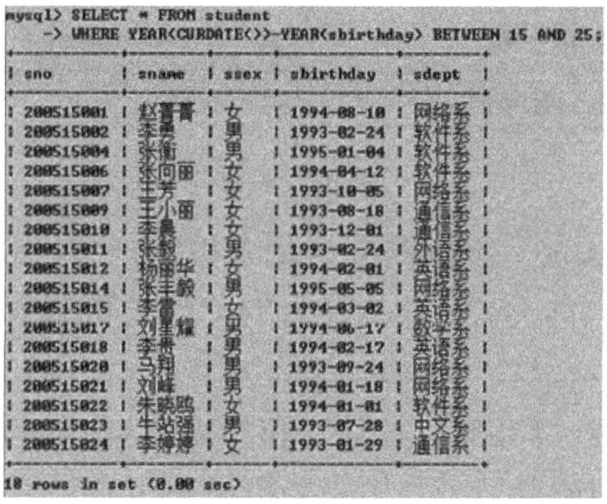

图 5.25　"BETWEEN AND"关键字的使用

"BETWEEN AND"的范围是大于等于"取值 1"，而小于等于"取值 2"的。"NOT BETWEEN AND"的取值范围是小于"取值 1"，或者大于"取值 2"的。

想一想：如何判断某一字段的取值不在一个区间内呢？

提醒：根据前面所讲的语法规则，"NOT"是可选参数，加上"NOT"参数后，就表示相反。即取值不在区间内。如果想表达"sno"的取值不在区间（200515001，200515002）内，就可以把语句写成"SELECT * FROM student WHERE sno not between '200515001' and '200515002'"。请尝试运行结果。

5.3.3　带 LIKE 关键字的字符匹配查询

"LIKE"关键字可以匹配字符串是否相等。如果字段的值与指定的字符串相匹配，则满足查询条件，可查询出该记录。如果与指定的字符串不匹配，则不满足查询条件。其语法规则如下：

[NOT] LIKE '字符串'

其中，"NOT"是可选参数，加上"NOT"表示与指定的字符串不匹配时满足条件；"字符串"表示指定用来匹配的字符串，该字符串必须加单引号或者双引号。"字符串"参数的值可以是一个完整的字符串，也可以是包含百分号"%"或者下画线"_"的通配符。但是百分号和下画线有很大的差别，区别如下。

第一、"%"可以代表任意长度的字符串，长度可以为0。例如，"b%k"表示以字母b开头，以字母k结尾的任意长度的字符串。该字符串可以代表"bk、buk、book、break、bedrock"等字符串。

第二、"_"只能表示单个字符。例如，"b_k"表示以字母b开头，以字母k结尾的3个字符。中间的"_"可以代表任意一个字符。字符串可以代表"bok、bak、buk"等字符串。

【例5.16】 查询李勇的记录。SQL语句的代码如下：

SELECT * FROM student WHERE sname like '李勇';

执行结果如图5.26所示。

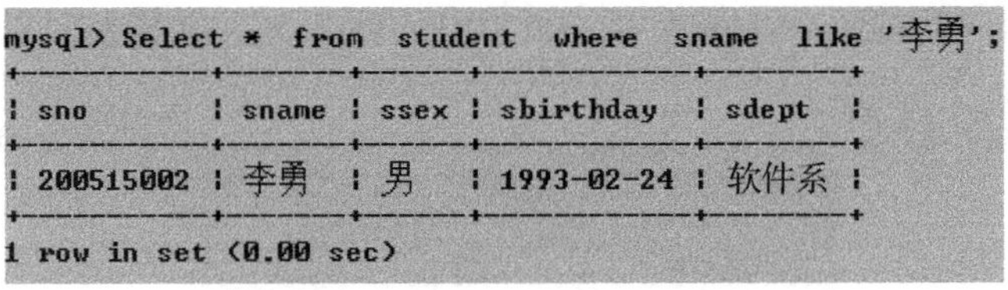

图5.26 "LIKE"关键字的使用

结果显示，查询出"sname"字段的取值是李勇的记录。其他不满足条件的记录都被忽略掉。此处的"LIKE"与等号"="是等价的。因此可以直接换成"="，查询结果是一样的，如图5.27所示。

从结果可以看出，使用"LIKE"关键字和使用"="的效果是一样的。但是，这只对匹配一个完整的字符串的情况有效。如果字符串中包含了通配符，就不能这样替换了。

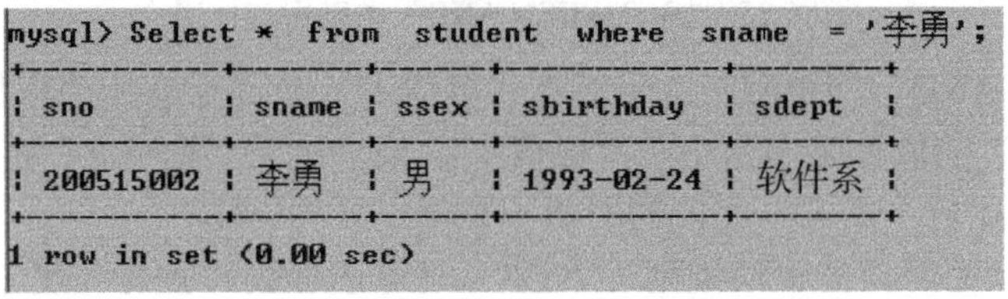

图5.27 等号与"LIKE"的功能相同

【例5.17】 查询姓氏为"张"的学生的信息。SQL语句的代码如下：

SELECT * FROM student WHERE sname like '张%';

执行结果如图5.28所示。

结果显示，查询出"sname"字段以"张"开头的记录。如果使用"="来代替"LIKE"，该SQL语句的代码如下：

```
SELECT * FROM student WHERE sname= '张%';
```

```
mysql> Select * from student where sname like '张%';
+-----------+--------+------+------------+--------+
| sno       | sname  | ssex | sbirthday  | sdept  |
+-----------+--------+------+------------+--------+
| 200515003 | 张力   | 男   | 1992-06-12 | 网络系 |
| 200515004 | 张衡   | 男   | 1995-01-04 | 软件系 |
| 200515005 | 张向东 | 男   | 1992-12-24 | 软件系 |
| 200515006 | 张向丽 | 女   | 1994-04-12 | 软件系 |
| 200515011 | 张毅   | 男   | 1993-02-24 | 外语系 |
| 200515014 | 张丰毅 | 男   | 1995-05-05 | 网络系 |
+-----------+--------+------+------------+--------+
6 rows in set (0.00 sec)
```

图 5.28　通配符的使用

执行结果如图 5.29 所示。

```
mysql> Select * from student where sname= '张%';
Empty set (0.00 sec)
```

图 5.29　等号与“LIKE”不能替换

结果显示，没有查询出任何记录。这说明字符串中包含了通配符时，“=”不能代替关键字“LIKE”。

【例 5.18】 查询姓氏为“张”，名字的第三个字为“东”的学生的信息。SQL 语句的代码如下：

```
SELECT * FROM student WHERE sname like '张__东';
```

执行结果如图 5.30 所示。

```
mysql> Select * from student where sname like '张__东';
+-----------+--------+------+------------+--------+
| sno       | sname  | ssex | sbirthday  | sdept  |
+-----------+--------+------+------------+--------+
| 200515005 | 张向东 | 男   | 1992-12-24 | 软件系 |
+-----------+--------+------+------------+--------+
1 row in set (0.00 sec)
```

图 5.30　通配符的使用（可查询到结果）

结果显示，查询出“sname”字段的取值是“张向东”的记录。特别注意的是：“_”只能代表一个字符，而在有的环境下，需要一个汉字占两个字符长度的空间位置，如果此处将“张__东”写成了“张_东”，将有可能查询不出结果，如图 5.31 所示。

```
mysql> Select * from student where sname like  '张_东';
Empty set (0.00 sec)
```

图 5.31　通配符的使用（无法查询到结果）

结果显示，没有查询出任何记录。因为“sname”字段中不存在以“张”开头，“东”结尾，长度为 5 个字符的记录。

想一想： 若想查询不姓“张”的学生信息，该怎么办？

提醒： 需要匹配的字符串需要加引号。可以是单引号，也可以是双引号。“NOT LIKE”表示字符串不匹配的情况下满足条件，执行语句及结果如图 5.32 所示。

结果显示，“sname”字段的值为“张”开头的记录被排除出去。

```
mysql> SELECT * FROM student WHERE sname NOT LIKE '张%';
+-----------+--------+------+------------+--------+
| sno       | sname  | ssex | sbirthday  | sdept  |
+-----------+--------+------+------------+--------+
| 00001     | 许三多 | 男   | 1990-01-01 | 通信系 |
| 200515001 | 赵菁菁 | 女   | 1994-08-10 | 网络系 |
| 200515002 | 李勇   | 男   | 1993-02-24 | 软件系 |
| 200515007 | 王芳   | 女   | 1993-10-05 | 网络系 |
| 200515008 | 王明生 | 男   | 1991-09-16 | 通信系 |
| 200515009 | 王小丽 | 女   | 1993-08-18 | 通信系 |
| 200515010 | 李晨   | 女   | 1993-12-01 | 通信系 |
| 200515012 | 杨丽华 | 女   | 1994-02-01 | 英语系 |
| 200515013 | 李芳   | 女   | 1992-05-03 | 通信系 |
| 200515015 | 李雷   | 女   | 1994-03-02 | 英语系 |
| 200515016 | 刘杜   | 男   | 1992-07-02 | 中文系 |
| 200515017 | 刘星耀 | 男   | 1994-06-17 | 数学系 |
| 200515018 | 李贵   | 男   | 1994-02-17 | 英语系 |
| 200515019 | 林自许 | 男   | 1991-07-23 | 网络系 |
| 200515020 | 马翔   | 男   | 1993-09-24 | 网络系 |
| 200515021 | 刘峰   | 男   | 1994-01-18 | 网络系 |
| 200515022 | 朱晓鸥 | 女   | 1994-01-01 | 软件系 |
| 200515023 | 牛站强 | 男   | 1993-07-28 | 中文系 |
| 200515024 | 李婷婷 | 女   | 1993-01-29 | 通信系 |
| 200515025 | 严丽   | 女   | 1992-07-12 | 数学系 |
+-----------+--------+------+------------+--------+
20 rows in set (0.00 sec)
```

图 5.32 “NOT LIKE”的使用

5.3.4 查询空值

“IS NULL”关键字可以用来判断字段的值是否为空值（NULL）。如果字段的值是空值，则满足查询条件，可查询出该记录。如果字段的值不是空值，则不满足查询条件。其语法规则如下：

```
IS [ NOT ] NULL
```

其中，“NOT”是可选参数，加上“NOT”表示字段不是空值时满足条件。

【例 5.19】 在学生成绩表中，查询目前还没有成绩的学生学号。要求：显示的列名必须为中文。

前面的例题都要求显示表中的所有字段，但是本例不太一样。这里要求只显示学号列，而且还需要对列名做一定的修饰（将“sno”改为中文的“学号”）。此时继续使用之前的思路进行分析。

（1）明确最终要看到的结果是哪些字段。

结论：要看到的是学号字段，所以在“SELECT”子句后跟上学号字段的原始名字“sno”。显示的时候需要改为中文，在“SELECT”子句可以用“AS”为字段名设置别名，即换个名字显示在结果中。

代码：SELECT sno AS 学号。

（2）明确要查询的数据来自哪个表。

结论：student 表。

代码：FROM student。

（3）明确最终要显示出来的是哪些数据。

结论：成绩为空的数据。

代码：grade is null。

最终 SELECT 代码如下：

```
SELECT sno AS 学号 FROM sc WHERE grade is null;
```

代码执行结果如图 5.33 所示。

图 5.33 "IS NULL"的使用

提醒："IS NULL"是一个整体，不能将 IS 换成"="。如果将"IS"换成"=",将不能查询出任何结果，数据库系统会出现"Empty set (0.00 sec)"这样的提示，如图 5.34所示。同理，"IS NOT NULL"中的"IS NOT"不能换成"!="或"<>"。如果使用"IS NOT NULL"关键字，将查询出该段的值不为空的所有记录。

图 5.34 错误现象

5.3.5 带 AND 关键字的多条件查询

"AND"关键字可以用来联合多个条件进行查询。使用"AND"关键字时，只有同时满足所有查询条件的记录会被查询出来。如果不满足这些查询条件中的任意一个，这样的记录将被排除掉。"AND"关键字的语法规则如下：

条件表达式 1 AND 条件表达式 2 AND ... AND 条件表达式 n

其中，"AND"可以连接两个条件表达式。而且，可以同时使用多个"AND"关键字，这样可以连接更多的条件表达式。

【例 5.20】 查询学号为"200515001"的女学生的信息。SQL 语句的代码如下：

SELECT * FROM student WHERE sno=200515001 AND ssex LIKE '女';

代码执行结果如图 5.35 所示。

图 5.35 "AND"连接多个条件的使用

结果显示，满足"sno"为"200515001",而且"sex"为"女"的记录被查询出来。因为要同时满足"AND"的所有条件，故查询出来的记录数量相对较少。

【例 5.21】 在 student 表中查询"sno"小于"200515009",而且"sex"为"男"的记录。SQL 语句的代码如下：

SELECT * FROM student WHERE sno<'200515009' AND ssex='男';

代码执行结果如图 5.36 所示。

```
mysql> SELECT * FROM student WHERE sno<'200515009' AND ssex='男';
+-----------+--------+------+------------+--------+
| sno       | sname  | ssex | sbirthday  | sdept  |
+-----------+--------+------+------------+--------+
| 00001     | 许三多 | 男   | 1990-01-01 | 通信系 |
| 200515002 | 李勇   | 男   | 1993-02-24 | 软件系 |
| 200515003 | 张力   | 男   | 1992-06-12 | 网络系 |
| 200515004 | 张衡   | 男   | 1995-01-04 | 软件系 |
| 200515005 | 张向东 | 男   | 1992-12-24 | 网络系 |
| 200515008 | 王明生 | 男   | 1991-09-16 | 通信系 |
+-----------+--------+------+------------+--------+
6 rows in set (0.00 sec)
```

图 5.36 “AND”和比较运算符的综合运用

查询出来的结果正好满足这两个条件。本例中使用了“<”和“=”这两个运算符。其中，“=”可以用“LIKE”替换。

【例 5.22】 使用“AND”关键字查询 student 表中的记录。查询条件为“sdept”取值在{'网络系', '软件系', '通信系'}这个集合中，“sno”范围属于“200515001～200515015”，而且“sname”的取值中包含“张”。SQL 语句的代码如下：

```
SELECT * FROM student WHERE sdept IN('网络系','软件系','通信系') AND sno
BETWEEN 200515001 AND 200515015 AND sname LIKE '张%';
```


代码执行结果如图 5.37 所示。

```
mysql> select * from student where sdept in('网络系','软件系','通信系') and sno
between 200515001 and 200515015 and sname like '张%';
+-----------+--------+------+------------+--------+
| sno       | sname  | ssex | sbirthday  | sdept  |
+-----------+--------+------+------------+--------+
| 200515003 | 张力   | 男   | 1992-06-12 | 网络系 |
| 200515004 | 张衡   | 男   | 1995-01-04 | 软件系 |
| 200515005 | 张向东 | 男   | 1992-12-24 | 软件系 |
| 200515006 | 张向丽 | 女   | 1994-04-12 | 软件系 |
| 200515014 | 张丰毅 | 男   | 1995-05-05 | 网络系 |
+-----------+--------+------+------------+--------+
5 rows in set (0.00 sec)
```

图 5.37　多条件综合运用

本例中使用了前面学过的“IN”“BETWEEN AND”和“LIKE”关键字。还使用了通配符“%”。结果中显示的记录同时满足这三个条件表达式。

5.3.6　带 OR 关键字的多条件查询

“OR”关键字也可以用来联合多个条件进行查询，但是与“AND”关键字不同。使用“OR”关键字时，只要满足这些查询条件的中的任意一个，这样的记录将会被查询出来。如果所有的查询条件都不满足，这样的记录将被排除掉。“OR”关键字的语法规则如下：

```
条件表达式 1 OR 条件表达式 2 OR ... OR 条件表达式 n
```

其中，“OR”可以用来连接两个条件表达式。而且可以同时使用多个“OR”关键字，这样可以连接更多的条件表达式。

【例 5.23】 使用“OR”关键字来查询 student 表中“sno”为“200515001”，或者“sex”为“男”的记录。SQL 语句的代码如下：

```
SELECT * FROM student WHERE sno ='200515001' OR ssex LIKE '男';
```

代码执行结果如图 5.38 所示。

```
mysql> SELECT * FROM student WHERE sno='200515001' OR ssex='男';
+-----------+--------+------+------------+--------+
| sno       | sname  | ssex | sbirthday  | sdept  |
+-----------+--------+------+------------+--------+
| 00001     | 许三多 | 男   | 1990-01-01 | 通信系 |
| 200515001 | 赵菁菁 | 女   | 1994-08-10 | 网络系 |
| 200515002 | 李勇   | 男   | 1993-02-24 | 软件系 |
| 200515003 | 张力   | 男   | 1992-06-12 | 网络系 |
| 200515004 | 张衡   | 男   | 1995-01-04 | 软件系 |
| 200515005 | 张向东 | 男   | 1992-12-24 | 网络系 |
| 200515008 | 王明生 | 男   | 1991-09-16 | 通信系 |
| 200515011 | 张毅   | 男   | 1993-02-24 | 外语系 |
| 200515014 | 张丰毅 | 男   | 1995-05-05 | 网络系 |
| 200515016 | 刘杜   | 男   | 1992-07-02 | 中文系 |
| 200515017 | 刘星耀 | 男   | 1994-06-17 | 数学系 |
| 200515018 | 李贵   | 男   | 1994-02-17 | 英语系 |
| 200515019 | 林自许 | 男   | 1991-07-23 | 网络系 |
| 200515020 | 马翔   | 男   | 1993-09-24 | 网络系 |
| 200515021 | 刘峰   | 男   | 1994-01-18 | 网络系 |
| 200515023 | 牛站强 | 男   | 1993-07-28 | 中文系 |
+-----------+--------+------+------------+--------+
16 rows in set (0.00 sec)
```

图 5.38 “OR”关键字的使用

结果显示，“sno”的值除“200515001”外，出现了很多记录，这是因为这些记录的“ssex”字段值为“男”。所以这些记录也会显示出来。这说明使用“OR”关键字时，只要满足多个条件中的其中一个时，记录就可以被查询出来。

【例 5.24】使用“OR”关键字查询 student 表中的记录。查询条件为“sdept”取值在{'网络系', '软件系', '通信系'}这个集合中，或者“sno”属于“200515001～200515015”这个范围，或者“sname”的取值中姓氏以“张”开头的相关记录。

```
SELECT * FROM student WHERE sdept IN('网络系','软件系','通信系')
OR sno BETWEEN 200515001 AND 200515015
OR sname LIKE '张%';
```

代码执行结果如图 5.39 所示。

```
mysql> SELECT  *  FROM  student  WHERE  sdept  IN('网络系','软件系','通信系')
    -> OR  sno  BETWEEN  200515001  AND  200515015
    -> OR sname  LIKE  '张%';
+-----------+--------+------+------------+--------+
| sno       | sname  | ssex | sbirthday  | sdept  |
+-----------+--------+------+------------+--------+
|           | 李驯   | 男   | NULL       | 软件系 |
| 200515001 | 赵菁菁 | 女   | 1994-08-10 | 网络系 |
| 200515002 | 李勇   | 男   | 1993-02-24 | 软件系 |
| 200515003 | 张力   | 男   | 1992-06-12 | 网络系 |
| 200515004 | 张衡   | 男   | 1995-01-04 | 软件系 |
| 200515005 | 张向东 | 男   | 1992-12-24 | 软件系 |
| 200515006 | 张向丽 | 女   | 1994-04-12 | 软件系 |
| 200515007 | 王芳   | 女   | 1993-10-05 | 网络系 |
| 200515008 | 王明生 | 男   | 1991-09-16 | 通信系 |
| 200515009 | 王小丽 | 女   | 1993-08-18 | 通信系 |
| 200515010 | 李晨   | 女   | 1993-12-01 | 通信系 |
| 200515011 | 张毅   | 男   | 1993-02-24 | 外语系 |
| 200515012 | 杨丽华 | 女   | 1994-02-01 | 英语系 |
| 200515013 | 李芳   | 女   | 1992-05-03 | 通信系 |
| 200515014 | 张丰毅 | 男   | 1995-05-05 | 网络系 |
| 200515015 | 李雷   | 女   | 1994-03-02 | 英语系 |
| 200515019 | 林自许 | 男   | 1991-07-23 | 网络系 |
| 200515020 | 马翔   | 男   | 1993-09-24 | 网络系 |
| 200515021 | 刘峰   | 男   | 1994-01-18 | 网络系 |
| 200515022 | 朱晓鸥 | 女   | 1994-01-01 | 软件系 |
| 200515024 | 李婷婷 | 女   | 1993-01-29 | 通信系 |
| 200515027 | 何为   | 男   | NULL       | 软件系 |
+-----------+--------+------+------------+--------+
22 rows in set (0.00 sec)
```

图 5.39 “OR”关键字的综合运用

本例中也使用了前面学过的"IN"、"BETWEEN AND"和"LIKE"关键字。同样使用了通配符"%"。只要满足这三个条件表达式中的任何一个，这样的记录将被查询出来。"OR"可以和"AND"一起使用。当两者一起使用时，"AND"运算要比"OR"优先。

根据查询结果可知，"sdept IN('网络系', '软件系', '通信系') AND sno BETWEEN 200515001 AND 200515002"这个两个条件确定了"sno=200515001"和"sno=200515002"这两条记录。而"sname LIKE '张%'"这个条件确定了后面所有姓"张"的记录。如果将条件的顺序换一下，将 SQL 语句变成如下情况：

```
SELECT * FROM student WHERE sname LIKE '张%' OR sdept IN('网络系','软件系','通信系') AND sno BETWEEN 200515001 AND 200515002;
```

执行结果与前面的 SQL 语句的执行结果是一样的。这说明"AND"关键字前后的条件先结合，然后再与"OR"关键字的条件结合。也就是说，"AND"运算要比"OR"优先。

提醒："AND"和"OR"关键字可以连接条件表达式。这些条件表达式中可以使用"="、">"等操作符，也可以使用"IN""BETWEEN AND"和"LIKE"等关键字。而且，"LIKE"关键字匹配字符串时可以使用"%"和"_"等通配符。

5.3.7 小结

如果查询的数据全部来自一个表中，只需在"FROM"子句后面跟上表的名字，然后用"SELECT"子句控制输出的结果，用"WHERE"子句控制输出的记录数量。本节的重点就是对条件的筛选。对于数值型的数据，常规的运算符有"<"">""="<>"等，范围性的运算符有"BETWEEN AND"和"NOT BETWEEN AND"，集合性的数据则用"IN"关键字。对于字符型数据而言，一定要注意数值前后必须加单引号。其次，字符型数据的完全匹配（如查询张三的信息，"张三"是完全确定的字符）可用"="或者"LIKE"，若是部分匹配（如查询姓氏为"王"的信息，"王"只是确定了姓，后面的名没有确定）就只能使用"LIKE"。字符型数据也可使用"IN"关键字表示集合数据范围。对于日期而言，也必须在值的前后加上单引号，而且日期型数据常用固定的日期函数来进行计算。

5.4 单表查询——ORDER BY 子句

从表中查询出来的数据可能是无序的，或者其排列顺序不是用户所期望的。为了使查询结果的顺序满足用户的要求，可以使用"ORDER BY"关键字对记录进行排序。其语法规则如下：

```
ORDER BY 属性名 {ASC/DESC};
```

其中，"属性名"参数表示按照该字段进行排序；"ASC"参数表示按升序进行排序；"DESC"参数表示按降序进行排序。默认情况下，按照"ASC"方式进行排序。

【例 5.25】查询 student 表中所有记录，按照"sbirthday"字段进行排序。带"ORDER BY"关键字的 SQL 语句如下：

```
SELECT * FROM student ORDER BY sbirthday;
```

程序执行结果如图 5.40 所示，结果显示，student 表中的记录是按照“sbirthday”字段的值进行升序排序的。本例说明，“ORDER BY”关键字可以设置查询结果按某个字段进行排序。而且，默认情况下是按升序排列的。

```
mysql> SELECT * FROM student ORDER BY sbirthday;
+-----------+--------+------+------------+--------+
| sno       | sname  | ssex | sbirthday  | sdept  |
+-----------+--------+------+------------+--------+
| 00001     | 许三多 | 男   | 1990-01-01 | 通信系 |
| 200515019 | 林自许 | 男   | 1991-07-23 | 网络系 |
| 200515008 | 王明生 | 男   | 1991-09-16 | 通信系 |
| 200515013 | 李芳   | 女   | 1992-05-03 | 通信系 |
| 200515003 | 张力   | 男   | 1992-06-12 | 网络系 |
| 200515016 | 刘杜   | 男   | 1992-07-02 | 中文系 |
| 200515025 | 严丽   | 女   | 1992-07-12 | 数学系 |
| 200515005 | 张向东 | 男   | 1992-12-24 | 网络系 |
| 200515024 | 李婷婷 | 女   | 1993-01-29 | 通信系 |
| 200515011 | 张毅   | 男   | 1993-02-24 | 外语系 |
| 200515002 | 李勇   | 男   | 1993-02-24 | 软件系 |
| 200515023 | 牛站强 | 男   | 1993-07-28 | 中文系 |
| 200515009 | 王小丽 | 女   | 1993-08-18 | 通信系 |
| 200515020 | 马翔   | 男   | 1993-09-24 | 网络系 |
| 200515007 | 王芳   | 女   | 1993-10-05 | 网络系 |
| 200515010 | 李晨   | 女   | 1993-12-01 | 通信系 |
| 200515022 | 朱晓鸥 | 女   | 1994-01-01 | 软件系 |
| 200515021 | 刘峰   | 男   | 1994-01-18 | 网络系 |
| 200515012 | 杨丽华 | 女   | 1994-02-01 | 英语系 |
| 200515018 | 李贵   | 男   | 1994-02-17 | 英语系 |
| 200515015 | 李雷   | 女   | 1994-03-02 | 英语系 |
| 200515006 | 张向丽 | 女   | 1994-04-12 | 软件系 |
| 200515017 | 刘星耀 | 男   | 1994-06-17 | 数学系 |
| 200515001 | 赵菁菁 | 女   | 1994-08-10 | 网络系 |
| 200515004 | 张衡   | 男   | 1995-01-04 | 软件系 |
| 200515014 | 张丰毅 | 男   | 1995-05-05 | 网络系 |
+-----------+--------+------+------------+--------+
26 rows in set (0.00 sec)
```

图 5.40　排序查询结果（升序排列）

若想将其按降序排列，可在“ORDER BY”子句的后面加上“DESC”，如图 5.41 所示。

```
mysql> SELECT * FROM student ORDER BY sbirthday DESC;
+-----------+--------+------+------------+--------+
| sno       | sname  | ssex | sbirthday  | sdept  |
+-----------+--------+------+------------+--------+
| 200515014 | 张丰毅 | 男   | 1995-05-05 | 网络系 |
| 200515004 | 张衡   | 男   | 1995-01-04 | 软件系 |
| 200515001 | 赵菁菁 | 女   | 1994-08-10 | 网络系 |
| 200515017 | 刘星耀 | 男   | 1994-06-17 | 数学系 |
| 200515006 | 张向丽 | 女   | 1994-04-12 | 软件系 |
| 200515015 | 李雷   | 女   | 1994-03-02 | 英语系 |
| 200515018 | 李贵   | 男   | 1994-02-17 | 英语系 |
| 200515012 | 杨丽华 | 女   | 1994-02-01 | 英语系 |
| 200515021 | 刘峰   | 男   | 1994-01-18 | 网络系 |
| 200515022 | 朱晓鸥 | 女   | 1994-01-01 | 软件系 |
| 200515010 | 李晨   | 女   | 1993-12-01 | 通信系 |
| 200515007 | 王芳   | 女   | 1993-10-05 | 网络系 |
| 200515020 | 马翔   | 男   | 1993-09-24 | 网络系 |
| 200515009 | 王小丽 | 女   | 1993-08-18 | 通信系 |
| 200515023 | 牛站强 | 男   | 1993-07-28 | 中文系 |
| 200515011 | 张毅   | 男   | 1993-02-24 | 外语系 |
| 200515002 | 李勇   | 男   | 1993-02-24 | 软件系 |
| 200515024 | 李婷婷 | 女   | 1993-01-29 | 通信系 |
| 200515005 | 张向东 | 男   | 1992-12-24 | 网络系 |
| 200515025 | 严丽   | 女   | 1992-07-12 | 数学系 |
| 200515016 | 刘杜   | 男   | 1992-07-02 | 中文系 |
| 200515003 | 张力   | 男   | 1992-06-12 | 网络系 |
| 200515013 | 李芳   | 女   | 1992-05-03 | 通信系 |
| 200515008 | 王明生 | 男   | 1991-09-16 | 通信系 |
| 200515019 | 林自许 | 男   | 1991-07-23 | 网络系 |
| 00001     | 许三多 | 男   | 1990-01-01 | 通信系 |
+-----------+--------+------+------------+--------+
26 rows in set (0.00 sec)
```

图 5.41　排序查询结果（降序排列）

注意：在【例 5.24】中，如果存在一条记录其“sbirthday”字段的值为空值（NULL）时，这条记录将显示为第一条记录。因为，按升序排序时，含空值的记录将最先显示。可以理解为空值是该字段的最小值。而按降序排列时，“sbirthday”字段为空值的记录将最后显示。

MySQL 中，可以指定按多个字段进行排序。例如，可以使 student 表按照“sbirthday”字段和“sno”字段进行排序。排序过程中，先按照“sbirthday”字段进行排序。遇到“sbirthday”字段的值相等的情况时，再把“sbirthday”值相等的记录按照“sno”字段进行排序。

【例 5.26】 按学号升序排列显示所有学生的成绩，同一学号则按课程编号降序排列。SQL 语句如下：

```
SELECT * FROM sc ORDER BY sno ASC, cno DESC;
```

代码执行结果如图 5.42 所示。


```
mysql> select * from sc order by sno asc,sno desc;
+-----------+------+-------+
| sno       | cno  | grade |
+-----------+------+-------+
| 00002     | 1    |   100 |
| 200515001 | 1    |    75 |
| 200515001 | 2    |  NULL |
| 200515001 | 4    |    62 |
| 200515001 | 5    |    58 |
| 200515001 | 7    |    70 |
| 200515002 | 4    |    85 |
| 200515002 | 3    |    53 |
| 200515002 | 1    |    85 |
| 200515003 | 1    |    86 |
| 200515004 | 1    |    74 |
| 200515004 | 2    |    46 |
| 200515005 | 2    |    89 |
| 200515005 | 10   |    65 |
| 200515005 | 1    |    58 |
| 200515006 | 1    |    84 |
| 200515006 | 2    |    65 |
| 200515008 | 2    |    72 |
| 200515009 | 2    |    76 |
| 200515010 | 2    |    96 |
| 200515010 | 8    |    96 |
| 200515011 | 8    |    72 |
| 200515015 | 8    |    10 |
| 200515016 | 8    |     0 |
| 200515017 | 8    |     0 |
| 200515018 | 8    |    68 |
| 200515021 | 6    |    58 |
| 200515021 | 9    |    54 |
+-----------+------+-------+
28 rows in set (0.02 sec)
```

图 5.42　复合排序

查询结果排序时，先按照“sno”字段的升序进行排序。因为有五条“sno=200515001”的记录，这五条记录按照“cno”字段的降序进行排列。

5.5　单表查询——GROUP BY 子句

“GROUP BY”关键字可以将查询结果按某个字段或多个字段进行分组。字段中值相等的为一组。其语法规则如下：

```
GROUP BY 属性名 {HAVING 条件表达式}{WITH ROLLUP}
```

其中，“属性名”是指按照该字段的值进行分组；“HAVING 条件表达式”用来限制分组后的显示，分组或汇总结果满足条件表达式的将被显示；“WITH ROLLUP”关键字将会在较高层次的分组及所有记录的最后加上一条记录，该记录是上面所有记录的总和。

“GROUP BY”关键字可以和“GROUP_CONCAT”函数一起使用。“GROUP_ CONCAT”函数会把每个分组中指定字段值都串在一起显示出来。“GROUP BY”关键字也通常与聚合函数一起使用，包括“COUNT”“SUM”“AVG”“MAX”“MIN”等。其中，“COUNT”用来统计记录数或字段值的数量；“SUM”用来计算字段值的总和；“AVG”用来计算字段值的平均值；“MAX”用来查询字段的最大值；“MIN”用来查询字段的最小值。关于聚合函数的详细内容见本章5.2节。如果“GROUP BY”不与上述函数一起使用，那么查询结果就是字段取值的分组情况。字段中取值相同的记录为一组，但只显示该组的第一条记录。

1. 单独使用 GROUP BY 关键字来分组

如果单独使用“GROUP BY”关键字，查询结果只显示一个分组的第一条记录。

【例 5.27】 按 sc 表的“sno”字段进行分组查询，查询结果与分组前结果进行对比。

我们先执行不带“GROUP BY”关键字的 SQL 语句。语句执行结果如图 5.43 所示。带有“GROUP BY”关键字的 SQL 语句其执行结果如图 5.44 所示。

```
mysql> select * from sc;
+-----------+-----+-------+
| sno       | cno | grade |
+-----------+-----+-------+
| 00002     | 1   |   100 |
| 200515001 | 1   |    75 |
| 200515001 | 2   |  NULL |
| 200515001 | 4   |    62 |
| 200515001 | 5   |    58 |
| 200515001 | 7   |    70 |
| 200515002 | 1   |    85 |
| 200515002 | 3   |    53 |
| 200515002 | 4   |    85 |
| 200515003 | 1   |    86 |
| 200515004 | 1   |    74 |
| 200515004 | 2   |    46 |
| 200515005 | 1   |    58 |
| 200515005 | 10  |    65 |
| 200515005 | 3   |    89 |
| 200515006 | 1   |    84 |
| 200515006 | 2   |    65 |
| 200515008 | 2   |    72 |
| 200515009 | 2   |    76 |
| 200515010 | 2   |    96 |
| 200515010 | 8   |    96 |
| 200515011 | 8   |    72 |
| 200515015 | 8   |    10 |
| 200515016 | 8   |     0 |
| 200515017 | 8   |     0 |
| 200515018 | 8   |    68 |
| 200515021 | 6   |    58 |
| 200515021 | 9   |    54 |
+-----------+-----+-------+
28 rows in set (0.00 sec)
```

图 5.43　sc 表数据

```
mysql> select * from sc group by sno;
+-----------+-----+-------+
| sno       | cno | grade |
+-----------+-----+-------+
| 00002     | 1   |   100 |
| 200515001 | 1   |    75 |
| 200515002 | 1   |    85 |
| 200515003 | 1   |    86 |
| 200515004 | 1   |    74 |
| 200515005 | 1   |    58 |
| 200515006 | 1   |    84 |
| 200515008 | 2   |    72 |
| 200515009 | 2   |    76 |
| 200515010 | 2   |    96 |
| 200515011 | 8   |    72 |
| 200515015 | 8   |    10 |
| 200515016 | 8   |     0 |
| 200515017 | 8   |     0 |
| 200515018 | 8   |    68 |
| 200515021 | 6   |    58 |
+-----------+-----+-------+
16 rows in set (0.00 sec)
```

图 5.44 使用“GROUP BY”关键字后的结果

结果中只显示了 15 条记录。这 15 条记录的“sno”字段的值都不同。将查询结果进行比较，“GROUP BY”关键字只显示每个分组的第一条记录。这说明，“GROUP BY”关键字单独使用时，只能查询出每个分组的第一条记录。这样使用的意义不大。因此，一般在使用聚合函数时才使用“GROUP BY”关键字。

2. GROUP BY 关键字与 GROUP_CONCAT 函数一起使用

“GROUP BY”关键字与“GROUP_CONCAT”函数一起使用时，每个分组中指定字段的值都被串在一起显示出来，默认以逗号分隔。

【例 5.28】 分别查询每位学生所参加的考试科目的课程编号，要求：每个学生用一行显示。SQL 语句的代码如下：

```
SELECT sno,group_concat(cno) FROM sc GROUP BY sno;
```

代码执行结果如图 5.45 所示。

```
mysql> select sno,group_concat(cno) from sc group by sno;
+-----------+-------------------+
| sno       | group_concat(cno) |
+-----------+-------------------+
| 00002     | 1                 |
| 200515001 | 1,2,4,5,7         |
| 200515002 | 1,3,4             |
| 200515003 | 1                 |
| 200515004 | 1,2               |
| 200515005 | 1,10,2            |
| 200515006 | 1,2               |
| 200515008 | 2                 |
| 200515009 | 2                 |
| 200515010 | 2,8               |
| 200515011 | 8                 |
| 200515015 | 8                 |
| 200515016 | 8                 |
| 200515017 | 8                 |
| 200515018 | 8                 |
| 200515021 | 6,9               |
+-----------+-------------------+
16 rows in set (0.03 sec)
```

图 5.45 “GROUP_CONCAT”的使用

结果显示，查询结果分为 15 组。每个学生单独为一组，值为学生的学号。而且，每组中所有科目的编号都被查询出来。该例说明，使用“GROUP_CONCAT”函数可以很好地把分组情况表示出来。

3. GROUP BY 关键字与聚合函数一起使用

“GROUP BY”关键字与聚合函数一起使用时，可以通过聚合函数计算分组中的总记录、最大值、最小值等。

【例 5.29】 查询每位学生所参加考试的科目总数。

要查询每位学生所参加的考试科目总数，必须对每位学生的信息进行分组，即属于同一个学生的信息分到一组中。最后再对这些不同的组分别进行统计操作。SQL 语句的代码如下：

```
SELECT sno,COUNT(sno) FROM sc GROUP BY sno;
```

代码执行结果如图 5.46 所示。

结果显示，查询结果按“sno”字段取值进行分组。取值相同的记录为一组，COUNT(sno)计算出“sno”字段不同分组的记录数。学号为“200515001”的学生有 5 条记录，学号为“200515002”的学生有 3 条记录。

提醒： 通常情况下，“GROUP BY”关键字与聚合函数一起使用。聚合函数包括“COUNT”“SUM”“AVG”“MAX”“MIN”。通常先使用“GROUP BY”关键字将记录分组，然后再和聚合函数一起使用。

```
mysql> select sno,count(sno) from sc group by sno;
+-----------+------------+
| sno       | count(sno) |
+-----------+------------+
| 00002     |          1 |
| 200515001 |          5 |
| 200515002 |          3 |
| 200515003 |          1 |
| 200515004 |          2 |
| 200515005 |          3 |
| 200515006 |          2 |
| 200515008 |          1 |
| 200515009 |          1 |
| 200515010 |          2 |
| 200515011 |          1 |
| 200515015 |          1 |
| 200515016 |          1 |
| 200515017 |          1 |
| 200515018 |          1 |
| 200515021 |          2 |
+-----------+------------+
16 rows in set (0.01 sec)
```

图 5.46　聚合函数的使用

▶4. GROUP BY 关键字与 HAVING 共同使用

如果加上"HAVING 条件表达式",可以限制输出的结果。只有分组或汇总结果满足条件表达式的结果才会显示。

【例 5.30】　查询参加考试的科目数等于 5 的学生学号,以及考试科目数。

以学号为依据,将成绩表的信息分组后,分别计算每个学号出现的次数(即所参加考试的科目数)。计算完成后,每组就会有一个统计结果,对此结果再进行筛选就可用"HAVING"语句了。SQL 语句的代码如下:

SELECT sno,COUNT(sno) FROM sc GROUP BY sno HAVING COUNT(sno)=5;

代码执行结果如图 5.47 所示。

```
mysql> select sno,count(sno) from sc group by sno having count(sno)=5;
+-----------+------------+
| sno       | count(sno) |
+-----------+------------+
| 200515001 |          5 |
+-----------+------------+
1 row in set (0.01 sec)
```

图 5.47　"HAVING"的使用

查询结果只显示了考试科目数取值为"5"的记录的情况。因为该分组的学号出现的次数为 5,刚好满足"HAVING COUNT(sno)=5"的条件。从本例可以看出,"HAVING 条件表达式"可以限制查询结果的显示情况。

说明:"HAVING 条件表达式"与"WHERE 条件表达式"都是用来限制显示的。但是,两者起作用的地方不一样。"WHERE 条件表达式"作用于表或者视图,是表和视图中原始记录的查询条件。"HAVING 条件表达式"作用于分组后的结果,用于选择满足条件的组。

▶5. 按多个字段进行分组

MySQL 中,还可以按多个字段进行分组。例如,student 表按照"sno"字段和"cno"

字段进行分组。分组过程中，先按照“sno”字段进行分组。遇到“sno”字段的值相等的情况时，再把“sno”值相等的记录按照“cno”字段进行分组。

【例 5.31】 查询每个系男生、女生的人数。

本题要求先对学生按系进行分组，分组完成后，再按性别进行分组。所以，可以直接将这两列按照先系、再性别的顺序放在“GROUP BY”后。SQL 语句如下：

```
SELECT sdept,ssex,COUNT(*) FROM student GROUP BY sdept, ssex;
```

代码执行结果如图 5.48 所示。

mysql> SELECT sdept,ssex,COUNT(*) FROM student GROUP BY sdept,ssex;

sdept	ssex	COUNT(*)
软件系	男	2
软件系	女	2
数学系	男	1
数学系	女	1
通信系	男	2
通信系	女	4
外语系	男	1
网络系	男	6
网络系	女	2
英语系	男	1
英语系	女	2
中文系	男	2

12 rows in set (0.00 sec)

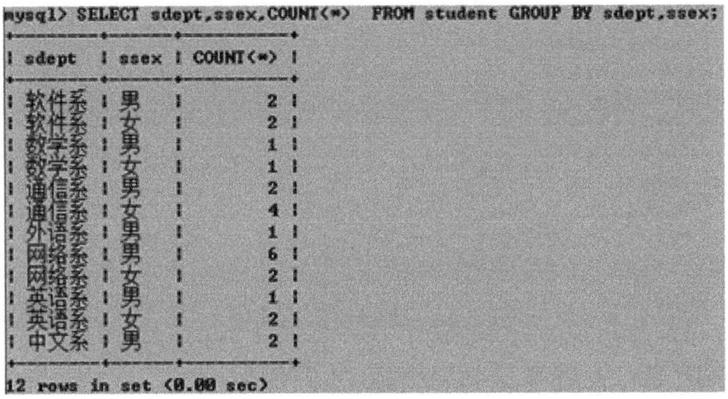

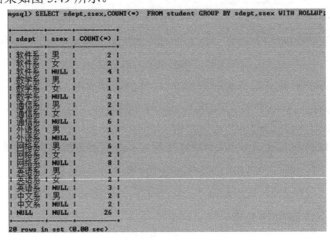

图 5.48　复合分组

查询结果显示，记录先按照“sdept”字段进行分大组后，再以“ssex”字段进行分小组，最后在每个小组内统计人数。

6. GROUP BY 关键字与 WITH ROLLUP 一起使用

使用“WITH ROLLUP”时，将会在较高层次的分组（底层分组除外）后面，以及所有记录（相当于不分组）的最后增加一条记录，这条记录是将该层次的所有记录作为一个大的分组（相当于不分组），并进行大组内的汇总。

【例 5.32】 查询每个系男生、女生的人数，以及总人数情况。SQL 语句如下：

```
SELECT sdept, ssex,COUNT(*) FROM student GROUP BY sdept, ssex WITH ROLLUP;
```

代码执行结果如图 5.49 所示。

mysql> SELECT sdept,ssex,COUNT(*) FROM student GROUP BY sdept,ssex WITH ROLLUP;

sdept	ssex	COUNT(*)
软件系	男	2
软件系	女	2
软件系	NULL	4
数学系	男	1
数学系	女	1
数学系	NULL	2
通信系	男	2
通信系	女	4
通信系	NULL	6
外语系	男	1
外语系	NULL	1
网络系	男	6
网络系	女	2
网络系	NULL	8
英语系	男	1
英语系	女	2
英语系	NULL	3
中文系	男	2
中文系	NULL	2
NULL	NULL	26

20 rows in set (0.00 sec)

图 5.49　“WITH ROLLUP”的使用

查询结果显示，计算出了各分组的记录数。并且，在各分组及所有记录的最后加上了一条新的记录。该记录的"COUNT(*)"列的值刚好是上面分组值的总和。

【例 5.33】 显示每个学生参与考试的科目及科目总数。

使用"GROUP_CONCAT"可以显示分组中的每个成员的详细数据，所以可以在"SELECT"子句中使用此函数，中间加上科目编号来显示参与的科目。其 SQL 语句如下：

SELECT sno,GROUP_CONCAT(cno),COUNT(sno) FROM sc GROUP BY sno WITH ROLLUP;

代码执行结果如图 5.50 所示。

```
mysql> SELECT sno,group_concat(cno),count(sno) FROM sc GROUP BY sno with rollup;
+-----------+-----------------------------------------------------+------------+
| sno       | group_concat(cno)                                   | count(sno) |
+-----------+-----------------------------------------------------+------------+
| 200515001 | 1,2,4,5,7                                           |          5 |
| 200515002 | 1,3,4                                               |          3 |
| 200515003 | 1                                                   |          1 |
| 200515004 | 1,2                                                 |          2 |
| 200515005 | 1,10,2                                              |          3 |
| 200515006 | 1,2                                                 |          2 |
| 200515008 | 2                                                   |          1 |
| 200515009 | 2                                                   |          1 |
| 200515010 | 2,8                                                 |          2 |
| 200515011 | 8                                                   |          1 |
| 200515015 | 8                                                   |          1 |
| 200515016 | 8                                                   |          1 |
| 200515017 | 8                                                   |          1 |
| 200515018 | 8                                                   |          1 |
| 200515021 | 6,9                                                 |          2 |
| NULL      | 1,2,4,5,7,1,3,4,1,1,2,1,10,2,1,2,2,2,2,8,8,8,8,8,6,9 |         27 |
+-----------+-----------------------------------------------------+------------+
16 rows in set (0.00 sec)
```

图 5.50 "WITH ROLLUP"与"GROUP_CONCAT"综合运用

查询结果显示，"GROUP_CONCAT(cno)"显示了每个分组的"cno"字段的值。同时，最后一条记录的"count(sno)"列的值刚好是上面分组"count(sno)"取值的总和。

5.6 单表查询——LIMIT 子句

查询数据时，可能会查询出很多记录。可能只需看 *n* 条记录了解一个大概情况，可以用限制显示查询结果的行数来实现。"LIMIT"是 MySQL 中的一个特殊关键字，它可以用来指定查询结果从哪条记录开始显示，还可以指定一共显示多少条记录。"LIMIT"关键字有两种使用方式。这两种方式分别是不指定初始位置和指定初始位置。

▶1. 不指定初始位置

"LIMIT"关键字不指定初始位置时，记录从第一条记录开始显示。显示记录的数量由"LIMIT"关键字指定。其语法规则如下：

LIMIT 记录数

其中，"记录数"参数表示显示记录的数量。如果"记录数"的值小于查询结果的总记录数，将会从第一条记录开始，显示指定数量的记录。如果"记录数"的值大于查询结果的总记录数，数据库系统会直接显示查询出来的所有记录。

【例 5.34】 查询 student 表的前两条记录。SQL 语句如下：

```
SELECT * FROM student LIMIT 2;
```

执行结果如图 5.51 所示。

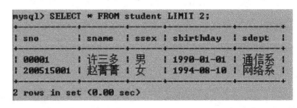

图 5.51 "LIMIT" 的运用 1

结果中只显示了两条记录。该例说明 "LIMIT 2" 限制了显示的数量为 2。

2. 指定初始位置

"LIMIT" 关键字可以指定从哪条记录开始显示，并且可以指定显示多少条记录。其语法规则如下：

```
LIMIT 初始位置，记录数
```

其中，"初始位置" 参数指定从哪条记录开始显示；"记录数" 参数表示显示记录的数量。第一条记录的位置是 0，第二条记录的位置是 1。后面的记录依次类推。

比如【例 5.34】就可以写成如图 5.52 所示的结构。从结果可以看出，"LIMIT 0,2" 和 "LIMIT 2" 都是显示前两条记录。

```
mysql> SELECT * FROM student LIMIT 0,2;
+-----------+--------+------+------------+--------+
| sno       | sname  | ssex | sbirthday  | sdept  |
+-----------+--------+------+------------+--------+
| 00001     | 许三多 | 男   | 1990-01-01 | 通信系 |
| 200515001 | 赵菁菁 | 女   | 1994-08-10 | 网络系 |
+-----------+--------+------+------------+--------+
2 rows in set (0.00 sec)
```

图 5.52 "LIMIT" 的运用 2

【例 5.35】 查询 student 表的第 2～3 条记录。SQL 语句如下：

```
SELECT * FROM student LIMIT 1, 2;
```

执行结果如图 5.53 所示。

```
mysql> SELECT * FROM student LIMIT 1,2;
+-----------+--------+------+------------+--------+
| sno       | sname  | ssex | sbirthday  | sdept  |
+-----------+--------+------+------------+--------+
| 200515001 | 赵菁菁 | 女   | 1994-08-10 | 网络系 |
| 200515002 | 李男   | 男   | 1993-02-24 | 软件系 |
+-----------+--------+------+------------+--------+
2 rows in set (0.00 sec)
```

图 5.53 "LIMIT" 的运用 3

结果中只显示了第 2 条和第 3 条记录。这个例子可以看出，"LIMIT" 关键字可以指定从哪条记录开始显示，也可以指定显示多少条记录。

提醒："LIMIT"关键字是 MySQL 中所特有的。"LIMIT"关键字可以指定需要显示的记录的开始位置，"0"表示第一条记录。如果需要查询成绩在前十名的学生信息，可以使用"ORDER BY"关键字将记录按照分数来降序排列，然后使用"LIMIT"关键字指定只查询前 10 条记录。

5.7 多表查询

若需要的数据来自多个表，就要用到连接查询。连接查询是将两个或两个以上的表按某个条件连接起来，从中选取需要的数据。连接查询是同时查询两个或两个以上的表时使用的。当不同的表中存在表示相同意义的字段时，可以通过该字段来连接这几个表。例如，学生表中有"course_id"字段来表示所学课程的课程号，课程表中有"num"字段来表示课程号。那么，可以通过学生表中的"course_id"字段与课程表中的"num"字段来进行连接查询。连接查询包括内连接查询和外连接查询。本节将详细讲解内连接查询和外连接查询。同时，还会讲解多个条件结合在一起进行的复合连接查询。

5.7.1 内连接查询

内连接查询是一种最常用的连接查询。内连接查询可以查询两个或两个以上的表。为了让读者更好地理解，本处只讲两个表的连接查询。当两个表中存在表示相同意义的字段时，可以通过该字段作为连接条件来连接这两个表；当其中一张表里的某条记录连接字段的值与另一张表里的某条记录连接字段的值相匹配时，这条两条记录就可以合并成一条新的记录用于 SELECT 子句进行查询，而没有配对成功的记录，将会直接被过滤掉。其具体语法格式如下：

```
SELECT 属性名列表
FROM 表名 1  [INNER]  JOIN 表名 2
ON 表名 1.属性名 1=表名 2.属性名 2;
```

或

```
SELECT 属性名列表
FROM 表名 1,表名 2
WHERE 表名 1.属性名 1=表名 2.属性名 2;
```

其中，"属性名列表"参数表示要查询的字段的名称，这些字段可以来自不同的表；"表名 1"和"表名 2"参数表示将这两个表进行外连接；"INNER"参数表示进行内连接查询，是连接运算的默认选项，可以省略该关键字；"JOIN"参数表示进行连接查询；"ON"后面接的就是连接条件；"属性名 1"参数是"表名 1"中的一个字段，用"."符号来表示字段属于哪个表；"属性名 2"参数是"表名 2"中的一个字段。

说明：两个表中表示相同意义的字段可以是父表的主键和子表的外键。例如，student 表中"sno"字段表示学生的学号，并且"sno"字段是 student 表的主键。sc 表的"sno"字段也表示学生的学号，而且"sno"字段是 sc 表的外键，这里的"sno"字段参考引用自 student 表的"sno"字段，这两个字段有相同的意义。

下面使用内连接查询的方式查询 student 表和 sc 表。在执行内连接查询之前，先分别查看 student 表和 sc 表中的记录，以便进行比较。由于数据行较多，这里只截取部分数据。查询结果如图 5.54 和图 5.55 所示。

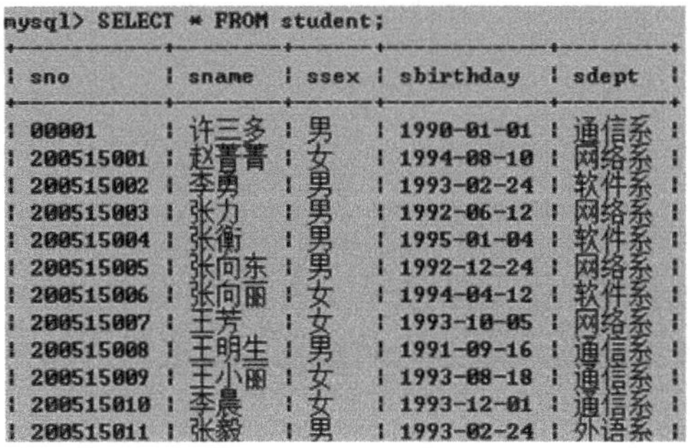

```
mysql> SELECT * FROM student;
+-----------+--------+------+------------+--------+
| sno       | sname  | ssex | sbirthday  | sdept  |
+-----------+--------+------+------------+--------+
| 00001     | 许三多 | 男   | 1990-01-01 | 通信系 |
| 200515001 | 赵菁菁 | 女   | 1994-08-10 | 网络系 |
| 200515002 | 李勇   | 男   | 1993-02-24 | 软件系 |
| 200515003 | 张力   | 男   | 1992-06-12 | 网络系 |
| 200515004 | 张衡   | 男   | 1995-01-04 | 软件系 |
| 200515005 | 张向东 | 男   | 1992-12-24 | 网络系 |
| 200515006 | 张向丽 | 女   | 1994-04-12 | 软件系 |
| 200515007 | 王芳   | 女   | 1993-10-05 | 网络系 |
| 200515008 | 王明生 | 男   | 1991-09-16 | 通信系 |
| 200515009 | 王小丽 | 女   | 1993-08-18 | 通信系 |
| 200515010 | 李晨   | 女   | 1993-12-01 | 通信系 |
| 200515011 | 张毅   | 男   | 1993-02-24 | 外语系 |
```

图 5.54　student 表数据

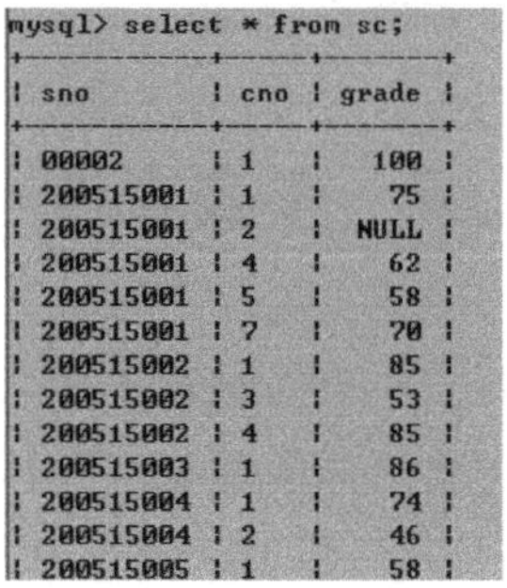

```
mysql> select * from sc;
+-----------+-----+-------+
| sno       | cno | grade |
+-----------+-----+-------+
| 00002     | 1   |   100 |
| 200515001 | 1   |    75 |
| 200515001 | 2   |  NULL |
| 200515001 | 4   |    62 |
| 200515001 | 5   |    58 |
| 200515001 | 7   |    70 |
| 200515002 | 1   |    85 |
| 200515002 | 3   |    53 |
| 200515002 | 4   |    85 |
| 200515003 | 1   |    86 |
| 200515004 | 1   |    74 |
| 200515004 | 2   |    46 |
| 200515005 | 1   |    58 |
```

图 5.55　sc 表数据

查询结果显示，student 表和 sc 表的“sno”字段都表示学号。通过“sno”字段可以将 student 表和 sc 表进行内连接查询。从 student 表中查询出“sno”“sname”“sdept”这几个字段。从 sc 表中查询出“cno”“grade”这两个字段。内连接查询的 SQL 语句如下：


```
SELECT student.sno,sname,sdept, cno,grade FROM student,sc WHERE student.sno=sc.sno;
```

或者

```
SELECT student.sno, sname, sdept, cno, grade FROM student INNER JOIN sc ON student.sno=sc.sno;
```

SQL 语句执行结果如图 5.56 所示。

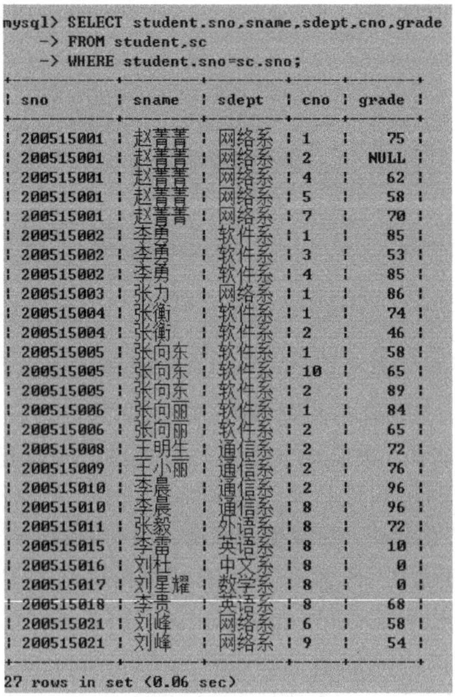

```
mysql> SELECT student.sno,sname,sdept,cno,grade
    -> FROM student,sc
    -> WHERE student.sno=sc.sno;
+-----------+--------+--------+-----+-------+
| sno       | sname  | sdept  | cno | grade |
+-----------+--------+--------+-----+-------+
| 200515001 | 赵菁菁 | 网络系 | 1   |    75 |
| 200515001 | 赵菁菁 | 网络系 | 2   |  NULL |
| 200515001 | 赵菁菁 | 网络系 | 4   |    62 |
| 200515001 | 赵菁菁 | 网络系 | 5   |    58 |
| 200515001 | 赵菁菁 | 网络系 | 7   |    70 |
| 200515002 | 李勇   | 软件系 | 1   |    85 |
| 200515002 | 李勇   | 软件系 | 3   |    53 |
| 200515002 | 李勇   | 软件系 | 4   |    85 |
| 200515003 | 张力   | 网络系 | 1   |    86 |
| 200515004 | 张衡   | 软件系 | 1   |    74 |
| 200515004 | 张衡   | 软件系 | 2   |    46 |
| 200515005 | 张向东 | 软件系 | 1   |    58 |
| 200515005 | 张向东 | 软件系 | 10  |    65 |
| 200515005 | 张向东 | 软件系 | 2   |    89 |
| 200515006 | 张向丽 | 软件系 | 1   |    84 |
| 200515006 | 张向丽 | 软件系 | 2   |    65 |
| 200515008 | 王明生 | 通信系 | 2   |    72 |
| 200515009 | 王小丽 | 通信系 | 2   |    76 |
| 200515010 | 李晨   | 通信系 | 2   |    96 |
| 200515010 | 李晨   | 通信系 | 8   |    96 |
| 200515011 | 张毅   | 外语系 | 8   |    72 |
| 200515015 | 李雷   | 英语系 | 8   |    10 |
| 200515016 | 刘杜   | 中文系 | 8   |     0 |
| 200515017 | 刘星耀 | 数学系 | 8   |     0 |
| 200515018 | 李贵   | 英语系 | 8   |    68 |
| 200515021 | 刘峰   | 网络系 | 6   |    58 |
| 200515021 | 刘峰   | 网络系 | 9   |    54 |
+-----------+--------+--------+-----+-------+
27 rows in set (0.06 sec)
```

图 5.56　内连接查询

从图 5.56 中可以看出，查询结果共显示了 27 条记录。这 27 条记录的数据是从 student 表和 sc 表中取出来的。这 27 条记录的“sno”字段的取值分别为各自的学号。通过本例可以看出，只有表中有意义相同的字段时才能进行连接。而且，内连接查询只能查询出指定字段取值相同的记录。

5.7.2 外连接查询

外连接查询可以查询两个或两个以上的表。外连接查询也需要通过指定字段来进行连接。当该连接字段相匹配时，该记录可用于 SELECT 子句的查询，没有配对成功的记录，根据情况有也可能用于 SELECT 子句的查询，而不是直接被过滤掉。MySQL 中外连接查询共分为两种情况：左外连接查询和右外连接查询。其基本语法格式如下：

```
SELECT 属性名列表
FROM 表名1 {LEFT|RIGHT} [OUTER] JOIN 表名2
ON 表名1.属性名1=表名2.属性名2;
```

其中，“属性名列表”参数表示要查询的字段的名称，这些字段可以来自不同的表；“表名 1”和“表名 2”参数表示将这两个表进行外连接；“LEFT”参数表示进行左连接查询；“RIGHT”参数表示进行右连接查询；“ON”后面接的就是连接条件；“属性名 1”参数是“表名 1”中的一个字段，用“.”符号来表示字段属于哪个表；“属性名 2”参数是“表名 2”中的一个字段。

1. 左连接查询

进行左连接查询时，可以查询出“表名 1”所指的表中的所有记录；而“表名 2”所指的表中，只能查询出匹配的记录。“表名 1”中没有配对成功的记录，将以“表名 2”的一个空行记录与之搭配形成新的记录以供查询； 而“表名 2”中没有配对成功的记录，将被直接过滤掉。

【例 5.36】 显示所有学生的参加考试的情况，要求：未参加考试的学生显示其成绩为 NULL。SQL 语句如下：

```
SELECT student.sno,sname,sdept, cno,grade FROM student LEFT JOIN sc
ON student.sno=sc.sno;
```

SQL 语句执行结果如图 5.57 所示。

```
mysql> SELECT student.sno,sname,sdept,cno,grade
    -> FROM student LEFT JOIN sc ON student.sno=sc.sno;
+-----------+--------+--------+------+-------+
| sno       | sname  | sdept  | cno  | grade |
+-----------+--------+--------+------+-------+
| 200515001 | 赵菁菁 | 网络系 | 1    |    75 |
| 200515001 | 赵菁菁 | 网络系 | 4    |    62 |
| 200515001 | 赵菁菁 | 网络系 | 5    |    58 |
| 200515001 | 赵菁菁 | 网络系 | 7    |    70 |
| 200515002 | 李勇   | 软件系 | 1    |    85 |
| 200515002 | 李勇   | 软件系 | 3    |    53 |
| 200515002 | 李勇   | 软件系 | 4    |    85 |
| 200515003 | 张力   | 网络系 | 1    |    86 |
| 200515004 | 张衡   | 软件系 | 1    |    74 |
| 200515004 | 张衡   | 软件系 | 2    |    46 |
| 200515005 | 张向东 | 软件系 | 1    |    58 |
| 200515005 | 张向东 | 软件系 | 10   |    65 |
| 200515005 | 张向东 | 软件系 | 2    |    89 |
| 200515006 | 张向丽 | 软件系 | 1    |    84 |
| 200515006 | 张向丽 | 软件系 | 2    |    65 |
| 200515007 | 王芳   | 网络系 | NULL |  NULL |
| 200515008 | 王明生 | 通信系 | 2    |    72 |
| 200515009 | 王小丽 | 通信系 | 2    |    76 |
```

图 5.57　左连接查询结果

由于数据行较多，只显示关键的部分的数据。查询结果共显示了多条记录。这些记录的数据是从student表和sc表中取出来的。因为student表和sc表中都包含值相同的记录，所有这些记录都能查询出来。

但是，从结果中可以发现，在图 5.57 中倒数第三行的数据里，后两列的值均为“NULL”。这就表示该学生只有个人信息（在student表中），没有考试信息（在sc表中）。所以左外连接的意思是将“JOIN”关键字左侧表中的所有数据全部显示后，再根据“ON”关键字后的条件进行两表连接，若右侧的表中没有数据与左侧表中的数据相匹配，则在右侧表的列中显示数据为“NULL”。

2. 右连接查询

进行右连接查询时，可以查询出“表名 2”所指的表中的所有记录。而“表名 1”所指的表中，只能查询出匹配的记录。如：在 sc 中插入一条记录，该记录的“sno”不在student中出现。语句如下：

```
INSERT INTO sc VALLUES('0002',1,100);
```

右连接的SQL语句如下：


```
SELECT student.sno,sname,sdept, cno,grade FROM student RIGHT JOIN sc
ON student.sno=sc.sno;
```

SQL语句执行结果如图5.58所示。

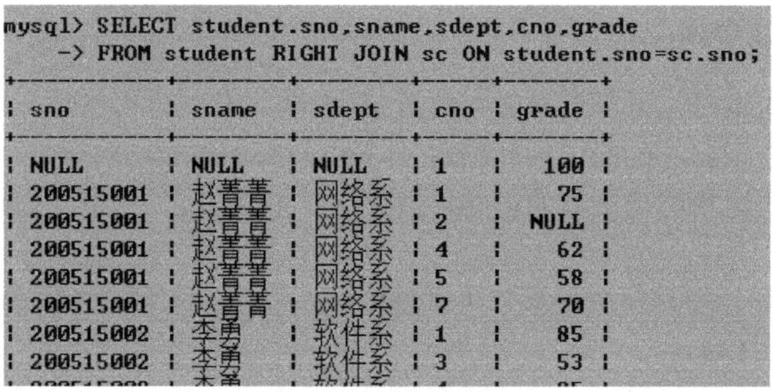

```
mysql> SELECT student.sno,sname,sdept,cno,grade
    -> FROM student RIGHT JOIN sc ON student.sno=sc.sno;
+-----------+--------+--------+-----+-------+
| sno       | sname  | sdept  | cno | grade |
+-----------+--------+--------+-----+-------+
| NULL      | NULL   | NULL   | 1   |   100 |
| 200515001 | 赵菁菁 | 网络系 | 1   |    75 |
| 200515001 | 赵菁菁 | 网络系 | 2   |  NULL |
| 200515001 | 赵菁菁 | 网络系 | 4   |    62 |
| 200515001 | 赵菁菁 | 网络系 | 5   |    58 |
| 200515001 | 赵菁菁 | 网络系 | 7   |    70 |
| 200515002 | 李勇   | 软件系 | 1   |    85 |
| 200515002 | 李勇   | 软件系 | 3   |    53 |
```

图 5.58　右连接查询

查询结果显示了 28 条记录，因为篇幅原因，图片没有完整显示。因为student表和sc表中都包含了“sno”值相等的 27 条记录，所有这些记录都能查询出来。但查询结果中比内查询多出了“grade=100”的记录。因为student表中没有“sno=0002”的记录，所以该记录只从 sc 表中取出了相应的值。而需要从 student 表中取出对应的值都是空值（NULL）。

通过上述两个例子，读者可以明白左连接查询和右连接查询的异同。

5.7.3　为表取别名

当表的名称特别长时，在查询过程中直接使用表名很不方便。这时可以为表取一个别名。用这个别名来代替表的名称。例如，电力软件中的变压器表的名称为“power_system_transform”，当要使用该表下面的“id”字段，并且同时查询的其他表中也有“id”

字段时，这样就必须指明是哪个表下的“id”字段，如“power_system_transform.id”。因为变压器表的表名太长，使用起来不是很方便。为了解决这个问题，可以为变压器表取一个别名，如将“power_system_transform”取别名为“t”，那么“t”就代表了变压器表。那么“t.id”与“power_system_transform.id”表示的意思就相同了。本小节中将讲解怎样为表取别名，以及查询时如何使用别名。

MySQL 中为表取别名的基本格式如下：

```
表名  表的别名
```

通过这种方式，“表的别名”就能在此次查询中代替“表名”了。

【例 5.37】 下面为 student 表取个别名 std。然后查询表中“sno”字段取值为“200515001”的记录。SQL 代码如下：

```
SELECT * FROM student std WHERE std.sno=200515001;
```

代码中“student std”表示 student 表的别名为“std”；“std.sno”表示 student 表的“sno”字段。代码执行结果如图 5.59 所示。

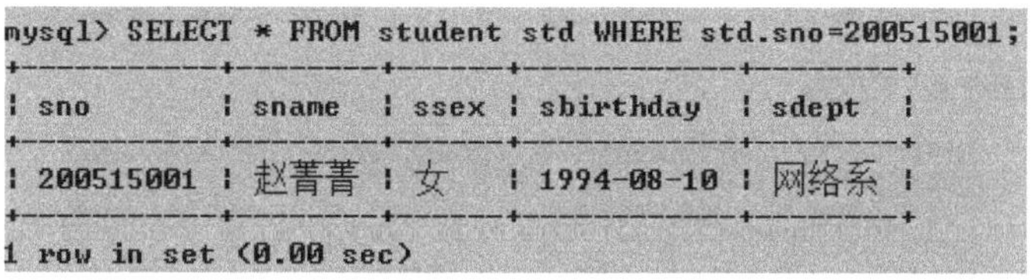

```
mysql> SELECT * FROM student std WHERE std.sno=200515001;
+-----------+--------+------+------------+--------+
| sno       | sname  | ssex | sbirthday  | sdept  |
+-----------+--------+------+------------+--------+
| 200515001 | 赵菁菁 | 女   | 1994-08-10 | 网络系 |
+-----------+--------+------+------------+--------+
1 row in set (0.00 sec)
```

图 5.59　为表取别名

结果查询出了“sno”字段取值为“200515001”的记录。为表取名必须保证该数据库中没有其他表名与该别名相同。如果相同，数据库系统将无法辨别该名称指代的是哪个表。

通过为表和字段取别名的方式，能够使查询更加方便。而且可以使查询结果以更加合理的方式显示。

注意：表的别名不能与该数据库的其他表同名。字段的别名不能与该表的其他字段同名。在条件表达式中不能使用字段的别名，否则将会出现“ERROR 1054 (42S22): Unknown column”这样的错误提示信息。显示查询结果时字段的别名代替了字段名。

5.7.4　复合条件连接查询

在连接查询时，也可以增加其他的限制条件。通过多个条件的复合查询，可以使查询结果更加准确。例如，student 表和 sc 表进行连接查询时，可以限制“grade”字段的取值必须大于 75。这样，可以更加准确地查询出成绩高于 75 分的学生的信息。

【例 5.38】 查询成绩高于 75 分的学生的学号、系别和他们的成绩。SQL 语句如下：

```
SELECT student.sno,sname,sdept, cno,grade FROM student , sc
WHERE student.sno=sc.sno AND grade>75;
```

SQL 语句执行结果如图 5.60 所示。

查询结果只显示了“grade”字段取值大于 75 的记录。本例可以看出，在进行连接查询时可以加上其他的条件表达式。

此外，还可以加“GROUP BY”“ORDER BY”等关键字。这可以将连接查询的结果进行分组和排序。

```
mysql> SELECT student.sno,sname,sdept,cno,grade FROM student,sc
    -> WHERE student.sno=sc.sno AND grade>75;
+-----------+--------+--------+-----+-------+
| sno       | sname  | sdept  | cno | grade |
+-----------+--------+--------+-----+-------+
| 00001     | 许三多 | 通信系 | 1   | 100.0 |
| 200515002 | 李勇   | 软件系 | 1   |  85.0 |
| 200515002 | 李勇   | 软件系 | 4   |  85.0 |
| 200515003 | 张力   | 网络系 | 1   |  86.0 |
| 200515005 | 张向东 | 网络系 | 2   |  89.0 |
| 200515006 | 张向丽 | 软件系 | 1   |  84.0 |
| 200515009 | 王小丽 | 通信系 | 2   |  76.0 |
| 200515010 | 李晨   | 通信系 | 2   |  96.0 |
| 200515010 | 李晨   | 通信系 | 8   |  96.0 |
+-----------+--------+--------+-----+-------+
9 rows in set (0.00 sec)
```

图 5.60　内连接复合条件查询

例如，在【例 5.38】的基础上，将查询到的结果按成绩升序排列，其代码如下所示：

```
SELECT student.sno,sname,sdept, cno,grade FROM student,sc
WHERE student.sno=sc.sno AND grade>75
ORDER BY grade ASC;
```


执行结果如图 5.61 所示。

```
mysql> SELECT student.sno,sname,sdept,cno,grade FROM student,sc
    -> WHERE student.sno=sc.sno AND grade>75
    -> ORDER BY grade ASC;
+-----------+--------+--------+-----+-------+
| sno       | sname  | sdept  | cno | grade |
+-----------+--------+--------+-----+-------+
| 200515009 | 王小丽 | 通信系 | 2   |  76.0 |
| 200515006 | 张向丽 | 软件系 | 1   |  84.0 |
| 200515002 | 李勇   | 软件系 | 4   |  85.0 |
| 200515002 | 李勇   | 软件系 | 1   |  85.0 |
| 200515003 | 张力   | 网络系 | 1   |  86.0 |
| 200515005 | 张向东 | 网络系 | 2   |  89.0 |
| 200515010 | 李晨   | 通信系 | 2   |  96.0 |
| 200515010 | 李晨   | 通信系 | 8   |  96.0 |
| 00001     | 许三多 | 通信系 | 1   | 100.0 |
+-----------+--------+--------+-----+-------+
9 rows in set (0.00 sec)
```

图 5.61　内连接查询结果排序

SQL 语句先按照内连接的方式从 student 表和 sc 表中查询出数据。然后查询结果按照“grade”字段从小到大的顺序进行排列。

技巧：连接查询中使用最多的是内连接查询。而外连接查询中的左连接查询和右连接查询使用频率比较低。连接查询时可以加上一些限制条件，这样只会对满足限制条件的记录进行连接操作。还可以将连接查询的结果排序。

5.7.5　小结

若需要的数据来自多个表，就要用到连接查询并需要指定连接条件。若不使用连接条件，数据库系统会自动将“FROM”子句中的多个表进行笛卡尔积运算。所谓的笛卡尔积运算，就是指将多个表的多行按所有可能逐一配对列举。这样会增加系统的负担，降低数据准确率。

连接查询按需求分为内连接、外连接和自连接。内连接的意思就是将多个表中满足条件的记录留下，不满足条件的记录一律不显示，这样可以保证最终的结果数据全部来自这多个表中，并且有意义地组合在一起。外连接的意思是在保证某表的数据全部显示的基础上，将符合某些条件的数据逐一配对，而对于外连接基准表中没有配对的数据，则显示另一个表中的字段的值为"NULL"，即保证基准表中的数据必须全部显示。自连接就是将一个表复制出另一张表，让它自己连接自己，这种连接通常用在表的某些列之间有一定关联的情况下，如"课程编号"列和"前序课程编号"列。它们之间存在一种直接引用的关系。

5.8 子查询/嵌套查询

子查询是将一个查询语句嵌套在另一个查询语句中，所以有时候也被称为嵌套查询。内层查询语句的查询结果，可以为外层查询语句提供查询条件。因为在特定情况下，一个查询语句的条件需要另一个查询语句来获取。例如，现在需要从学生成绩表中查询计算机系学生的各科成绩。那么，首先就要知道哪些课程是计算机系学生选修的。因此，必须先查询计算机系学生选修的课程，然后根据这些课程来查询计算机系学生的各科成绩。通过子查询，可以实现多表之间的查询。子查询中可能包括"IN""NOT IN""AND"、"ALL""EXISTS""NOT EXISTS"等关键字。

子查询中还可能包含比较运算符，如"=""!=""＞""＜"等。本节将详细讲解子查询的知识。

5.8.1 带 IN 关键字的子查询

一个查询语句的条件取值可能落在另一个 SQL 语句的查询结果中。这可以通过"IN"关键字来判断。例如，要查询哪些同学选择计算机系开设的课程。必须先从课程表中查询出计算机系开设了哪些课程。然后再从学生表中进行查询。如果学生选修的课程在前面查询出来的课程中，则可以查询出该同学的信息。这可以用带"IN"关键字的子查询来实现。

【例 5.39】 查询成绩大于 80 分的学生的基本信息。SQL 语句如下：

SELECT * FROM student WHERE sno IN(SELECT sno FROM sc WHERE grade>80);

执行结果如图 5.62 所示。查询结果显示，student 表中的"sno"字段取值分别为"200515002""200515003""200515005""200515006""200515010"。可以看出结果排除了很多数据行。

图 5.62 子查询

"NOT IN"关键字的作用与"IN"关键字刚好相反。

【例5.40】 查询没有成绩的学生的信息。SQL语句如下：

```
SELECT * FROM student WHERE sno NOT IN (SELECT sno FROM sc);
```

语句执行结果如图5.63所示。

```
mysql> SELECT * FROM student WHERE sno NOT IN (SELECT sno FROM sc);
+-----------+--------+------+------------+--------+
| sno       | sname  | ssex | sbirthday  | sdept  |
+-----------+--------+------+------------+--------+
| 200515007 | 王芳   | 女   | 1993-10-05 | 网络系 |
| 200515012 | 杨丽华 | 女   | 1994-02-01 | 英语系 |
| 200515013 | 李芳   | 女   | 1992-05-03 | 通信系 |
| 200515014 | 张丰毅 | 男   | 1995-05-05 | 网络系 |
| 200515019 | 林自许 | 男   | 1991-07-23 | 网络系 |
| 200515020 | 马翔   | 男   | 1993-09-24 | 网络系 |
| 200515022 | 朱晓鸥 | 女   | 1994-01-01 | 软件系 |
| 200515023 | 牛站强 | 男   | 1993-07-28 | 中文系 |
| 200515024 | 李婷婷 | 女   | 1993-01-29 | 通信系 |
| 200515025 | 严丽   | 女   | 1992-07-12 | 数字系 |
+-----------+--------+------+------------+--------+
10 rows in set (0.00 sec)
```

图5.63 子查询结果

结果中只查询出了10行记录。这10行记录存在于student表中，但在sc表中没有对应的"sno"字段取值。

5.8.2 带比较运算符的子查询

子查询可以使用比较运算符。这些比较运算符包括"=" "!=" ">" ">=" "<" "<=" "<>"等。其中，"<>"与"!="是等价的。比较运算符在子查询时使用非常广泛。如查询分数、年龄、价格和收入等。

【例5.41】 查询成绩大于整体平均成绩的学生的学号。SQL语句如下：

```
SELECT sno FROM sc
WHERE grade > (SELECT AVG(grade) FROM sc);
```

代码执行结果如图5.64所示。

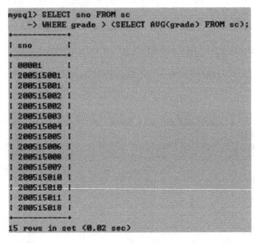

```
mysql> SELECT sno FROM sc
    -> WHERE grade > (SELECT AVG(grade) FROM sc);
+-----------+
| sno       |
+-----------+
| 00001     |
| 200515001 |
| 200515001 |
| 200515002 |
| 200515002 |
| 200515003 |
| 200515004 |
| 200515005 |
| 200515006 |
| 200515008 |
| 200515009 |
| 200515010 |
| 200515010 |
| 200515011 |
| 200515018 |
+-----------+
15 rows in set (0.02 sec)
```

图5.64 带比较运算符的子查询

结果显示，最终符合条件的记录有 15 行，但是因为里面存在很多重复的数据，所以建议在写代码的时候，尽量在"SELECT"的后面跟上"DISTINCT"关键字。

5.8.3　带 EXISTS 关键字的子查询

"EXISTS"关键字表示存在。使用"EXISTS"关键字时，其内层查询语句不返回查询的记录，而是返回一个逻辑真假值。如果该内层查询语句查询到满足条件的记录，就返回一个真值（true）；否则，将返回一个假值（false）。该内层查询返回的逻辑值将与WHERE 子句的其他条件表达式运算出的逻辑值、其他逻辑运算符进一步运算，得到整个 WHERE 子句的逻辑值，并最终返回能使 WHERE 子句逻辑值为"truc"的记录，参与后续的 SELECT 子句查询。

【例 5.42】 如果存在一个学生的学号为 0003，则显示所有学生的信息，如果没有这个人，就不显示。SQL 语句如下：

```
SELECT * FROM student
WHERE EXISTS (SELECT sno FROM student WHERE sno =0003);
```

代码执行结果如图 5.65 所示。

图 5.65　"EXISTS"关键字的运用

结果显示，没有查询出任何记录。这是因为 student 表中根本不存在"sno=0003"的记录。EXISTS 子查询语句返回一个"false"，整个 WHERE 子句的逻辑值也为"false"，所以，该查询没有查出任何记录。

"EXISTS"关键字子查询通常与其他的查询条件表达式、逻辑运算符一起使用，逻辑运算符"AND"、"OR"和 "NOT"可对多个逻辑值进行与、或、非的逻辑运算。

【例 5.43】 如果 student 表中存在"sno"取值为"200515001"的记录，则查询 student表中"sdept"等于"网络系"的记录。SQL 语句如下：

```
SELECT * FROM student
WHERE sdept= '网络系' and EXISTS(SELECT * FROM student WHERE sno=200515001);
```

代码执行结果如图 5.66 所示。

图 5.66　"EXISTS"附其他条件的运用

结果显示，从 student 表中查询出了 7 条记录。这 7 条记录的"sdept"字段的取值都是"网络系"。因为内层查询语句从 student 表中查询到记录，返回一个"true"，外层查询语句开始进行查询。根据查询条件，从 sutdnet 表中查询出"sdept"等于"网络系"的 7 条记录。

注意："EXISTS"关键字与前面的关键字不一样。使用"EXISTS"关键字时，其内层查询语句只返回"true"或"false"，如果其内层查询语句查询到记录，那么返回"true"；否则，将返回"false"。EXISTS 子查询内部，甚至可以使用外部查询的表字段作为条件，这种内部查询使用外部查询数据的情况，我们称为相关子查询。使用 IN 运算符的子查询，也经常使用相关子查询。相关子查询的执行顺序也与普通子查询不同，它将先执行满足其他条件的外部查询，再将其结果中每条记录的某字段值进行内部相关子查询，根据查询结果，再对外部查询结果进一步筛选。例如：

```
SELECT * FROM student WHERE ssex='男' AND
    EXISTS(SELECT * FROM sc WHERE sc.sno=student.sno AND grade>90);
```

5.8.4　带 ANY 关键字的子查询

比较运算中使用带"ANY"关键字的子查询，表示子查询中任意一个查询结果值（通常只查询一列）满足运算条件时，该比较运算结果即为真。这有些类似于子查询运用与 IN 运算，只要在子查询的结果中，有一个值与 IN 运算的另一个操作表达式相等，该 IN 运算的结果就为真。只不过 IN 是进行相等的比较，而 ANY 往往进行的是非相等的比较。例如，需要查询哪些同学能够获得奖学金。那么，首先必须从奖学金表中查询出各种奖学金要求的最低分。只要某位同学有某门学科成绩高于各奖学金相应要求的最低分中的任何一个，这位同学就可以获得奖学金。"ANY"关键字通常与比较运算符一起使用。例如，">ANY"表示大于任何一个值，"=ANY"表示等于任何一个值。

【例 5.44】查询 student 表中，是否有网络系的学生，其出生日期不小于（大于等于）通信系年龄最小者。

本题实际上就是查询在网络系学生中，有哪些学生其出生日期早于或等于通信系中任何一个学生的出生日期（即找到通信系中出生日期最晚者）。查询操作前，先看一看网络系和通信系学生的基本信息，分别如图 5.67 和图 5.68 所示。从图中可以看出，网络系中要查找的学生需要满足，其出生日期要比通信系中"李晨"的出生日期"1993-12-01"要早，即网络系中的 "林自许""张力""张向东""马翔""王芳"5 人满足要求。

```
mysql> select * from student where sdept='网络系' order by sbirthday;
+-----------+--------+------+------------+--------+
| sno       | sname  | ssex | sbirthday  | sdept  |
+-----------+--------+------+------------+--------+
| 200515019 | 林自许 | 男   | 1991-07-23 | 网络系 |
| 200515003 | 张力   | 男   | 1992-06-12 | 网络系 |
| 200515005 | 张向东 | 男   | 1992-12-24 | 网络系 |
| 200515020 | 马翔   | 男   | 1993-09-24 | 网络系 |
| 200515007 | 王芳   | 女   | 1993-10-05 | 网络系 |
| 200515021 | 刘峰   | 男   | 1994-01-18 | 网络系 |
| 200515001 | 赵菁菁 | 女   | 1994-08-10 | 网络系 |
| 200515014 | 张丰毅 | 男   | 1995-05-05 | 网络系 |
+-----------+--------+------+------------+--------+
8 rows in set (0.00 sec)
```

图 5.67　网络系学生基本信息

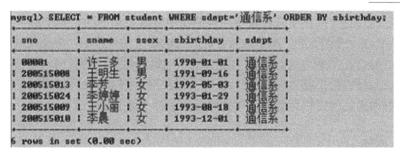

图 5.68　通信系学生基本信息

SQL 语句如下：

```
SELECT * FROM student
WHERE sdept='网络系'
AND sbirthday<=ANY(SELECT sbirthday FROM student WHERE sdept='通信系')
ORDER BY sbirthday;
```

代码执行结果如图 5.69 所示，与前面的分析一致。

```
mysql> SELECT * FROM student
    -> WHERE sdept='网络系'
    -> AND sbirthday<=ANY(SELECT sbirthday FROM student WHERE sdept='通信系')
    -> Order by sbirthday;
+-----------+--------+------+------------+--------+
| sno       | sname  | ssex | sbirthday  | sdept  |
+-----------+--------+------+------------+--------+
| 200515019 | 林自许 | 男   | 1991-07-23 | 网络系 |
| 200515003 | 张力   | 男   | 1992-06-12 | 网络系 |
| 200515005 | 张向东 | 男   | 1992-12-24 | 网络系 |
| 200515020 | 马翔   | 男   | 1993-09-24 | 网络系 |
| 200515007 | 王芳   | 女   | 1993-10-05 | 网络系 |
+-----------+--------+------+------------+--------+
5 rows in set (0.00 sec)
```

图 5.69　"<=ANY"的运用

5.8.5　带 ALL 关键字的子查询

比较运算中使用带"ALL"关键字的子查询，表示子查询中所有的查询结果值（通常只查询一列）都要满足运算条件时，该比较运算的结果才会为真。

【例 5.45】　查询年龄最小的学生的基本信息。

本例的目标，就是要找到一位学生，其出生日期晚于除自己之外的所有学生的出生日期。SQL 语句代码如下：

```
SELECT * FROM student
WHERE sbirthday>=ALL(SELECT sbirthday FROM student ) ;
```

代码执行结果如图 5.70 所示。

```
mysql> SELECT * FROM student
    -> WHERE sbirthday>=ALL(SELECT sbirthday FROM student ) ;
+-----------+--------+------+------------+--------+
| sno       | sname  | ssex | sbirthday  | sdept  |
+-----------+--------+------+------------+--------+
| 200515014 | 张丰毅 | 男   | 1995-05-05 | 网络系 |
+-----------+--------+------+------------+--------+
1 row in set (0.00 sec)
```

图 5.70　">=ALL"的运用

结果显示，只有一位学生符合条件，他的出生日期是最晚的，即年龄是最小的。

注意："ANY"关键字和"ALL"关键字的使用方式是一样的，但是这两者有很大的区别。使用"ANY"关键字时，只要内层查询语句返回结果中的任何一个值满足比较运算，则该比较运算的结果就为真。而"ALL"关键字恰好相反，只有内层查询语句返回的所有结果值都满足该比较运算时，该比较运算的结果才为真。

5.8.6 小结

当某种查询的结果可能会被另一个查询作为条件使用时，我们可以使用子查询。子查询，也被称作嵌套查询，它的意思是查询完一次后，使用查询出的结果再次查询。子查询可以分为非相关子查询和相关子查询。所谓的非相关子查询，意思是说外层查询与内层查询之间除了值的传递外，没有其他的关系。例如，查询成绩大于本班整体平均成绩的人的信息，第一次直接使用成绩表，计算得出平均成绩，然后将这个值拿来进行第二次查询即可。而相关子查询则是指外层查询和内层查询之间还有某种联系，如在班级成绩表中查询每科成绩大于此科平均分的学生信息，每条记录所面对的比较数据都不相同，也就是每次进行筛选，都得做一次与这条记录相关的课程编号的子查询（查询本课程的平均分），这样就得在两层查询之间进行条件的关联。

5.9 合并查询结果

合并查询结果是将多个 SQL 语句的查询结果合并到一起。因为某种情况下，需要将几个 SQL 语句查询出来的结果合并起来显示。例如，现在需要查询公司甲和公司乙这两个公司所有员工的信息。这就需要从公司甲中查询出所有员工的信息，再从公司乙中查询出所有员工的信息。然后将两次的查询结果合并到一起。进行合并操作使用"UNION"和"UNION ALL"关键字。本节将详细讲解合并查询结果的方法。

使用"UNION"关键字时，数据库系统会将所有的查询结果合并到一起，然后去除掉相同的记录。而"UNION ALL"关键字则只是简单地合并到一起。其语法规则如下：

```
SQL 语句 1
UNION/UNION ALL
SQL 语句 2
UNION/UNION ALL
⋮
SQL 语句 n;
```

从上面可以知道，可以合并多个 SQL 语句的查询结果。而且，每个 SQL 语句之间使用"UNION"或"UNION ALL"关键字连接。

【例 5.46】 下面从 student 表和 sc 表中查询"sno"字段的取值。然后通过"UNION"关键字将结果合并到一起。

student 表的"sno"字段取值为 26 个不同的值。而 sc 表的"sno"字段取值有很多是相同的。现将这两个表中的"sno"字段的取值合并在一起。语句如下：

```
SELECT sno FROM student
```

```
UNION
SELECT sno FROM sc;
```

两个 SQL 语句之间用 "UNION" 关键字进行连接。代码执行结果如图 5.71 所示。

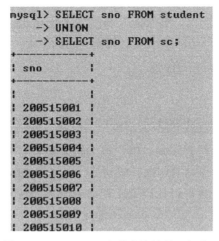

图 5.71 "UNION" 合并查询结果（部分）

从查询结果可以看出，"sno" 字段的取值都是不同的。这刚好是 student 表和 sc 表 "sno" 字段的所有取值。而且，结果中没有任何重复的记录。

如果使用 "UNION ALL" 关键字，那么只是将查询结果直接合并到一起。结果中可能存在相同的记录。

注意： "UNION" 关键字和 "UNION ALL" 关键字都可以合并查询结果，但是两者有一点区别。"UNION" 关键字合并查询结果时，需要将相同的记录消除掉。而 "UNION ALL" 关键字则相反，它不会消除掉相同的记录，而是将所有的记录合并到一起。

5.10　子查询在复制表，数据的增、删、改操作中的应用

5.10.1　插入查询语句的执行结果

在进行数据插入操作时，有时候我们并不知道具体插入到表中的记录的值是什么，只知道满足一定条件的值才能插入进去。此时，我们就可以利用查询语句，先进行合理查询，再将查询的结果按表的字段列表顺序插入。而我们的最终目的是将查询结果插入到表中，所以必须合理地设置查询语句的结果字段，并保证查询的结果值和表的字段相匹配，否则，会导致插入数值不成功。

将某查询语句执行的结果数据插入到表中的语法为：

```
INSERT INTO 表名[(字段列表)]
SELECT 查询语句;
```

【例 5.47】　若有另外一个表，表名为 s，表的结构与 student 表完全一样。在不知道 student 表中原始数据的情况下，想将 student 表中的前四行数据插入到 s 表中。这该如何实现呢？

得到与 student 表结构完全一样的 s 表，可以通过如下语句实现：

```
CREATE TABLE s LIKE student;
```

为了让读者更容易理解这中间的过程，我们将这个操作步骤进行分解。

（1）明确要插入的数据是什么。此例是想将 student 表的前四行数据先拿出来，再插入到 s 表中，所以我们可以明确，要做插入操作的就是 student 表的前四行数据。这四行数据可用"SELECT"查询语句筛选出来。具体代码如下：

```
SELECT * FROM student LIMIT 4;
```

或者

```
SELECT sno, sname , ssex, sbirthday, sdept FROM student LIMIT 4;
```

（2）验证查询语句结果是否正确，确定查询结果字段顺序。在做插入操作之前，建议读者先编写查询语句，此查询语句执行成功后，再进行"INSERT"语句添加。这样可以保证查询语句无误，而且也可以让读者在查询语句执行时确定查询出来的数据其字段顺序，以方便和"INSERT"语句的字段顺序进行匹配。

从图 5.72 可以看出，上一步查询语句的结果其字段顺序为"sno""sname""ssex""sbirthday""sdept"。

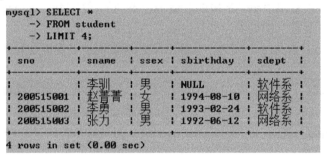

图 5.72　查询 student 表前四行数据

（3）完善 INSERT 语句。待插入的数据其字段顺序为"sno""sname""ssex""sbirthday""sdept"。s 表的结构与 student 表结构完全一样，意思就是说 s 表的字段顺序也是"sno""sname""ssex""sbirthday""sdept"。此时完全可以采用默认字段顺序插入数值。代码如下：

```
INSERT INTO s              --s 后面省略了所有列名
SELECT *
FROM student
LIMIT 4;
```

这样就可以在两个结构完全相同的表中相互传递数值了，但是更多情况下，我们不会将一个表中的数据完整地插入到另外一个表中，而是先进行其他的条件判断。有时候也不会将一个表的所有字段值写入，而只是针对某些特定的值。

【例 5.48】 将 student 表中年龄大于 20 的学生信息插入到 s 表中。

按【例 5.47】的步骤进行分解。

（1）明确要插入的数据是什么？即年龄大于 20 的学生其所有信息。具体代码如下：

```
SELECT *
```

```
    FROM student
    WHERE   (YEAR(CURDATE())-YEAR(sbirthday))-(RIGHT(CURDATE(),5)  <  RIGHT
(sbirthday,5))> 20;
```

代码执行的结果如图 5.73 所示。

```
mysql> SELECT *
    -> FROM student
    -> WHERE (YEAR(CURDATE()) - YEAR(sbirthday)) - (RIGHT(CURDATE(),5) < RIGHT(s
birthday,5)) > 20;
+-----------+--------+------+------------+--------+
| sno       | sname  | ssex | sbirthday  | sdept  |
+-----------+--------+------+------------+--------+
| 200515003 | 张力   | 男   | 1992-06-12 | 网络系 |
| 200515008 | 王明生 | 男   | 1991-09-16 | 通信系 |
| 200515013 | 李芳   | 女   | 1992-05-03 | 通信系 |
| 200515016 | 刘杜   | 男   | 1992-07-02 | 中文系 |
| 200515019 | 林自许 | 男   | 1991-07-23 | 网络系 |
| 200515025 | 严丽   | 女   | 1992-07-12 | 数学系 |
+-----------+--------+------+------------+--------+
6 rows in set (0.00 sec)
```

图 5.73　查询年龄大于 20 的学生信息

查询语句本身也是可以进行步骤分解的，将 SQL 语句进行步骤分解可以更方便读者去理解整个 SQL 语句，如本例中的查询语句可以分解成如下三步。

第一步，明确要查询的字段有哪些。结论：所有字段。代码："SELECT *"。

第二步，明确数据来源于哪个表。结论：student 表。代码："FROM student"。

第三步，明确要查询哪些记录。结论：年龄大于 20 岁的学生信息。代码："WHERE (YEAR (CURDATE()) − YEAR(sbirthday)) − (RIGHT(CURDATE(),5) < RIGHT(sbirthday,5)) > 20"。

注意：上面的表达式主要是为了利用表中的出生日期字段"sbirthday"求出当前的年龄。其方式并不是固定的，也可以用"DATE_FORMAT(FROM_DAYS(TO_DAYS(NOW())−TO_DAYS(sbirthday)),'%Y') + 0"表示。

（2）验证查询语句结果是否正确，确定查询结果字段顺序。查询语句执行的字段顺序由"SELECT"子句来控制，本例中用"*"号，表示 student 表的原始字段顺序。

（3）将查询结果的数值插入到 s 表中。考虑到 s 表的结构和 student 表的结构相同，所以"*"号和"INSERT"语句后不加字段名时表示的字段个数与顺序是一致的。即本例最终的代码如下所示：

```
    INSERT INTO s
    SELECT *
    FROM student
    WHERE   (YEAR(CURDATE())-YEAR(sbirthday))-(RIGHT(CURDATE(),5)  <  RIGHT
(sbirthday,5))> 20;
```

【例 5.49】　若有一个 t 表，表中记录的是网络系学生的学号和姓名，字段名分别为："学号""姓名"。请将 student 表中符合要求的数值插入到 t 表中。

按【例 5.48】的详细步骤对本例进行分解。

（1）明确要查询的字段有哪些。结论：student 表中的学号和姓名字段的数值。代码："SELECT sno, sname"。

注意：此时主要是看数值来源表的字段名，和待插入表中的字段名无关。

（2）明确数据来源于哪个表。结论：要插入的数值来源于 student 表。代码："FROM

student"。

（3）明确要查询哪些记录。结论：插入的数值是网络系的学生信息。代码："WHERE sdept='网络系'"。

具体代码如下所示：

```
SELECT sno, sname
FROM student
WHERE sdept='网络系';
```

（4）查询结果如图 5.74 所示。

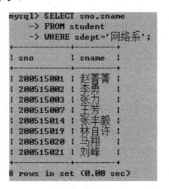

图 5.74　查询网络的系学生信息

从图 5.74 中可以看出，此查询的结果只有"sno"和"sname"两个字段，所以在下一步插入数据时，必须将这两个字段与待插入数据的表（s 表）的字段相匹配。

（5）将查询语句插入到 s 表的学号和姓名字段中。具体代码如下：

```
INSERT INTO t(学号,姓名)
SELECT sno, sname
FROM   student
WHERE sdept='网络系';
```

【例 5.50】　将网络系中成绩不及格的学生其学号和姓名插入到 t 表中。

将上例的分解步骤进行简化，可以最终确定为以下两步。

（1）用 SQL 查询语句确定要插入的数值。结论：网络系中成绩不及格的学生其学号和姓名。具体代码如下：

```
SELECT DISTINCT student.sno, sname
FROM student INNER JOIN sc ON (student.sno=sc.sno)
WHERE grade<60;
```

（2）将查询语句插入到"INSERT INTO"语句的后面，具体代码如下：

```
INSERT INTO t                    因为 t 表只有学号和姓名列，所以可以省略字段列表
SELECT DISTINCT student.sno, sname
FROM student INNER JOIN sc ON (student.sno=sc.sno)
WHERE grade<60;
```

❓ **想一想**：若没有参加考试的学生未在成绩表中记录，那么意味着成绩不及格的学生不仅是那些成绩小于 60 分的人，还包括学生表中有记录，但是成绩表中没有记录的

学生。如何进一步查询出这部分人并一起插入到 t 表呢？

提醒：可用外连接，用空值"NULL"显示出有学生信息而没有成绩信息的记录。最后在查询的时候增加一个成绩为空的条件。

5.10.2 修改后的值为查询的结果

之前的【例 4.20】和【例 4.21】都是将符合条件的字段的值改为特定的值，但是在现实生活中，有时修改后的值也是我们运行代码前所不能预料的，需要使用 SQL 查询语句后才能明确。这时，就需要在"SET"语句后面跟子查询。

【例 5.51】若本系统增加了一个表（b_avg 表），数据为每个学生当前学期的平均分，此表只有两个字段"sno"和"savg"。学号字段的数据已经由 student 表复制过来。"savg"字段目前为空。要求：由成绩表（score 表）中的数据计算出每位学生的平均分，然后写入到 b_avg 表中。

b_avg 表可以通过如下语句得到：

```
CREATE TABLE b-avg SELECT sno, 0.0 as savg FROM student;
```

本例需要修改每位学生的平均分，从"UPDATE"语句的语法结构来看，省略"UPDATE"后面的"WHERE"即可达到目的。但是所有同学的平均分并不是统一、固定的值，不同学生其考试成绩是有所差异的。也就是说"SET"语句后面的值不能固定。

我们可以使用相关子查询的基本思想，即：在修改数值的时候，先从要修改数值的表中确定某一条记录，然后将此记录"sno"字段的值拿到成绩表中进行一次查询（查询本学号的平均分），将查询的结果取出来，写入到"UPDATE"语句中。具体代码如下：

```
UPDATE b_avg
SET savg= (SELECT avg (grade) FROM sc where b_avg.sno=sc.sno)
```

注意：一定要注意代码中加粗的部分，只有通过这样的一个条件判断，才能将每条记录的学号值取出来，拿到子查询语句里面去进行查询。

❓ **想一想：**如果没有上面代码中加粗的部分，会出现什么情况？

5.10.3 删除与其他表有关联的数据

前面我们用到了"DELETE FROM"语句，"DELETE"后面省略了表名，表示删除"FROM"语句后面表中的值。它和"DELETE 表名 FROM 表名"意义是一样的。

但有时，我们需要用到多个表才能确定要删除的是哪些记录。因此，就必须得在"DELETE"后面指明要删除的记录其所在的表，而"FROM"语句则指明整个过程要使用到的表。

【例 5.52】假设本学期有如下规定，若某学生的某门课程成绩为 0 或者不参加考试，则该学生将自动退学。需要查看期末成绩表（score 表），并在 student 表中删除这些学生的信息。

本例必须先理清思路，具体而言，我们可以从如下几方面去分析。

（1）明确删除哪个表的数据。结论：student。

（2）确定删除数据要用到哪些表。结论：student，score。

（3）明确满足什么样的条件。结论：某门课程成绩为 0 或者不参加考试的学生。

（4）明确有没有隐藏的条件。结论：查询涉及两个表，所以需要先将两个表连接起来分析清楚了，再将它们整合形成完整的 SQL 语句，代码如下：

```
DELETE student
FROM student, score
WHERE student.sno= score.sno and score=0
```

注意：用"DELETE"语句无法进行多表删除数据操作，不过可以建立级联删除，在两个表之间建立级联删除关系，则可以实现删除一个表的数据时，同时删除另一个表中相关的数据。

❓ **想一想**：若调整不参加考试的学生其成绩记录方式，即：将当前在成绩表中记录此人成绩为 0 的做法改为不在 score 表中记录的方式，该如何实现此任务需求呢？

提醒：两表之间除了使用"WHERE"条件进行连接外，还可以使用"JOIN"关键词连接，特别是"JOIN"可以发散为"LEFT JOIN"和"RIGHT JOIN"，若没有参加考试的同学在 score 表中没有记录，则只需将 student 表和 score 表进行以 student 表为基准的外连接，然后将 score 表中对应字段的值为空的记录筛选出来即可。

◣ 5.11 查询速度的优化——数据库索引

5.11.1 索引简介

索引是一种特殊的数据库结构，是存放于表外的表中数据的一部分，是创建在表上并且对表中一列或多列的值进行排序存放的一种结构。索引可以提高查询的速度。索引是提高数据库性能的重要方式。在 MySQL 中，所有的数据类型都可以被索引。MySQL 的索引包括普通索引、唯一性索引、全文索引、单列索引、多列索引和空间索引等。

索引的优点：提高检索数据的速度。

索引的缺点：创建和维护索引需要耗费时间与资源。

5.11.2 创建索引

创建索引是指在某个表的一列或多列上建立一个索引，以便提高对表的访问速度。创建索引有三种方式，分别为：创建表的时候创建索引、在已经存在的表上创建索引和使用"ALTER TABLE"语句来创建索引。

▶ 1. 创建表的时候创建索引

创建表的时候可以直接创建索引，这种方式最简单、方便。其基本语法格式如下：

```
CREATE TABLE 表名 (
    属性名  数据类型 [完整性约束条件], ...
    [ UNIQUE | FULLTEXT | SPATIAL ] INDEX | KEY [索引名] (属性名 1 [ (长度) ]
    [ ASC | DESC ] )
);
```

【例 5.53】 创建【例 4.5】中学生情况表 student 时，要求为"sno"字段创建一个唯一索引 index_no。命令代码如下：

```
CREATE TABLE student(
    sno char(6) NOT NULL PRIMARY KEY,
    sname char(8) NOT NULL,
    ssex tinyint(1) NOT NULL DEFAULT 1,
    UNIQUE INDEX index_no (sno)
) ENGINE=InnoDB;
```

▶ 2. 在已经存在的表上创建索引

在已经存在的表上，可以直接为表上的一个或几个字段创建索引。基本语法格式如下：

```
CREATE [ UNIQUE | FULLTEXT | SPATIAL ] INDEX 索引名
 ON 表名(属性名 [ (长度) ] [ ASC | DESC] );
```

【例 5.54】 为【例 4.5】中学生情况表 student 的"stu_no"字段创建一个唯一索引 index_no。命令代码如下：

```
CREATE UNIQUE INDEX index_no ON student(sno);
```

▶ 3. 用 ALTER TABLE 语句来创建索引

在已经存在的表上，可以通过"ALTER TABLE"语句直接为表上的一个或几个字段创建索引。基本语法格式如下：

```
ALTER TABLE 表名  ADD [ UNIQUE | FULLTEXT | SPATIAL ] INDEX 索引名（属性名 [ (长度) ] [ ASC | DESC];
```

其中的参数与前两种创建索引方式的参数是一样的。

【例 5.55】为【例 4.5】中学生情况表 student 的"sno"字段创建一个唯一索引 index_no。命令代码如下：

```
ALTER TABLE student ADD UNIQUE INDEX index_no (sno);
```

5.11.3 删除索引

删除索引是指将表中已经存在的索引删除。一些不再使用的索引会降低表的更新速度，影响数据库的性能。对于这样的索引，应该将其删除。本节将讲解删除索引的方法。
对于已经存在的索引，可以通过"DROP"语句来删除索引。基本语法格式如下：

```
DROP INDEX 索引名 ON 表名;
```

【例 5.56】 删除【例 5.55】中创建的索引 index_no。命令代码如下：

```
DROP INDEX index_no ON student;
```

5.11.4　小结

本节介绍了 MySQL 数据库索引的基础知识、创建索引的方法和删除索引的方法。创建索引是本节的重点内容。读者应该重点掌握创建索引的三种方法。这三种方法分别是创建表的时候创建索引、在已经存在的表上创建索引和使用"ALTER TABLE"语句来创建索引。设计索引的基本原则是本节的难点。读者应根据本节介绍的基本原则，结合表的实际情况进行设计。

5.12　巩固练习

1．用 student 表和 sc 表查询出所有学生的成绩，要求显示出每个学生的"学号""姓名""成绩""系别"。

2．用 student 表和 sc 表查询出"学号"只在 student 表中出现过，而在 sc 表中从未出现过的学生的基本信息。

3．查询 student 表，按"系别"进行分组，显示每个分组中年龄最小和最大的学生的基本信息。

4．在 student 表和 sc 表中，用"UNION"语句，查询出在两张表里均出现过的学号。

5．采用左连接或者右连接，查询出"学号"只在 student 表或者只在 sc 表中出现过的记录。

6．采用两种方式："IN"和"OR"，查询出"学号"等于"200515001""200515002""200515003"三位学生的成绩。

5.13　知识拓展

1．"IN"表示值是否出现在一个集合中，如"SELECT ＊ FROM A WHERE a.id IN(SELECT id FROM b)"。假如"SELECT id FROM b"这个子查询返回的结果很多，如 1000 个值，甚至更多，数据库会不会报错？

2．如上题，若经常用到一个子查询，如"SELECT id FROM b"，是否每次都要写这个子查询语句？有没有其他的办法，从而省略书写，并且还可以提高性能？

3．当遇到 OR 和 AND 结合的情况，判断其运算时的优先级，是先计算 OR 还是 AND？

144

编 程 篇

第6章

MySQL 编程

【背景分析】 小李经过自己的努力，完成了学生成绩管理系统的数据库设计，也建好了相关数据库及其相关的表，并录入了一些测试数据。但随着软件开发推进，发现在数据库的操作过程中不断有开发人员重复编写相同的 SQL 语句。为了减少程序员的工作量，加快开发速度，小李必须对数据库进行对象化编程。

小李需要完成的 MySQL 数据库的对象化编程，应该从存储过程和存储函数两个方面做起。存储过程和存储函数是在数据库中定义的一些 SQL 语句集合，然后直接调用这些存储过程和函数来执行已经定义好的 SQL 语句。存储过程和函数可以避免开发人员重复地编写相同的 SQL 语句。而且，存储过程和函数是在 MySQL 服务器中存储和执行的，可以减少客户端和服务器端的数据传输。

➡ 知识目标

1. 掌握创建、修改与更新视图的方法。
2. 掌握创建、修改与删除存储过程的方法。
3. 掌握变量的使用方法。
4. 掌握定义条件和处理程序的方法。
5. 掌握流程控制的使用方法。
6. 掌握调用存储过程的方法。
7. 掌握创建、修改、删除存储函数的方法。
8. 掌握调用存储函数的方法。
9. 掌握创建、修改、删除触发器的方法。
10. 了解游标的使用方法。
11. 了解常用的系统函数。

➡ 能力目标

1. 能够熟练掌握视图的创建方法。
2. 能够熟练掌握存储函数和存储过程的创建方法。
3. 能够熟练掌握存储函数和存储过程的调用方法。

4. 能够熟练掌握触发器的创建方法。

6.1 视图

6.1.1 视图简介

视图是从一个或多个表中导出来的表，是一种虚拟存在的表。视图就像一个窗口，通过这个窗口可以看到系统专门提供的数据。这样，用户可以不用看到整个数据库表中的数据，而只关心对自己有用的数据。视图可以使用户的操作更方便，而且有利于保障数据库系统的安全性。

6.1.2 创建视图

创建视图是指基于已存在的数据库表或视图来建立新的视图。视图可以建立在一张表上，也可以建立在多张表上。

MySQL 中，创建视图是通过 SQL 语句"CREATE VIEW"实现的。其语法格式如下：

```
CREATE [ ALGORITHM = { UNDEFINED | MERGE | TEMPTABLE } ]
VIEW 视图名 [(属性清单)]
AS SELECT 语句
[ WITH [ CASCADED | LOCAL ] CHECK OPTION ];
```

【例6.1】 请以 student 表为基础创建一个简单的视图，视图名称为 student_view1。创建视图的执行结果如图 6.1 所示。命令代码如下：

```
CREATE VIEW student_view1 AS SELECT * FROM student;
```

图 6.1 创建视图执行结果

6.1.3 查看视图

查看视图是指查看数据库中已存在的视图的基本定义。查看视图必须要有"SHOW VIEW"的权限，MySQL 数据库下的"user"表中保存着这个信息。

视图在数据库中也呈现为一张表，并可以像表一样来使用，只是这张表比较特殊，是一张虚拟的表。因此，同样可以使用"DESCRIBE"语句来查看视图的基本定义。"DESCRIBE"语句查看视图的基本形式与查看表的形式是一样的，基本语法格式如下：

```
DESCRIBE 视图名;
```

【例6.2】 请查看视图 student_view1 的定义结构，命令代码如下：

```
DESCRIBE student_view1;
```

6.1.4 修改视图

修改视图是指修改数据库中已存在的表的定义。当基本表的某些字段发生改变时，可以通过修改视图来保持视图和基本表一致。MySQL 中通过"CREATE OR REPLACE VIEW"语句和"ALTER"语句来修改视图。

在 MySQL 中，"ALTER"语句可以修改表的定义，可以创建索引。不仅如此，"ALTER"语句还可以用来修改视图。"ALTER"语句修改视图的语法格式如下：

```
ALTER[ ALGORITHM = { UNDEFINED | MERGE | TEMPTABLE } ]
VIEW 视图名[(属性清单)]
AS SELECT 语句
[ WITH [ CASCADED | LOCAL ] CHECK OPTION ];
```

【例 6.3】 请修改视图 student_view1，要求只能看到学生的学号和姓名。命令代码如下：

```
ALTER VIEW student_view1 AS SELECT sno,sname FROM student;
```

代码执行结果如图 6.2 所示。

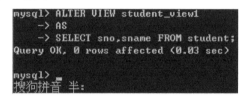

图 6.2 修改视图执行结果

6.1.5 更新视图

更新视图是指通过视图来插入（Insert）、更新（Update）和删除（Delete）表中的数据。因为视图是一个虚拟表，其中没有数据。通过视图更新时，都是转换到基本表来更新。更新视图时，只能更新权限范围内的数据，超出了范围，就不能更新。

对于可更新的视图，在视图中的行和基本表中的行之间必须具有一对一的关系。还有一些特定的其他结构，这类结构会使得视图不可更新。如果视图包含以下结构中的任何一种，那么它就是不可更新的：

➢ 聚合函数；
➢ DISTINCT 关键字；
➢ GROUP BY 子句；
➢ ORDER BY 子句；
➢ HAVING 子句；
➢ UNION 运算符；
➢ 位于选择列表中的子查询；
➢ FROM 子句中包含多个表；
➢ SELECT 语句中引用了不可更新视图；
➢ WHERE 子句中的子查询，引用 FROM 子句中的表；

> ALGORITHM 选项指定为 TEMPTABLE（使用临时表总会使视图成为不可更新的）。

【例 6.4】 请向【例 6.1】中的视图 student_view1 中插入一条记录：('201301'，'张三')。命令代码如下：

```
INSERT INTO student_view1 VALUES('201301'，'张三');
```

6.1.6　删除视图

删除视图是指删除数据库中已存在的视图。删除视图时，只能删除视图的定义，不会删除数据。MySQL 中，使用"DROP VIEW"语句来删除视图。但是，用户必须拥有"DROP VIEW"权限。本节将详细讲解删除视图的方法。

对需要删除的视图，使用"DROP VIEW"语句进行删除，基本语法格式如下：

```
DROP VIEW 视图名列表 [ RESTRICT | CASCADE];
```

【例 6.5】 请删除【例 6.1】中的视图 student_view1，命令代码如下：

```
DROP VIEW student_view1;
```

6.1.7　小结

本节介绍了 MySQL 数据库的视图的含义和作用，并且讲解了创建视图、修改视图和删除视图的方法。创建视图和修改视图是本节的重点，这两部分的内容比较复杂。希望读者能够认真学习这两部分的内容，并且需要在计算机上实际操作。读者在创建视图和修改视图后，一定要查看视图的结构，以确保创建和修改的操作正确。更新视图是本节的一个难点。因为实际中存在一些可造成视图不能更新的因素。本节中介绍了一些造成视图不能更新的情况，希望读者在练习中认真分析、认真总结。

6.2　存储过程

在 MySQL 中，存储过程是一个可编程的函数，它在数据库中创建并保存。它可以有 SQL 语句（如"CREATE""UPDATE"和"SELECT"等语句）和一些特殊的控制结构（如"IF-THEN-ELSE"语句）组成。当希望在不同的应用程序或平台上执行相同的函数，或者封装特定功能时，存储过程是非常有用的。数据库中的存储过程可以看作是对编程中面向对象方法的模拟。它允许控制数据的访问方式。存储过程可以由程序、触发器或者另一个存储过程来调用，从而激活它，实现代码段中的 SQL 语句。

存储过程通常有以下优点：

> 存储过程能实现较快的执行速度。
> 存储过程允许标准组件式编程，即模块化程序设计。存储过程被创建后，可以在程序中被多次调用，而不必重新编写该存储过程的 SQL 语句。
> 存储过程可以用流控制语句编写，有很强的灵活性，可以完成复杂的判断和较复杂的运算。

148

➢ 存储过程可被作为一种安全机制来充分利用。系统管理员通过控制某一存储过程的权限进行限制，能够实现对相应数据的访问权限限制，避免了非授权用户对数据访问，保证了数据的安全。

➢ 存储过程能减少网络流量。针对同一个数据库对象的操作（如查询、修改等），如果这一操作所涉及的 SQL 语句被组织成存储过程，那么当在客户计算机上调用该存储过程时，网络中传送的只是该调用语句，从而大大增加了网络流量并降低了网络负载。

6.2.1　创建存储过程

创建存储过程可以使用"CREATE PROCEDURE"语句。要在 MySQL 5.1 中创建存储过程，必须具有"CREATE ROUTINE"权限。要想查看数据库中有哪些存储过程，可以使用"SHOW PROCEDURE STATUS"命令。要查看某个存储过程的具体信息，可使用"SHOW CREATE PROCEDURE sp_name"命令。

MySQL 中，创建存储过程的基本语法格式如下：

```
CREATE PROCEDURE sp_name([proc_parameter[,…]])[characteristic…]routine_body
```

其中，"sp_name"参数是存储过程的名称，默认在当前数据库中创建，需要在特定数据库中创建存储过程时，则要在名称前面加上数据库的名称，格式为"db_name.sp_name"。值得注意的是，这个名称应当尽量避免取与 MySQL 的内置函数相同的名称，否则会发生错误。"proc_parameter"表示存储过程的参数；"characteristic"参数指定存储过程的特性；"routine_body"参数是 SQL 代码的内容，可以用"BEGIN…END"来标识 SQL 代码的开始和结束。

"proc_parameter"中的每个参数由三部分组成。这三部分分别是输入输出类型、参数名称和参数类型。其基本格式如下：

```
[IN|OUT|INOUT]param_name type
```

其中，"IN"表示输入参数；"OUT"表示输出参数；"INOUT"表示参数既可以是输入，也可以是输出；"param_name"参数是存储过程的参数名称；"type"参数指定存储过程的数据类型，当有多个参数的时候中间用逗号隔开，该类型可以是 MySQL 数据库的任意数据类型。存储过程可以有 0 个、1 个或多个参数。MySQL 存储过程支持三种类型的参数，输入参数使数据可以传递给一个存储过程。当需要返回一个答案或结果的时候，存储过程使用输出参数。输入/输出参数既可以充当输入参数也可以充当输出参数。存储过程也可以不加参数，但是名称后面的括号是不可省略的。

注意：参数的名字不要等于列的名字，否则虽然不会返回出错的消息，但是存储过程中的 SQL 语句会将参数名看作列名，从而引发不可预知的结果。

"characteristic"的特征如下：

```
LANGUAGE SQL
|[NOT]DETERMINISTIC
|{CONTAINS SQL|NO SQL|READS SQL DATA|MODIFIES SQL DATA}
|SQL SECURITY {DEFINER|INVOKER}
|COMMENT 'string'
```

说明：

➢ "LANGUAGE SQL"：表明编写这个存储过程的语言为 SQL 语言，目前来讲，MySQL 存储过程还不能用外部编程语言来编写，也就是说，这个选项可以不指定。将来会对其扩展，最有可能第一个被支持的语言是 PHP。

➢ "[NOT]DETERMINISTIC"：指明存储过程的执行结果是否为确定的。设置为 "DETERMINISTIC" 表示结果是确定的，即存储过程对同样的输入参数产生相同的结果。设置为 "NOT DETERMINISTIC" 则表示结果是不确定的，即相同的输入可能得到不同的输出。默认为 "NOT DETERMINISTIC"。

➢ "{CONTAINS SQL|NO SQL|READS SQL DATA|MODIFIES SQL DATA}"：指明子程序使用 SQL 语句的限制。"CONTAINS SQL"表示存储过程包含 SQL 语句。"NO SQL" 表示存储过程不包含 SQL 语句。"READS SQL DATA" 表示存储过程包含读数据的语句，但不包含写数据的语句。"MODIFIES SQL DATA" 表示存储过程包含写数据的语句。如果这些特征没有明确给定，默认的是 "CONTAINS SQL"。

➢ "SQL SECURITY {DEFINER|INVOKER}"：指明谁有权限来执行。"SQL SECURITY" 可以用来指定存储过程是使用创建该存储过程的用户（DEFINER）的许可来执行，还是使用调用者（INVOKER）的许可来执行。默认是 "DEFINER"。

➢ "COMMENT 'string'"：注释信息，对存储过程的描述，"string" 为描述的内容。这个信息可以用 "SHOW CREATE PROCEDURE" 语句来显示。

注意：创建存储过程时，系统默认指定 "CONTAINS SQL"，表示存储过程中使用了 SQL 语句。但是，如果存储过程中没有使用 SQL 语句，最好设置为 "NO SQL"。而且，存储过程中最好在 "COMMENT" 部分对存储过程进行简单的注释，以便之后在阅读存储过程的代码时更加方便。

在开始创建存储过程之前，先介绍一个很实用的命令，即 "DELIMITER" 命令。在 MySQL 中，服务器处理语句的时候默认是以分号为结束标志的，但是在创建存储过程的时候，存储过程体中可能包含多个 SQL 语句，每个 SQL 语句都是以分号结尾的，这时服务器处理程序时到第一个分号就会认为程序结束，这样是不能接受的。所以在这里使用 "DELIMITER" 命令将 MySQL 语句的结束标志修改为其他的符号。

"DELIMTER" 的语法格式为：

```
DELIMITER $$
```

说明："$$"是用户定义的结束符，通常这个符号可以是一些特殊的符号，如两个"#"，或两个"￥"等。当使用 "DELIMITER" 命令时，应该避免使用反斜杠 "\" 字符，因为它是 MySQL 的转义字符。

【例 6.6】 将 MySQL 结束符修改为两个 "#" 符号。

```
DELIMITER ##
```

说明：执行完这条命令后，程序的结束标志就替换为两个 "#" 符号了。

用以下语句检验一下：

```
select * from student where sdept='中文系' ##
```

運行結果為：

运行结果为：

```
mysql> select * from student where sdept='中文系'##
+------------+--------+------+------------+--------+
| sno        | sname  | ssex | sbirthday  | sdept  |
+------------+--------+------+------------+--------+
| 200515016  | 刘杜   | 男   | 1992-07-02 | 中文系 |
| 200515023  | 牛站强 | 男   | 1993-07-28 | 中文系 |
+------------+--------+------+------------+--------+
2 rows in set (0.00 sec)
```

要想恢复使用分号";"作为结束符，运行以下命令即可：

```
DELIMITER ;
```

下面是一个存储过程的简单例子，实现的功能是删除一个特定的学生信息。

【例6.7】 删除"sno=XH"的学生信息。代码如下：

```
DELIMITER $$
CREATE PROCEDURE DELETE_STU(IN XH INT)
BEGIN
    DELETE FROM student WHERE sno=XH;
END $$
DELIMITER;
```

说明： 当调用这个存储过程时，MySQL 根据提供的参数"XH"的值，删除 student 表中的数据。在关键字"BEGIN"和"END"之间指定了存储过程体，当然，"BEGIN…END"复合语句还可以嵌套使用。

【例6.8】 创建一个名为"num_from_student"的存储过程。代码如下：

```
CREATE PROCEDURE num_from_student(IN _birth DATE,OUT count_num INT)
READS SQL DATA
BEGIN
    SELECT COUNT(*) INTO count_num
FROM student
WHERE sbirthday=_birth;
END
```

说明： 上述代码中，存储过程名称为"num_from_student"；输入变量为"_birth"；输出变量为"count_num"。"SELECT"语句从 student 表查询"sbirthday"值等于"_birth"的记录，并用 COUNT(*)计算出满足条件的记录总数，最后将计算结果存入"count_num"中。

6.2.2 存储过程体

在存储过程体中可以声明使用所有的 SQL 语句类型，包括所有的"DLL""DCL"和"DML"语句。当然，过程式语句也是允许的。其中也包括变量的定义和赋值。

▶1. 定义变量

在存储过程体中可以声明变量，它们可以用来存储临时结果。要声明变量必须使用"DECLARE"语句。在声明变量的同时也可对其赋一个初始值。定义变量的基本语法格式如下：

```
DECLARE var_name[,…]type[DEFAULT value]
```

其中，"DECLARE"关键字是用来声明变量的；"var_name"参数为变量名称，这里可以同时定义多个变量；"type"参数为变量类型；"DEFAULT value"子句给变量一个默认值"value"，如果不指定，则变量默认为"NULL"。

【例 6.9】 声明一个整型变量"my_sql"，默认值为 10，同时声明两个字符变量。

```
DECLARE my_sql INT DEFAULT=10;
DECLARE str1,str2 VARCHAR(6);
```

说明： 变量只能在"BEGIN…END"语句块中声明。变量必须在存储过程的开头就声明，声明完后，可以在声明它的"BEGIN…END"语句块中使用该变量，其他语句块中不可以使用。

▶2. 为变量赋值

要给局部变量赋值可以使用"SET"语句，"SET"语句也是 SQL 本身的一部分。"SET"语句的语法格式为：

```
SET var_name = expr[,var_name = expr]…
```

其中，"SET"关键字是用来为变量赋值的；"var_name"参数是变量的名称；"expr"参数是赋值表达式。一个"SET"语句可以同时为多个变量赋值，各变量的赋值语句之间用逗号隔开。

【例 6.10】 在存储过程中给局部变量赋值。代码如下：

```
SET my_sql=1,str1='hello';
```

MySQL 中还可以使用"SELECT…INTO"语句为变量赋值。使用"SELECT…INTO"语句可以把选定列的值直接存储到变量中。因此，返回的结果只能有一行。其基本语法格式如下：

```
SELECT col_name[,…]INTO var_name[,…] FROM table_name WHERE condition
```

其中，"col_name"参数表示查询的字段名称，"var_name"参数是要赋值的变量名。"table_name"参数指表的名称，"condition"参数指查询条件。

【例 6.11】 在存储过程体中将 student 表中的学号为"200515013"的学生姓名和系部名的值分别赋给变量"name"和"project"。代码如下：

```
SELECT sname, sdept INTO name,project
FROM student;
WHERE sno='200515013';
```

注意： 该语句只能在存储过程体中使用。变量"name"和"project"需要在使用之前声明。通过该语句赋值的变量可以在语句块的其他语句中使用。

▶3. 流程控制语句

存储过程和函数中可以使用流程控制来控制语句的执行。在 MySQL 中，常见的过程式 SQL 语句可以用在一个存储过程中。例如："IF"语句、"CASE"语句、"LOOP"语句、"WHILE"语句、"ITERATE"语句和"LEAVE"语句。

（1）"IF"语句。"IF"语句用来进行条件判断，根据是否满足条件，将执行不同的语句，其基本语法格式为：

```
IF search_condition THEN statement_list
[ELSEIF search_condition THEN statement_list]…
[ELSE statement_list]
END IF
```

其中，"search_condition"是判断的条件，"statement_list"中包含一个或多个 SQL 语句，表示不同条件的执行语句。当"search_condition"的条件为真时，就执行相应的 SQL 语句。"IF"语句不同于系统的内置函数"IF()"，"IF()"函数只能是判断两种情况，所以请不要混淆。

【例 6.12】 创建 test 数据库的存储过程，判断两个输入参数的大小。

```
DELIMITER $$
CREATE PROCEDURE test.COMPAR(IN K1 INT,IN K2 INT,OUT K3,CHAR(6))
    BEGIN
     IF K1>K2 THEN
         SET K3='大于';
    ELSEIF K1=K2 THEN
         SET K3='等于';
    ELSE
         SET K3='小于';
    END IF;
    END $$
    DELIMITER;
```

其中，存储过程中"K1"和"K2"是输入参数，"K3"是输出参数。

（2）"CASE"语句。"CASE"语句也用来进行条件判断，它可以实现比"IF"语句更复杂的条件判断。"CASE"语句基本语法格式为：

```
CASE case_value
    WHEN when_value THEN statement_list
    [WHEN when_value THEN statement_list]…
    [ELSE statement_list]
END CASE
```

或者

```
CASE
    WHEN search_condition THEN statement_list
    [WHEN search_condition THEN statement_list…
    [ELSE statement_list]
END CASE
```

说明：一个"CASE"语句经常可以充当一个"IF-THEN-ELSE"语句。

第一种格式中"case_value"是要被判断的值或表达式，即条件判断的变量，接下来是一系列的"WHEN-THEN"语句块，每个语句块的"when_value"参数指定要与

"case_value"比较的值，如果为真，就执行"statement_list"中的 SQL 语句。如果前面的每个语句块都不匹配，则会执行"ELSE"语句块指定的语句。"CASE"语句最后以"END CASE"结束。

第二种格式中"CASE"关键字后面没有参数，在"WHEN-THEN"语句块中，"search_condition"指定了一个比较表达式，表达式为真时执行"THEN"后面的语句。与第一种格式相比，这种格式能够实现更为复杂的条件判断，使用起来更方便。

【例6.13】 创建一个存储过程，针对不同的参数，返回不同的结果。代码如下：

```
DELIMITER $$
CREATE PROCEDURE STUDENTS.RESULT
        (IN str VARCHAR(4),OUT sex VARCHAR(4))
BEGIN
   CASE str
   WHEN 'M' THEN SET sex='男';
   WHEN 'F' THEN SET sex='女';
   ELSE SET sex='无';
   END CASE;
END$$
DELIMITER;
```

【例6.14】 用第二种格式的"CASE"语句创建以上存储过程。程序片段如下：

```
CASE
     WHEN str='M' THEN SET sex='男';
     WHEN str='F' THEN SET sex='女';
     ELSE SET sex='无';
END CASE;
```

（3）循环语句。MySQL 支持三种用来创建循环的语句："WHILE"语句、"REPEAT"语句和"LOOP"语句。在存储过程中可以定义 0 个、1 个或多个循环语句。

① "WHILE"语句。"WHILE"语句是有条件控制的循环语句，当满足某种条件时，执行循环体内的语句。"WHILE"语句的基本语法格式为：

```
[begin_label:] WHILE search_condition DO
    statement_list
END WHILE [end_lable]
```

其中，语句首先判断"search_condition"是否为真，为真则执行"statement_list"中的语句，然后再次进行判断，为真则继续循环，不为真则结束循环。"begin_lable"和"end_lable"是"WHILE"语句的标注。除非"begin_lable"存在，否则"end_lable"不能被给出，并且如果两者都出现，它们的名字必须是相同的。

【例6.15】 创建一个带"WHILE"循环的存储过程。代码如下：

```
DELIMITER $$
CREATE PROCEDURE dowhile()
BEGIN
   DECLARE v1 INT DEFAULT 5;
   WHILE v1>0 DO
        SET v1 = v1-1;
```

```
    END WHILE;
END $$
DELIMITER;
```

说明：当调用这个存储过程时，首先判断"v1"的值是否大于零，如果大于零则执行"v1-1"，否则结束循环。

② "REPEAT"语句。"REPEAT"语句是有条件控制的循环语句。当满足特定条件时，就会跳出循环语句。"REPEAT"语句的基本语法格式如下：

```
[begin_lable:]REPEAT
    statement_list
UNTIL search_condition
END REPEAT [end_label]
```

其中，"statement_list"参数表示循环的执行语句；"search_condition"参数表示结束循环的条件，满足条件时循环结束。"REPEAT"语句首先执行"statement_list"中的语句，然后判断"search_condition"是否为真，为真则停止循环，不为真则继续循环。"REPEAT"也可以被标注。"REPEAT"语句和"WHILE"语句的区别在于："REPEAT"语句先执行语句，后进行判断；而"WHILE"语句先判断，条件为真时才执行语句。

【例6.16】 用"REPEAT"语句创建一个同【例6.15】的存储过程。程序片段如下：

```
REPEAT
v1=v1-1;
UNTIL v1<1;
END REPEAT
```

③ "LOOP"语句。"LOOP"语句可以使某些语句重复执行，实现一个简单的循环。但是"LOOP"语句本身没有停止循环的语句，必须是遇到"LEAVE"语句后才能停止循环。"LOOP"语句的基本语法格式如下：

```
[begin_label:]LOOP
    statement_list
END LOOP[end_label]
```

其中，"begin_label"参数和"end_label"参数分别表示循环开始和结束的标志，这两个标志必须相同，而且都可以省略；"statement_list"参数表示需要循环执行的语句。"LOOP"语句允许某特定语句或语句群重复执行，实现一个简单的循环结构。在循环内的语句一直重复直到循环被退出，退出时通常伴随着一个"LEAVE"语句。

【例6.17】 下面是一个"LOOP"语句的实例。程序片段如下：

```
add_num:LOOP
    SET @count=@count+1;
END LOOP add_num;
```

该实例循环执行"count+1"的操作。因为没有跳出循环的语句，这个循环成了一个死循环。"LOOP"循环都以"END LOOP"语句结束。

④ "LEAVE"语句。"LEAVE"语句主要用于跳出循环控制，经常和"BEGIN…END"或循环一起使用。其基本语法结构如下：

```
LEAVE label
```

其中，"label"是语句中标注的名字，这个名字是自定义的。加上"LEAVE"关键字就可以用来退出被标注的循环语句。

【例6.18】 创建一个带"LOOP"语句的存储过程。代码如下：

```
DELIMITER $$
CREATE PROCEDURE doloop()
BEGIN
    SET @a=10
    lable:LOOP
        SET @a=@a-1;
        IF @a<0 THEN
            LEAVE label;
            END IF;
        END LOOP label;
END $$
DELIMITER;
```

说明：语句中，首先定义了一个用户变量并赋值为 10，接着进入"LOOP"循环，标注为"label"，执行减"1"语句，然后判断用户变量"a"是否小于 0，若"a"小于 0 则使用"LEAVE"语句跳出循环。

⑤"ITERATE"语句。"ITERATE"语句也是用来跳出循环的语句。但是，"ITERATE"语句是跳出本次循环，然后直接进入下一次循环。"ITERATE"语句的基本语法格式如下：

```
ITERATE label
```

其中，"labcl"参数是循环的标志。

【例6.19】 "ITERATE"语句的示例。代码如下：

```
add_num:LOOP
  SET @count=@count+1;
  IF @count=100 THEN
    LEAVE add_num;
  ELSE IF MOD(@count,3)=0 THEN
    ITERATE    add_num;
  SELECT * FROM student;
END LOOP add_num;
```

该示例循环执行"count+1"的操作，"count"值为 100 时结束循环。如果"count"的值能够被 3 整除，则跳出本次循环，不再执行下面的"SELECT"语句。

说明："ITERATE"语句与"LEAVE"语句差不多，都是用来跳出循环，但两者的功能是不一样的。"LEAVE"语句是跳出整个循环，然后执行循环后面的程序。而"ITERATE"语句是跳出本次循环，然后进行下一次循环。

4. 异常和异常处理方法

在存储过程中处理 SQL 语句可能会导致出现一条错误消息。例如，向一个表中插入新的行而主键值已经存在，这条"INSERT"语句会导致出现一条出错消息，并且 MySQL 立即停止对存储过程的处理。每个错误的消息都有一个唯一的代码和一个 SQLSTATE 代码。例如，"SQLSTATE 23000"属于如下的出错代码：

> Error 1022, "Can't write;duplicate key in table"
> Error 1048, "Column cannot be null"
> Error 1052, "Column is ambiguous"
> Error 1062, "Duplicate entry for key"

为了防止 MySQL 在一条错误消息产生时就停止处理，需要使用定义异常名称（错误条件）和定义异常处理程序。定义异常名称和定义异常处理程序就是事先定义程序执行过程中可能遇到的问题，并且可以在处理程序过程中定义解决这些问题的办法。这种方法可以提前预测可能出现的问题，并提出解决方法。这样可以增强程序处理问题的能力，避免程序因异常停止。在 MySQL 中，一般通过"DECLARE"关键字来定义异常名称和异常处理程序。

（1）定义异常名称（错误条件）。MySQL 中可以使用"DECLARE"关键字来定义异常名称，其基本语法格式如下：

> DECLARE condition_name CONDITION FOR condition_type

其中，condition_type：

> SQLSTATE[VALUE] sqlstate_value|mysql_error_code

其中，"condition_name"参数表示自定义的异常名称；"condition_type"参数表示 MySQL 的错误类别，可以采用"sqlstate_value"或者"mysql_error_code"来表示，"sqlstate_value"和"mysql_error_code"都可以表示 MySQL 的错误，"sqlstate_value"是长度为 5 的字符串类型的错误代码；"mysql_error_code"为数值类型错误代码。比如"ERROR1146（42S02）"中，"sqlstate_value"的值是"42S02"，"mysql_error_code"的值是"1146"。

【例 6.20】 定义"ERROR1146（42S02）"这个错误，名称为"can_not_find"。可以用两种不同的方法来定义，代码如下：

> //方法一：使用 sqlstate_value
> DECLARE can_not_find CONDITION FOR SQLSTATE '42S02'
> //方法二：使用 mysql_error_code
> DECLARE can_not_find CONDITION FOR SQLSTATE 1146

（2）定义异常处理程序。MySQL 中可以使用"DECLARE"关键字来定义异常处理程序，其基本语法格式如下：

> DECLARE handler_type HANDLER FOR condition_value[,…]sp_statement

其中，handler_type：

> CONTINUE|EXIT|UNDO

其中，condition_value：

> SQLSTATE[VALUE]sqlstate_value|condition_name|SQLWARNING
> |NOT FOUND|SQLEXCEPTION|mysql_error_code

其中，"handler_type"参数指明错误的处理方式，主要有三种："CONTINUE""EXIT"

和"UNDO"。"CONTINUE"表示遇到错误不进行处理，继续向下执行；"EXIT"表示遇到错误后马上退出；"UNDO"表示遇到错误后撤回之前的操作，MySQL中暂时还不支持这种处理方式。通常情况下，执行过程中遇到错误应该立即停止执行下面的语句，并且撤回前面的操作，但是MySQL中现在还不能支持"UNDO"操作。因此，遇到错误时最好执行"EXIT"操作。如果事先能够预测错误类型，并且进行相应的处理，那么可以执行"CONTINUE"操作。

"condition_value"参数指明错误类型，该参数有六个取值。"sqlstate_value"和"mysql_error_code"与前文的错误条件定义中的解释是同一个意思。"condition_name"是自定义的错误条件名称（异常名），SQLWARNING表示所有以"01"开头的"sqlstate_value"的值。"NOT FOUND"表示所有以"02"开头的"sqlstate_value"的值。"SQLEXCEPTION"是对所有未被"SQLWARNING"或"NOT FOUND"捕获的"sqlstate_value"的值。"sp_statement"表示一些存储过程或函数的执行语句。

【例6.21】 下面定义处理程序的几种方式。代码如下：

```
//方法一: 捕获 sqlstate_value
DECLARE  CONTINUE HANDLER FOR SQLSTATE '42S02' SET @info='CAN NOT FIND';
//方法二: 捕获 mysql_error_code
DECLARE  CONTINUE HANDLER FOR 1146 SET @info='CAN NOT FIND';
//方法三: 先定义条件，然后调用
DECLARE can_not_find CONDITION FOR 1146;
DECLARE CONTINUE HANDLER FOR can_not_find SET @info='CAN NOT FIND';
//方法四: 使用 SQLWARNING
DECLARE EXIT HANDLER FOR SQLWARNING SET @info='ERROR';
//方法五: 使用 NOT FOUND
DECLARE EXIT HANDLER FOR NOT FOUND SET @info='CAN NOT FIND';
//方法六: 使用 SQLEXCEPTION
DECLARE EXIT HANDLER FOR SQLEXCEPTION SET @info='ERROR';
```

这里简单阐述以上六种定义处理程序的方法：

① 捕获"sqlstate_value"值。如果遇到"sqlstate_value"值为"42S02"，执行CONTINUE操作，并且输出"CAN NOT FIND"信息。

② 捕获"mysql_error_code"值。如果遇到"mysql_error_code"值为"1146"，执行CONTINUE操作，并且输出"CAN NOT FIND"信息。

③ 先定义条件，然后再调用条件。这里先定义"can_not_find"条件，遇到"1146"错误就执行CONTINUE操作。

④ 使用"SQLWARNING"。"SQLWARNING"捕获所有以"01"开头的"sqlstate_value"值，然后执行EXIT操作，并且输出"ERROR"信息。

⑤ 使用"NOT FOUND"。"NOT FOUND"捕获所有以"02"开头的"sqlstate_value"值，然后执行EXIT操作，并且输出"CAN NOT FOUND"信息。

⑥ 使用"SQLEXCEPTION"值，然后执行EXIT操作，并且输出"ERROR"信息。

【例6.22】 创建一个存储过程，向student表插入一行数据（200515016，王飞，男，1991-12-10，计算机系），已知学号"200515016"在student表中已存在。如果出现错误，程序继续进行。代码如下：

```
USE XSC;
UDLOMITER $$
CREATE PROCEDURE MY_INSERT()
BEGIN
DECLARE CONTINUE HANDLER FOR SQLSTATE '23000' SET @x2=1;
SET @x2=1;
INSERT INTO student VALUES('200515016','王飞','男','1991-12-10','计算机系');
SET @x=3;
END $$
DELIMITER;
```

6.2.3　调用存储过程

存储过程是存储在服务器端的 SQL 语句的集合。要使用这些已经定义好的存储过程必须采取通过调用的方式来实现。MySQL 中使用"CALL"语句来调用存储过程。调用存储过程后，数据库系统将执行存储过程中的语句。然后将结果返回给输出值。"CALL"语句的基本语法格式如下：

```
CALL sp_name([parameter[,…]]);
```

其中，"sp_name"为存储过程的名称，如果要调用某个特定数据库的存储过程，则需要在前面加上该数据库的名称。"parameter"为调用该存储过程使用的参数，这条语句中的参数必须等于存储过程的参数个数。

【例 6.23】　创建存储过程，实现查询 student 表中学生人数的功能，该存储过程不带参数。代码如下：

```
USE XSCJ;
CREATE PROCEDURE DO_QUERY()
SELECT COUNT(*) FROM student;
```

调用该存储过程，代码如下：

```
CALL DO_QUERY();
```

6.2.4　删除存储过程

删除存储过程指删除数据库中已经存在的存储过程。MySQL 中使用"DROP PROCEDURE"语句来删除存储过程。在此之前，必须确认该存储过程没有依赖关系，否则会导致其他与之关联的存储过程无法运行。"DROP PROCEDURE"语句的基本语法格式如下：

```
DROP PROCEDURE [IF EXISTS] sp_name;
```

其中，"sp_name"是要删除的存储过程的名称。"IF EXISTS"子句是 MySQL 的扩展，如果程序或函数不存在，它能防止发生错误。

【例 6.24】　删除存储过程"dowhile"。代码如下：

```
DROP PROCEDURE IF EXISTS dowhile;
```

6.2.5 修改存储过程

修改存储过程是指修改已经定义好的存储过程。MySQL 中通过"ALTER PROCEDURE"语句来修改存储过程。其基本语法格式如下：

```
ALTER PROCEDURE sp_name[characteristic…]
```

其中，"characteristic"为：

```
{CONTAINS SQL|NO SQL|READS SQL DATA|MODIFIES SQL DATA}
|SQL SECURITY {DEFINER|INVOKER}
|COMMENT'string'
```

说明："characteristic"是存储过程创建时的特征，在"CREATE PROCEDURE"语句中已经介绍过了。只要设定了其中的值，存储过程的特征就随之变化。如果要修改存储过程的内容，可以采用先删除再重新定义存储过程的方法。

【例6.25】下面修改存储过程"num_from-student"的定义。将读写权限改为"MODIFIES SQL DATA"，并指明调用者可以执行。代码如下：

```
ALTER PROCEDURE num_from_student
MODIFIES SQL DATA
SQL SECURITY INVIKER;
```

执行代码，并查看修改后的信息，结果显示，存储过程修改成功。

6.3 存储函数

存储函数也是过程式对象之一，与存储过程很相似。它们都是由 SQL 和过程式语句组成的代码片段，并且可以从应用程序和 SQL 中调用。然而，它们也有一些区别：

- ➢ 存储函数不能拥有输出参数，因为存储函数本身就是输出参数；
- ➢ 不能用"CALL"语句来调用存储函数；
- ➢ 存储函数必须包括一条"RETURN"语句，而这条特殊的 SQL 语句不允许包含在存储过程中。

6.3.1 创建存储函数

创建存储函数使用"CREATE FUNCTION"语句。要查看数据库中有哪些存储函数，可以用"SHOW FUNDCTION STATUS"语句。创建存储函数的基本语法格式为：

```
CREATE FUNCTION sp_name([func_parameter[,…]])
    RETURNS type
    [characteristic…]routine_body
```

其中，"sp_name"是存储函数的名称。存储函数不能拥有与存储过程相同的名字。"func_parameter"是存储函数的参数，可以由多个参数组成，参数只有名称和类型，不能指定"IN""OUT""INOUT"。"RETURNS type"子句声明函数返回值的数据类型。"routine_body"是存储函数的主体，也叫存储函数体，所有在存储过程中使用的 SQL 语句在存储函数中也适用，包括流程控制语句、光标等。存储函数体中必须包含一个"RETURN value"语句，"value"为存储函数的返回值。这是存储过程体中没有的。

下面列举一些存储函数的例子。

【例 6.26】创建一个名为"name_from_student"的存储函数,它返回的结果为"student"表中的学生姓名。代码如下：

```
DELIMITER $$
CREATE FUNCTION name_from_student (s_no varchar(10))
RETURNS VARCHAR(20)
BEGIN
    RETURN (SELECT sname FROM student WHERE sno= s_no);
END $$DELIMITER ;
```

"RETURN"子句中包含"SELECT"语句时,"SELECT"语句的返回结果只能是一行且只有一列值。

6.3.2 调用存储函数

在 MySQL 中，存储函数的使用方法与 MySQL 内部函数的使用方法是一样的。换言之，用户自己定义的存储函数和 MySQL 内部存储函数属于同一性质。区别在于，存储函数是用户自己定义的，而内部函数是 MySQL 开发者定义的。

存储函数创建完成后，就如同系统提供的内置函数（如 VRESION()），所以调用存储函数的方法也差不多，使用"SELECT"关键字。基本语法格式如下：

```
SELECT sp_name ([func_parameter[,…]]);
```

【例 6.27】 调用【例 6.26】中的存储函数。代码如下：

```
SELECT name_from_student ('200515008');
```

结果为：

```
mysql> SELECT name_from_student ('200515008');
+-------------------------------------- +
| name_from_student ('200515008') |
+-------------------------------------- +
| 王明生                              |
+-------------------------------------- +
1 row in set (0.00 sec)
```

【例 6.28】 创建一个存储函数，通过调用存储函数"name_from_student"获得学生的姓名，判断其姓名是否为"李勇"，若其姓名是"李勇"则返回其出生日期，不是则返回"FALSE"。代码如下：

```
DELIMITER $$
CREATE FUNCTION IS_STU(XH CHAR(9))
RETURNS CHAR(12)
BEGIN
  DECLARE NAME CHAR(8);
  SELECT name_from_student (XH) INTO NAME;
```

```
    IF NAME='李勇' THEN
        RETURN (SELECT sbirthday FROM student WHERE sno=XH);
    ELSE
        RETURN 'FALSE';
    END IF;
END $$
DELIMITER;
```

接着调用存储函数"IS_STU"查看结果：

```
SELECT IS_STU('200515015');
```

结果为：

```
mysql> SELECT IS_STU('200515015');
+------------------------+
| IS_STU('200515015') |
+------------------------+
| FALSE                  |
+------------------------+
1 row in set (0.00 sec)
```

```
mysql> SELECT IS_STU('200515002');
+------------------------+
| IS_STU('200515002') |
+------------------------+
| 1993-02-24             |
+------------------------+
1 row in set (0.00 sec)
```

6.3.3　删除存储函数

删除存储函数是指删除数据库中已经存在的存储函数，删除方法与删除存储过程方法基本一样，使用"DROP FUNCTION"语句。基本语法格式为：

```
DROP FUNCTION[IF EXISTS] sp_name;
```

其中，"sp_name"参数是需要删除存储函数的名称。

【例 6.29】　删除存储函数"IS_STU"。代码如下：

```
DROP FUNCTION IS_STU;
```

6.3.4　修改存储函数

修改存储函数是指修改已经定义好的存储函数。MySQL 中通过"ALTER FUNCTION"语句来修改存储函数。其基本语法格式为：

```
ALTER FUNCTION sp_name[characteristic...];
```

【例 6.30】　修改存储函数"name_from_xscj"的定义。将读写权限改为"READS SQL DATA"，并加上注释信息"FIND NAME"。代码如下：

```
ALTER FUNCTION name_from_xscj
    READS SQL DATA
    COMMENT 'FIND NANE';
```

6.4 触发器

触发器（TRIGGER）是由事件来触发某个操作。这些事件包括"INSERT"语句、"UPDATE"语句和"DELETE"语句。当数据库系统执行这些事件时，就会激活触发器执行相应的操作。MySQL 从 5.0.2 版本开始支持触发器。

6.4.1 创建触发器

触发器是由"INSERT""UPDATE"和"DELETE"等事件来触发某种特定操作。满足触发器的触发条件时，数据库系统就会执行触发器中定义的程序语句。这样做可以保证某些操作之间的一致性。例如，当学生表中增加了一个学生的信息时，学生的总数就必须同时改变。可以在这里创建一个触发器，每次增加一个学生的记录，就执行一次计算学生总数的操作。这样就可以保证每次增加学生的记录后，学生总数与记录数是一致的。触发器触发的执行语句可能只有一个，也可能有多个。

MySQL 中，创建只有一个执行语句的触发器其基本语法格式如下：

```
CREATE TRIGGER 触发器名 BEFORE | AFTER 触发事件
ON 表名 FOR EACH ROW 执行语句
```

【例 6.31】 创建一个表 table1，其中只有一列"a"。在表上创建一个触发器，每次进行插入操作时，将用户变量"str"的值设为"TRIGGER IS WORKING"。代码如下：

```
CREATE TABLE table1(a INTEGER);
CREATE TRIGGER table1_insert AFTER INSERT
    ON table1 FOR EACH ROW
    SET @str=' TRIGGER IS WORKING ';
```

向 table1 中插入一行数据：

```
INSERT INTO table1 VALUES(10);
```

查看"str"的值：

```
SELECT @str;
```

执行结果如图 6.3 所示。

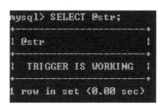

图 6.3　触发器执行结果

6.4.2　查看触发器

查看触发器是指查看数据库中已存在的触发器的定义、状态和语法等信息。查看触发器的方法包括"SHOW TRIGGERS"语句和查询 information_schema 数据库下的 triggers 表等。

MySQL 中，可以执行"SHOW TRIGGERS"语句来查看触发器的基本信息。其基本语法格式如下：

```
SHOW TRIGGERS;
```

6.4.3　触发器的应用

MySQL 中，触发器执行的顺序是 BEFORE 触发器、表操作（INSERT、UPDATE 和 DELETE）、AFTER 触发器。下面通过一个示例演示这三者的执行顺序。

【例 6.32】 请在【例 4.5】中 student 表上创建 BEFORE INSERT 和 AFTER INSERT 这两个触发器。在向 student 表中插入数据时，观察这两个触发器的触发顺序。创建触发器的代码如下：

```
CREATE TRIGGER before_insert BEFORE INSERT
ON student FOR EACH ROW
INSERT INTO trigger_test VALUES('201302', '王五',null);
CREATE TRIGGER after_insert AFTER INSERT
ON student FOR EACH ROW
INSERT INTO trigger_test VALUES('201302', '王五', null);
```

6.4.4　删除触发器

删除触发器指删除数据库中已经存在的触发器。MySQL 中使用"DROP TRIGGER"语句来删除触发器。其基本语法格式如下：

```
DROP TRIGGER 触发器名;
```

【例 6.33】 删除触发器 student_DELETE。代码如下：

```
DROP TRIGGER student_DELETE;
```

6.4.5　小结

本节介绍了 MySQL 数据库的触发器，包括触发器的定义和作用、创建触发器、查看触发器、使用触发器和删除触发器等内容。创建触发器和使用触发器是本节内容的重点。读者在创建触发器后，一定要查看触发器的结构。使用触发器时，触发器执行的顺序为 BEFORE 触发器、表操作（INSERT、UPDATE 和 DELETE）和 AFTER 触发器。创建触发器是本节的难点。读者需要将本节的知识结合实际需要来设计触发器。

6.5　知识小结

本章介绍了 MySQL 数据库的视图、存储过程、存储函数和触发器。视图将一个查询语句以一种命名的方式存储下来，形成一种虚拟表，用户通过这个窗口可以看到系统专门提供的数据。存储过程和存储函数都是用户自己的 SQL 语句的集合，它们都存储在服务器端，只要调用就可以在服务器端执行。而触发器则是一种特殊类型的存储过程，当数据库系统执行某些操作时，就会激活触发器并执行相应的操作。本章重点讲解了创建存储过程和存储函数的方法。通过"CREATE PROCEDURE"语句创建存储过程，通过"CREATE FUNCTION"语句创建存储函数，这两个内容是本章的难点，尤其是变量、条件、光标和流程控制的使用。

6.6 知识拓展

6.6.1 光标

查询语句可能查询出多条记录，在存储过程和存储函数中可以使用光标来逐条读取查询结果集中的记录。光标又称为游标，光标的使用包括声明光标、打开光标、使用光标和关闭光标。光标必须声明于处理程序之前，并且声明在变量和条件之后。

MySQL 支持简单的光标。在 MySQL 中，光标一定要在存储过程或函数中使用，不能单独在查询中使用。使用一个光标需要用到四条特殊的语句："DECLARE CURSOR（声明光标）""OPEN CURSOR（打开光标）""FETCH CURSOR（读取光标）"和"CLOSE CURSOR（关闭光标）"。如果使用了"DECLARE CURSOR"语句声明了一个光标，这样就把它连接到了一个由"SELECT"语句返回的结果集中。使用"OPEN CORSOR"语句打开这个光标。接着，可以用"FETCH CURSOR"语句把产生的结果逐行地读取到存储过程或存储函数中去。光标相当于一个指针，它指向当前的一行数据，使用"FETCH CORSOR"语句可以把光标移动到下一行。当处理完所有的行时，使用"CLOSE CORSOR"语句关闭这个光标。

（1）声明光标。MySQL 中使用"DECLARE"关键字来声明光标。其语法格式如下：

```
DECLARE cursor_name CURSOR FOR select_statement;
```

其中，"cursor_name"参数是光标的名称，光标名称与表名的使用规则相同。"select_statement"参数是一个"SELECT"语句，返回的是一行或多行数据。这条语句声明一个光标，也可以在存储过程中定义多个光标，但是一个块中的每个光标都有自己唯一的名称。

注意：这里的"SELECT"子句中不能有"INTO"子句。

【例 6.34】声明一个名为"cur_student"的光标。代码如下：

```
DECLARE cur_student CURSOR FOR SELECT sno,sname FROM student;
```

上面的示例中，光标的名称为"cur_student"；"SELECT"语句部分是从"student"表中查询出编号和姓名字段的值。下面的定义符合一个光标声明：

```
DECLARE XS_CUR CURSOR FOR
        SELECT sno,sname,ssex,sbirthday
        FROM student
WHERE sdept='软件系';
```

注意： 光标只能在存储过程或存储函数中使用，引例中的语句无法单独运行。

（2）打开光标。声明光标后，要使用光标从中提取数据，就必须先打开光标。在 MySQL 中，使用"OPEN"语句打开光标，其基本语法格式如下：

```
OPEN cursor_name;
```

在程序中，一个光标可以多次打开，由于其他的用户或程序本身已经更新了表，所以每次打开的结果可能不同。

【例 6.35】 打开一个名为"cur_student"的光标。代码如下：

```
OPEN cur_student;
```

（3）读取光标。光标打开后，就可以使用"FETCH…INTO"语句从中读取数据。语法格式为：

```
FETCH cursor_name INTO var_name [,var_name]…
```

其中，"FETCH…INTO"语句与"SELECT…INTO"语句具有相同的意义，"FETCH"语句是将光标指向的一行数据赋给一些变量，子句中变量的数目必须等于声明光标时"SELECT"子句中列的数目。"cursor_name"参数表示光标的名称；"var_name"是存放数据的变量名，必须在声明光标之前就定义好。

【例 6.36】 读取一个名为"cur_student"的光标。将查询出来的数据存入"s_no"和"s_name"这两个变量中，代码如下：

```
FETCH cur_student INTO s_no,s_name;
```

（4）关闭光标。光标使用完以后，要及时关闭，MySQL 中使用"CLOSE"语句来关闭光标。其基本语法格式如下：

```
CLOSE cursor_name;
```

6.6.2　常用系统函数

MySQL 数据库中提供了很丰富的系统函数，这些内部函数可以帮助用户更加方便地处理表中的数据。MySQL 数据库包括数学函数、字符串函数、日期和时间函数、条件判断函数、系统信息函数、加密函数和格式化函数等。SELECT 语句及其条件表达式都可以使用这些函数，同时 INSERT、UPDATE、DELETE 语句及其条件表达式也可以使用这些函数。

注意： 为了方便各函数在 MySQL 中使用，并与软件设置中一致，下列函数书写时不采用斜体。

▶1. 数学函数

数学函数是 MySQL 中常用的一类函数，主要用于处理数字，常见的数学函数如下。

➤ ABS(x)：返回某个数的绝对值。

➤ PI()：返回圆周率。

➤ GREATEST()、LEAST()：返回一组数的最大值、最小值。

➢ SQRT(x)：返回一个数的平方根。

➢ RAND()、RAND(x)：返回 0～1 的随机数。

➢ ROUND()、ROUND(x，y)：四舍五入。

➢ SIGN()：返回一个数的符号，如-1，0，1。

➢ POW(x，y)：返回 x 的 y 次幂。

➢ EXP(x)：返回 e 的 x 次幂。

➢ MOD(x，y)：返回 x 除以 y 的余数，取模运算。

➢ RADIANS(x)：将角度转换为弧度。

➢ DEGREES(x)：将弧度转换为角度。

➢ SIN(x)、COS(x)、TAN(x)：正弦、余弦、正切。

➢ ASIN(x)、ACOS(x)、ATAN(x)：反正弦、反余弦、反正切。

➢ LOG(x)：返回 x 的自然对数。

➢ LOG10(x)：返回 x 的以 10 为底的对数。

2. 日期、时间函数

常见的日期、时间函数有以下若干项。

➢ CURDATE()、CURRENT_DATE()：获取当前系统日期，年、月、日。

➢ CURTIME()、CURRENT_TIME()：获取当前系统时间，时、分、秒。

➢ NOW()、CURRENT_TIMESTAMP()、LOCALTIME()、SYSDATE()：获取当前系统日期和时间，年、月、日与时、分、秒。

➢ YEAR(d)、MONTH(d)、DATE(d)、QUARTER(d)：返回一个日期所对应的年、月、日、季度的值整数部分。

➢ DAYORYEAR()、DAYORWEEK()、DAYORMONTH()：返回一个日期在一年、一月、一周中的序数。

➢ DAYNAME(d)：返回一个日期是星期几，并显示其英文名：Monday、Tuesday 等。

➢ DAYOFWEEK(d)：返回一个日期是星期几的相应数字，1 表示星期日、2 代表星期一，依次类推。

➢ WEEKDAY(d)：返回一个日期是星期几的相应数字，0 表示星期日、1 代表星期一，依次类推。

➢ WEEK(d)、WEEKOFYEAR()：返回的值表示一个日期属于本年度的第几周。

➢ HOUR(d)、MINUTE(d)、SECOND(d)：返回一个时间点的时、分、秒。

➢ DATEDIFF(d1，d2)：计算两个日期相隔的天数。

➢ DATE_ADD()、DATE_SUB()：可以对日期和时间进行运算，分别用来增加和减少日期值。语法格式为：

DATE_ADD | DATE_SUB（d, INTERVAL int keyword）；

其中："d"表示一个具体日期，"INTERVAL"是语法关键字，"int"是一些整数用来表示一个时间间隔，"keyword"是一个表示时间间隔单位的关键字。

"keyword"的取值及对应"int"间隔值的格式如下。

➢ DAY：日期。

➢ DAY_HOUR：日期值，小时值。

➢ DAY_MINUTE：日期值，小时值，分钟值。

➢ DAY_SECOND：日期值，小时值，分钟值，秒值。

➢ HOUR：小时值。

➢ HOUR_MINUTE：小时值，分钟值。

➢ HOUR_SECOND：小时值，分钟值，秒值。

➢ MINUTE：分钟值。

➢ MINUTE_SECOND：分钟值，秒值。

➢ MONTH：月值。

➢ SECOND：秒值。

➢ YEAR：年值。

➢ YEAR_MONTH：年值，月值。

3. 字符串函数

常见的字符串函数有以下若干项。

➢ CONCAT(s1, s2, ... , sn)：连接 s1, s2,…, sn 为一个字符串。

➢ INSERT(s1, x, y, s2)：将字符串 s1 从第 x 位置开始，y 个字符长度的子字符串替换为字符串 s2。

➢ LOWER(s)：将字符串 s 中所有的字符转换为小写。

➢ UPPER(s)：将字符串 s 中所有的字符转换为大写。

➢ LEFT(s, x)：返回字符串 s 最左边的 x 个字符。

➢ RIGIIT(s, y)：返回字符串 s 最右边的 y 个字符。

➢ LPAD(s1, n, s2)：用字符串 s2 对 s1 最左边进行填充，直到长度为 n 个字符长度。

➢ RPAD(s1, n, s2)：用字符串 s2 对 s1 最右边进行填充，直到长度为 n 个字符长度。

➢ LTRIM(s)：去掉 s 中最左边的空格。

➢ RTRIM(s)：去掉 s 中最右边的空格。

➢ REPEAT(s, x)：返回 s 中重复出现 x 次的结果。

➢ REPLACE(s, s1, s2)：将字符串 s 中的 s1 更换为 s2。

➢ STRCMP(s1, s2)：比较字符串 s1, s2。

➢ TRIM(s)：去掉字符串 s 两边的空格。

➢ SUBSTRING(s, x, y)：返回字符串 s 中第 x 位置开始 y 个字符长度的字符串。

4. 控制流函数

常用的控制流函数有以下两个。

➢ IF(expr1,expr2,expr3)：判断表达式 expr1 是否为真，如果为真，返回 expr2，否则返回 expr3。

➢ IFNULL（expr1,expr2)：判断表达式 expr1 是否为空，如果为空，返回 expr2，否则返回 expr1。

管理篇

第7章
用户与权限

【背景分析】小李通过自己的努力，完成了学生成绩管理系统的数据库设计，也建好了相关数据库及其相关表，并录入了测试数据。但随着软件开发推进，数据库中的相关表、数据以及其他数据库对象，经常被其他开发人员误操作或误删，使数据库中的数据部分或全部丢失。为了保证 MySQL 数据库的安全性，小李必须对数据库进行用户及权限的管理。

小李需要完成 MySQL 用户及权限管理，应该从以下三个方面做起。

1. 用户管理：添加与删除用户。
2. 密码管理：设置与修改用户密码。
3. 权限管理：给用户设置访问权限并回收权限。

这三类操作完全可以在 MySQL 中实现，MySQL 用户主要包括"普通用户"和"root用户"，这两种用户的权限是不一样的。"root用户"是超级管理员，拥有所有的权限，"root用户"的权限包括创建用户、删除用户、修改普通用户的密码等管理权限。而"普通用户"只拥有创建用户时赋予他的权限，用户管理包括管理用户的账户、权限等。

➡ 知识目标

1. 了解权限表的基本内容。
2. 掌握用户登录和退出 MySQL 服务器的操作方法。
3. 掌握创建和删除普通用户的操作方法。
4. 掌握"普通用户"和"root用户"的密码管理方法。
5. 掌握权限管理的方法。

➡ 能力目标

1. 能够了解 MySQL 数据库各种权限表的内容。
2. 能够熟练掌握登录 MySQL 数据库的操作方法。
3. 能够熟练掌握 MySQL 数据库创建和删除普通用户的操作方法。
4. 能够熟练掌握 MySQL 数据库密码管理方法。
5. 能够熟练掌握 MySQL 数据库权限管理方法。

7.1 权限表

安装 MySQL 时会自动安装一个名为"mysql"的数据库。"mysql"数据库中存储的都是权限表。用户登录以后，"mysql"数据库系统会根据这些权限表的内容为每个用户赋予相应的权限。MySQL 服务器通过 MySQL 权限表来控制用户对数据库的访问，MySQL 权限表存放在"mysql"数据库里，由"mysql_install_db"脚本初始化。这些 MySQL 权限表分别为"user""db""table_priv""columns_priv""proc_priv""host"。下面依次介绍这些表的基本结构和内容。

"user"权限表：记录允许连接到服务器的用户账号信息，其中的权限是全局级的。

"db"权限表：记录各账号在各数据库上的操作权限。

"table_priv"权限表：记录数据表级的操作权限。

"columns_priv"权限表：记录数据列级的操作权限。

"proc_priv"权限表：存储过程和存储函数的操作权限。

"host"权限表：配合"db"权限表对给定主机上的数据库级操作权限实施更细致的控制。这个权限表不受"GRANT"和"REVOKE"语句的影响。

7.1.1 user 表

"user"表是"mysql"中最重要的一个权限表。我们可以使用"DESC"语句来查看"user"表中的基本结构。"user"表中有 39 个字段。这些字段大致分为四类，分别是用户列、权限列、安全列和资源控制列。

▶1．用户列

"user"表中的用户列包括"host""user""password"，分别表示主机名、用户名和密码。用户登录时，首先要判断的就是这三个字段。如果这三个字段同时匹配，MySQL 数据库系统才允许其登录。而且，创建新用户时，也是设置这三个字段的值。修改用户密码时，实际就是修改"user"表的"password"字段的值。因此，这三个字段决定了用户能否登录。

▶2．权限列

"user"表的权限列包括了"select_priv""insert_priv"等以"priv"结尾的字段。这些字段决定了用户的权限。这其中包括查询权限、修改权限等普通权限，还包括了关闭服务器的权限、超级权限和加载用户等高级管理权限。普通权限被用于操作数据库，高级管理权限被用于对数据库进行管理。

这些字段的值只有"Y"和"N"。"Y"表示该权限可以用到所有的数据库上；"N"表示该权限不能用到所有的数据库上。从安全角度考虑，这些字段的默认值都是"N"。可以使用"GRANT"语句为用户赋予一些权限，也可以通过"UPDATE"语句更新"user"表的方式来设置权限。

说明： 权限列中有很多权限字段需要特别注意。"grant_priv"字段表示是否拥有

"grant"权限;"shutdown_priv"表示是否拥有停止 MySQL 服务的权限;"super_priv"字段表示是否拥有超级权限;"execute_priv"字段表示是否拥有 EXECUTE 权限,拥有 EXECUTE 权限可以执行存储过程和函数。

3. 安全列

"user"表的安全列只有四个字段,分别是"ssl_priv""ssl_cipher""x509_issuer""x509_subject"。"ssl"用于加密,"x509"标准可以用来标识用户。通常标准的发行版不支持"ssl",读者可以使用"SHOW VARIABLES LIKE'have_openssl'"语句来查看是否具有"ssl"功能。如果"have_openssl"的取值为"DISABLED",那么就没有支持"ssl"加密功能。

4. 资源控制列

"user"表的资源控制列有四个字段,分别是"max_questions""max_updates""max_connections""max_user_connections"。"max_questions"和"max_updates"分别规定每小时可以允许执行多少次查询和更新;"max_connections"规定每小时可以建立多少链接;"max_user_connections"规定单个用户可以同时具有的链接数。这些字段的默认值为"0",表示没有限制。

7.1.2 db 表和 host 表

"db"表和"host"表也是 MySQL 数据库中非常重要的权限表。"db"表中存储了某个用户对一个数据库的权限。"db"表比较常用,而"host"表很少用到。我们可以使用"DESC"语句来查看这两个表的基本结构。这两个表的结构差不多。"db"表和"host"表的字段大致可以分为两类,分别为用户列和权限列。

1. 用户列

"db"表的用户列有三个字段,分别是"host""db""user"。这三个字段分别表示主机名、数据库名和用户名。"host"表的用户列有两个字段,分别是"host"和"db",这两个字段分别表示主机名和数据库名。

"host"表是"db"表的扩展。如果"db"表中找不到"host"字段的值,就需要到"host"表中去寻找。但是"host"表很少用到,通常"db"表的设置已经满足要求了。

2. 权限列

"db"表和"host"表的权限列几乎一样,只是"db"表中多了一个"create_routine_priv"字段和"alter_routine_priv"字段。这两个字段决定用户是否具有创建和修改存储过程的权限。

"user"表中的权限是针对所有数据库的。如果"user"表中的"select_priv"字段取值为"Y",那么该用户可以查询所有数据库中的表;如果为某个用户只设置了查询"test"表的权限,那么"user"表的"select_priv"字段的取值为"N"。而这个 SELECT 权限则记录在"db"表中。"db"表中的"select_priv"字段的取值将会是"Y",由此可知,用户先根据"user"表的内容获取权限,然后再根据"db"表的内容获取权限。

7.1.3　tables_priv 表和 columns_priv 表

"tables_priv"表可以对单个表进行权限设置。"columns_priv"表可以对单个数据列进行权限设置。"tables_priv"表包含了八个字段，分别是"host""db""user""table_name""table_priv""column_priv""timestamp""grantor"。前四个字段分别表示主机名、数据库名、用户名和表名。"table_priv"表示对单个表进行操作的权限，这些权限包括"select""insert""update""delete""create""drop""grant""references""index""alter"。"column_priv"表示对表中的数据列进行操作的权限。这些权限包括"select""insert""update""references"。"timestamp"表示修改权限的时间。"grantor"表示权限是谁设置的。

"columns_priv"表包括七个字段，分别是"host""db""user""table_name""column_name""column_priv""timestamp"。与"tables_priv"表不同的是，这里多出了"column_name"字段，它表示可以对哪些数据列进行操作。

技巧：MySQL 中权限分配是按照"user"表、"db"表、"tables_priv"表和"columns_priv"表的顺序进行分配的。数据库系统中，先判断"user"表中的值是否为"Y"。如果"user"表中的值是"Y"，就不需要检查后面的表，如果"user"表中的值为"N"，则依次查看"db"表、"tables_priv"表和"columns_priv"表。

172

7.1.4　procs_priv 表

"procs_priv"表可以对存储过程和存储函数进行权限设置。"procs_priv"表包含八个字段，分别是"host""db""user""routine_name""routine_type""proc_priv""timestamp""grantor"。前三个字段分别表示主机名、数据库名、用户名，"routine_name"字段表示存储过程或函数的名称，"routine_type"字段表示类型。该字段有两个取值，分别是"FUNCTION"和"PROCEDURE"。"FUNCTION"表示这是一个存储函数；"PROCEDURE"表示这是一个存储过程。"proc_priv"字段表示拥有的权限。权限分为三类，分别是"execute""alter routine""grant"。"timestamp"字段存储更新的时间；"grantor"字段存储创建者的名称。

7.2　账户管理

账户管理是 MySQL 用户管理最基本的内容。账户管理包括登录和退出 MySQL 服务器、创建用户、删除用户、密码管理和权限管理等内容。通过账户管理，可以保证 MySQL 数据库的安全性。

7.2.1　登录和退出 MySQL 服务器

用户可以通过"mysql"命令来登录 MySQL 服务器。打开 Windows 环境下的虚拟 DOS 窗口，可以使用"mysql"命令来登录 MySQL 服务器。命令如下：

```
mysql -h hostname|hostIP -p port -u username -p password databaseName -e "SQL 语句";
```

这个命令后面有几个参数，详细介绍如下：

➤ "-h" 参数后面接主机名，"hostname" 为主机名（默认 "localhost"），"hostIP" 为主机 IP（默认 127.0.0.1）；

➤ "-p" 参数后面接 MySQL 服务器的端口。通过该参数连接到指定的端口。MySQL 服务器的默认端口为 3306，不使用该参数时自动连接到 3306 端口，"port" 为连接的端口号；

➤ "-u" 参数后面接用户名，"username" 为用户名（默认为 "root"）；

➤ "-p" 参数会提示输入密码，"password" 为用户名登录数据库的密码；

➤ "databaseName" 参数指明登录到哪个数据库中。如果没有改参数，会直接登录到 MySQL 数据库中，然后可以使用 "USE" 命令来选择数据库；

➤ "-e" 参数后面可以直接加 SQL 语句。登录 MySQL 服务器以后即可执行这个 SQL 语句，然后退出 MySQL 服务器。

【例 7.1】 使用 "root" 用户身份登录 "test" 数据库，用户密码为 "123"，主机的 IP 为 127.0.0.1。命令如下：

```
C:\Documents and Settings\Administrator>mysql -h 127.0.0.1 -u root -p test
Enter password: ******
Welcome to the MySQL monitor.   Commands end with ; or \g.
Your MySQL connection id is 27 to server version: 5.5.24-log
Type 'help;' or '\h' for help. Type '\c' to clear the buffer.
mysql>
```

【例 7.2】 使用 "root" 用户身份登录到自己计算机的 MySQL 服务器中，同时查询 func 表的结果。命令如下：

```
C:\Documents and Settings\Administrator>mysql -h localhost -u root -p mysql -e "
DESC func"
Enter password: ******
```

Field	Type	Null	Key	Default	Extra
name	char(64)	NO	PRI	NULL	
ret	tinyint（1）	NO		0	
dl	char(128)	NO		NULL	
type	enum('function','aggregate')	NO		NULL	

执行命令后并输入正确的密码后，窗口中会显示 func 表的基本结构。然后，系统会退出 MySQL 服务器，命令行显示为：

```
C:\Documents and Settings\Administrator>
```

注意：用户也可以直接在 "mysql" 命令的 "-p" 后面加上登录密码。但是这个登录密码必须与 "-p" 参数之间没有空格。

【例 7.3】 使用 "root" 用户身份登录到自己计算机的 MySQL 服务器中，密码直接加在 "mysql" 命令中。命令如下：

```
mysql -h 127.0.0.1 -u root -p123;
```

命令执行结果如下：

```
C:\Documents and Settings\Administrator>mysql -h 127.0.0.1 -u root -p123
Welcome to the MySQL monitor.    Commands end with ; or \g.
Your MySQL connection id is 4 to server version: 5.5.24-log
Type 'help;' or '\h' for help. Type '\c' to clear the buffer.
mysql>
```

执行命令后，即可直接登录 MySQL 服务器。这个命令执行后，后面不会提示输入密码。因为"-p"参数后面有密码，MySQL 数据库会直接使用这个密码。

退出 MySQL 服务器的方式很简单，只要在命令行输入"EXIT"或者"QUIT"即可。"\q"是"QUIT"的缩写，也可以用来退出 MySQL 服务器。退出后就会显示"Bye"。

7.2.2　添加用户

在 MySQL 数据库中，可以使用"CREATE USER"语句来创建一个或者多个新的用户，并设置相应的密码。也可以直接在"mysql.user"表中添加用户。还可以使用"GRANT"语句来新建用户。

▶1. 用 CREATE USER 语句来创建用户

用"CREATE USER"语句来创建新用户时，必须拥有 MySQL 数据库的全局"CREATE USER"的权限或"INSERT"权限。如果用户已经存在，则出现错误。"CREATE USER"语句基本语法格式如下：

```
CREATE USER user[IDENTIFIED BY [PASSWORD]'password'][,user[IDENTIFIED BY
[PASSWORD]'password']]…
```

其中，"user"参数表示新建用户的账户，"user"由用户名（User）和主机名（Host）构成；"IDENTIFIED BY"关键字来设置用户的密码；"password"参数表示用户的密码。如果密码是一个普通的字符串，就不需要使用"PASSWORD"关键字。"CREATE USER"语句可以同时创建多个用户。新用户可以没有初始密码。

【例 7.4】　使用"CREATE USER"语句来创建名为"xsc"的用户，密码是"111"，其主机名为"localhost"。命令如下：

```
mysql> CREATE USER xsc@localhost IDENTIFIED BY '111';
```

命令执行结果如下：

```
mysql> CREATE USER xsc@localhost IDENTIFIED BY '111';
Query OK, 0 rows affected (0.00 sec)
```

结果显示，用户创建成功。

【例 7.5】　使用"CREATE USER"语句来同时添加两个新的用户，"yjh"用户的密码为"yy"，"yg"用户的密码为"111"，其主机名都为"127.0.0.1"。命令如下：

```
mysql> CREATE USER 'yjh'@'127.0.0.1' IDENTIFIED BY 'YY',
'yg'@'127.0.0.1' IDENTIFIED BY '111';
```

说明：在用户名的后面声明了关键字"localhost"或者"127.0.0.1"，这个关键字指定了用户创建使用 MySQL 的连接来自本主机。如果一个用户名和主机名中包含特殊符号如 "_"，或通配符如 "%"，则需要用单引号将其括起来。"%" 表示一组主机。

如果两个用户具有相同的用户名但主机不同，MySQL 将视其为不同的用户，允许为这两个用户分配不同的权限集合。如果没有输入密码，那么 MySQL 允许相关的用户不使用密码登录，但是从安全的角度并不推荐这种做法。

▶2．用 INSERT 语句来添加普通用户

可以使用 "INSERT" 语句直接将用户的信息添加到 "mysql.user" 表中。但必须拥有对 "mysql.user" 表的 "INSERT" 权限。通常 "INSERT" 语句只能添加 "host" "user" "password" 这三个字段的值。"INSERT" 语句的基本语法格式如下：

```
INSERT INTO mysql.user(Host,User,Password)
values('hostname','username',PASSWORD ('password'));
```

其中，"PASSWORD" 函数是用来给密码加密的。因为只设置了这三个字段的值，那么其他字段的取值为其默认值。如果这三个字段以外的某个字段没有默认值，这个语句将不能执行。需要将没有默认值的字段也设置相应值。通常 "ssl_cipher" "x509_subject" 和 "x509_issuer" 这三个字段没有默认值。因此必须为这三个字段设置初始值。"INSERT" 语句的代码如下：

```
INSERT INTO mysql.user(Host,User,Password,ssl_cipher,x509_issuer,x509_subject) values
('hostname','username', PASSWORD('password'),'','','');
```

注意："mysql.user" 表中，"ssl_cipher" "x509_issuer" "ssl_subject" 这三个字段没有默认值。向 "user" 表中插入新记录时，一定要设置这三个字段的值，否则 "INSERT" 语句将不能执行。而且，"password" 字段一定要使用 "PASSWORD" 函数将其加密。

【例 7.6】 使用 "INSERT" 语句创建名为 "xsc" 的用户，主机名是 "localhost"，密码是 "111"。"INSERT" 语句如下：

```
INSERT INTO mysql.user(Host,User,Password,ssl_cipher,x509_issuer,x509_subject) values
('localhost', 'xsc', PASSWORD('111'),'','','');
```

命令执行结果如下：

```
mysql>INSERT INTO mysql.user(Host,User,Password,ssl_cipher,x509_issuer,x509_subject)
values ('localhost', 'xsc', PASSWORD('111'),'','','');
Query OK, 1 row affected (0.00 sec)
```

结果显示操作成功。执行完 "INSERT" 语句后要使用 "FLUSH" 命令来使用户生效。命令如下：

```
FLUSH PRIVILEGES;
```

使用这个命令可以从 "mysql.user" 表中重新装载权限。但是执行 "FLUSH" 命令需要 "RELOAD" 权限。

▶3．用 GRANT 语句来新建普通用户

可以使用 "GRANT" 语句来新建用户，在创建用户时可以为用户授权，但此操作必

须拥有"GRANT"权限。"GRANT"语句的基本语法格式如下：

> GRANT priv_type ON database.table TO user[IDENTIFIED BY [PASSWROD] 'password'] [,user[IDENTIFIED BY [PASSWROD]'password'];

其中，"priv_type"参数表示新用户的权限；"database.table"参数表示新用户的权限范围，即只能在指定的数据库和表上使用自己的权限；"user"参数表示新用户的账户，由用户名和主机名构成；"IDENITIFIED BY"关键字用来设置密码；"password"参数表示新用户的密码。"GRANT"语句可以同时创建多个用户。

【例7.7】 使用"GRANT"语句创建名为"xsc"的用户，主机名为"localhost"，密码为"111"。该用户对所有数据库的所有表都有"SELECT"权限。"GRANT"语句如下：

> GRANT SELECT ON *.* TO 'xsc'@'localhost' IDENTIFIED BY '111';

其中"*.*"表示所有数据库下的所有表。命令执行结果如下：

> mysql> GRANT SELECT ON *.* TO 'xsc'@'localhost' IDENTIFIED BY '111';
> Query OK, 0 rows affected (0.14 sec)

结果显示操作成功，"xsc"用户对所有表都有查询权限。

说明： "GRANT"语句不仅可以创建用户，也可以修改用户密码。而且还可以设置用户的权限。因此，"GRANT"语句是 MySQL 数据库中非常重要的语句。

7.2.3　删除用户

在 MySQL 数据库中，可以使用"DROP USER"语句来删除普通用户，也可以直接在"mysql.user"表中删除用户。

▶1. 用 DROP USER 语句删除普通用户

使用"DROP USER"语句来删除用户时，必须拥有"DROP USER"权限。"DROP USER"语句的基本语法格式如下：

> DROP USER user[,user];

其中，"user"参数是需要删除的用户，由用户的用户名和主机名组成。

"DROP USER"语句可以同时删除多个用户，各用户之间用逗号隔开。如果删除的用户已经创建了表、索引或其他的数据库对象，它们将继续保留，因为 MySQL 并没有记录是谁创建了这些对象。

【例7.8】 使用"DROP USER"语句来删除用户"xsc"，其"host"值为"localhost"。"DROP USER"语句如下：

> DROP USER 'xsc'@'localhost';

代码执行如下：

> mysql> DROP USER 'xsc'@'localhost';
> Query OK, 0 rows affected (0.00 sec)

结果显示删除成功。

▶2. 用 DELETE 语句删除普通用户

可以使用"DELETE"语句直接将用户的信息从"mysql.user"表中删除，但必须拥有对"mysql.user"表的"DELETE"权限。"DELETE"语句的基本语法格式如下：

DELETE FROM mysql.user where Host='hostname' AND User='username';

"host"和"user"这两个字段都是"mysql.user"表的主键。因此，两个字段的值才能唯一确定一条记录。

【例 7.9】使用"DELETE"语句删除名为"test"的用户，该用户的主机名是"localhost"。"DELETE"语句如下：

DELETE FROM mysql.user where Host='localhost' AND User='test';

命令执行结果如下：

mysql> DELETE FROM mysql.user where Host='localhost' AND User='test';
Query OK, 1 row affected (0.00 sec)

结果显示操作成功。可以使用"SELECT"语句来查询"mysql.user"表，以确定该用户是否已经被成功删除。执行完"DELETE"语句后使用"FLUSH"命令来使用户生效，命令如下：

FLUSH PRIVILEGES ;

执行该命令后。MySQL 数据库系统可以从"mysql.user"表中重新装载权限。

7.2.4 修改用户

可以使用"RENAME USER"语句来修改一个已经存在的用户名字。语法格式如下：

RANAME USER old_user TO new_user[,old_user TO new_user]…

其中，"old_user"为已经存在的用户名，"new_user"为将要修改后的新用户名。"RENAME USER"语句用于对原有 MySQL 账户进行重命名。要使用"RENAME USER"语句，必须要拥有全局"CREATE USER"权限和 MySQL 数据库"UPDATE"权限。如果旧账户不存在或者新账户已经存在，则会出现错误。

【例 7.10】将用户"yjh"和"yg"的名字分别修改为"yy"和"jj"。"RENAME USER"语句如下：

RENAME USER 'yjh'@'127.0.0.1' TO 'yy'@'127.0.0.1',
'yg'@'127.0.0.1' TO 'jj'@'127.0.0.1';

命令执行结果如下：

mysql> RENAME USER 'yjh'@'127.0.0.1' TO 'yy'@'127.0.0.1',
'yg'@'127.0.0.1' TO 'jj'@'127.0.0.1';
Query OK, 0 rows affected (0.00 sec)

结果显示操作成功。

7.2.5 修改 root 用户密码

MySQL 数据库是开源数据库，一般来说 MySQL 数据库会搭配 PHP 来使用。但现在越来越多的 ASP/ASPX 甚至是 JSP 程序员也都考虑选择用 MySQL 来开发程序。通常连接 MySQL 都是通过 root 用户名和密码连接，MySQL 在安装时的 root 用户初始默认密码为空，在使用 MySQL 进行系统开发时，都需要填写连接 MySQL 数据库的用户名和密码，此时若用户忘记了 MySQL 的 root 密码或没有设置 MySQL 的 root 密码时，就必须要修改或设置 MySQL 的 root 密码。在 MySQL 数据库中，root 用户拥有最高的权限，因此必须保证 root 用户的密码安全。root 用户可以通过多种方式来修改密码。

1. 使用 phpMyAdmin 来更改 root 密码

使用 phpMyAdmin 来更改 MySQL 的 root 密码非常方便，安装配置好 phpMyAdmin 后，首先登录管理界面，单击右侧导航栏中的"用户"标签，则进入数据库中的"用户管理"界面，如图 7.1 所示。选择 root 用户，单击"编辑权限"按钮，则进入"修改密码"界面，如图 7.2 所示，输入要修改的 MySQL 的 root 新密码，最后单击"执行"按钮即可。

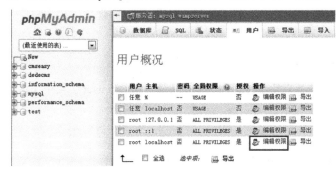

图 7.1 "phpMyAdmin 用户管理"界面

图 7.2 "phpMyAdmin 修改密码"界面

2. 使用 mysqladmin 命令来修改密码

root 用户可以使用"mysqladmin"命令来修改密码。"mysqladmin"命令的语法格式如下：

```
mysqladmin -u username -p password "new_password";
```

注意：上面语法中的"password"为关键字，而不是指旧密码。而且新密码"new_

password"必须用双引号引起来。使用单引号会出现错误,这一点要特别注意。如果使用单引号,可能会造成修改后的密码不是用户想要修改的密码。

【例7.11】 使用"mysqladmin"命令来修改root用户的密码,将密码改为"myroot"。"mysqladmin"命令执行结果如下:

```
mysql> mysqladmin -u root -p password "myroot";
Enter password: ******
```

输入正确的旧密码后就可以修改密码了,修改完成后,只能使用"myroot"才能登录到root用户。

3. 修改 MySQL 数据库下的 user 表

使用 root 用户身份登录到 MySQL 服务器后,可以使用"UPDATE"语句来更新"mysql.user"表。在"user"表中修改"password"字段的值,这就达到了修改密码的目的。"UPDATE"语句的代码如下:

```
UPDATE mysql.user SET Password=PASSWORD ("new_password") where User="root"
AND Host="localhost";
```

新密码必须使用"PASSWORD"函数来加密。执行"UPDATE"语句以后,需要执行"FLUSH PRIVILEGES"语句来加载权限。

【例7.12】 使用"UPDATE"语句来修改root用户的密码,将密码改为"myroot520"。"UPDATE"语句执行结果如下:

```
mysql> UPDATE mysql.user SET Password=PASSWORD("myroot520") where User=
"root" AND Host="localhost";
Query OK, 1 row affected (0.02 sec)
Rows matched: 1 Changed: 1 Warnings: 0
mysql> flush privileges;
Query OK, 0 rows affected (0.00 sec)
```

结果显示,密码修改成功。而且使用了"FLUSH PRIVILEGES"语句加载权限。退出后就必须使用新密码来登录了。

4. 使用 SET 语句来修改 root 用户的密码

使用root用户身份登录到MySQL服务器后,可以使用"SET"语句来修改密码。"SET"语句的代码如下:

```
SET PASSWORD=PASSWORD("new_password");
```

新密码必须用"PASSWORD"函数来加密。

【例7.13】 使用"SET"语句来修改root用户的密码,将密码改为"myroot1314"。"SET"语句执行结果如下:

```
mysql> set password=PASSWORD("myroot1314");
Query OK, 0 rows affected (0.00 sec)
mysql> flush privileges;
Query OK, 0 rows affected (0.00 sec)
```

结果显示，密码修改成功。

7.2.6　root 用户修改普通用户密码

root 用户具有最高权限，不仅可以修改自己的密码，还可以修改普通用户的密码。使用 root 用户身份登录到 MySQL 服务器后，可以通过"SET"语句，修改"user"表以及使用"GRANT"语句三种方式来修改普通用户的密码。

▶1．使用 SET 语句来修改普通用户密码

使用 root 用户身份登录到 MySQL 服务器后，可以使用"SET"语句来修改普通用户的密码。"SET"语句的代码如下：

```
SET PASSWORD FOR 'username'@'hostname'=PASSWORD('new_password');
```

其中，"username"参数是普通用户的用户名，"hostname"参数是普通用户的主机名，新密码必须使用"PASSWORD"函数来加密。

【例 7.14】 使用"SET"语句来修改"xsc"用户的密码，将密码改为"mysql520"。"SET"语句执行结果如下：

```
mysql>SET PASSWORD FOR 'xsc'@'localhost'=PASSWORD("mysql520");
Query OK,0 rows affected(0.00 sec)
```

结果显示，密码修改成功。

▶2．修改 MySQL 数据库下的 user 表

使用 root 用户身份登录到 MySQL 服务器后，可以使用"UPDATE"语句来修改"mysql.user"表。"UPDATE"语句的代码如下：

```
UPDATE mysql.user set Password=PASSWORD("new_password")
where User="username" AND    Host="hostname";
```

其中，"username"参数是普通用户的用户名，"hostname"参数是普通用户的主机名，新密码必须使用"PASSWORD"函数来加密。执行"UPDATE"语句以后，需要执行"FLUSH PRIVILEGES"语句来加载权限。

【例 7.15】使用"UPDATE"语句来修改"xsc"用户的密码，将密码改为"mysql1314"。"UPDATE"语句执行结果如下：

```
mysql> UPDATE mysql.user set password=PASSWORD("mysql1314") where user="xsc"
AND host="localhost";
Query OK, 0 rows affected (0.00 sec)
Rows matched: 0    Changed: 0    Warnings: 0
mysql> flush privileges;
Query OK, 0 rows affected (0.01 sec)
```

结果显示，密码修改成功。

▶3．用 GRANT 语句来修改普通用户的密码

可以使用"GRANT"语句来修改普通用户的密码，但此操作必须拥有"GRANT"

权限。这里只使用"GRANT"语句来修改普通用户的密码。"GRANT"语句的基本语法格式如下：

> GRANT priv_type ON database.table TO user[IDENTIFIED BY [PASSWORD]'password'];

其中，"priv_type"参数表示普通用户的权限；"database.table"参数表示用户的权限范围，即只能在指定的数据库和表上使用自己的权限；"user"参数表示新用户的账户，由用户名和主机名构成；"IDENTIFIED BY"关键字用来设置密码；"password"参数表示新用户的密码。

【例 7.16】 使用"GRANT"语句来修改"xsc"用户的密码，将密码改为"myroot"。"GRANT"语句执行结果如下：

> mysql>GRANT SELECT ON *.* TO 'xsc'@'localhost' IDENTIFIED BY 'myroot';
> Query OK, 0 rows affected (0.00 sec)

结果显示，密码修改成功。使用"GRANT"语句修改密码和创建用户的语法一样。

7.2.7 普通用户修改密码

普通用户也可以修改自己的密码。这样普通用户修改密码时就不用完全依赖于管理员。普通用户登录到 MySQL 服务器后，也可以通过"SET"语句来设置自己的密码。"SET"语句的基本格式如下：

> SET PASSWORD=PASSWORD("new_password");

这里必须使用"PASSWORD"函数来为新密码加密。如果不使用"PASSWORD"函数加密，那么用户将无法登录。

【例 7.17】 将"xsc"用户的密码修改为"root"。"SET"语句如下：

> SET PASSWORD=PASSWORD("root");

命令执行结果如下：

> mysql> set password=PASSWORD("root");
> Query OK, 0 rows affected (0.00 sec)

结果显示，密码修改成功。

7.2.8 root 用户密码丢失的解决办法

如果 root 用户密码丢失了，会造成很大的麻烦。但是，可以通过某种特殊方法以 root 用户身份登录。然后在 root 用户下设置新的密码。解决 root 用户密码丢失的方法如下。

➤ 1. 使用 skip-grant-tables 选项启动 MySQL 服务器

"skip-grant-tables"选项将使 MySQL 服务器停止权限判断，任何用户都有访问数据库的权限。这个选项是跟在 MySQL 服务器的命令后面的。Windows 操作系统中，使用"mysqld"或者"mysqld-nt"来启动 MySQL 服务。也可以使用"net start mysql"命令，来启动 MySQL 服务。

181

"mysqld"命令如下：

```
mysqld --skip-grant-tables;
```

"mysqld-nt"命令如下：

```
mysqld-nt --skip-grant-tables;
```

"net start mysql"命令如下：

```
net start mysql --skip-grant-tables;
```

启动 MySQL 服务后，可以看到窗口光标在下一行的第一个位置闪烁，说明已经启动，不需要任何操作。新建一个命令行窗口，启动 MySQL。就可以使用 root 用户身份登录了。

2. 用户登录，并设置新的密码

通过上述方式启动 MySQL 服务以后，可以不输入密码就以 root 用户身份登录。登录以后，可以使用"UPDATE"语句来修改密码。代码如下：

```
C:\Users\xsc>mysql -u root;
Welcome to the MySQL monitor.    Commands end with ; or \g.
Your MySQL connection id is 2
Server version: 5.5.24-log MySQL Community Server (GPL)
Copyright (c) 2000, 2011, Oracle and/or its affiliates. All rights reserved.
Oracle is a registered trademark of Oracle Corporation and/or its
affiliates. Other names may be trademarks of their respective owners.
Type 'help;' or '\h' for help. Type '\c' to clear the current input statement.
mysql> UPDATE mysql.user  set Password=PASSWORD('root') where User='root' and Host
='localhost';
```

上面的程序没有输入 root 用户的密码，而是直接使用用户名 root 登录到 MySQL 数据库中。而且使用"UPDATE"语句修改密码后，结果显示"user"表已经更新。

注意：这里必须使用"UPDATE"语句来更新 MySQL 数据库下的"user"表，而不能使用"SET"语句。如果使用"SET"语句，就会出现"ERROR 1290（HY000）：The mysql server is running with --skip-grant-tables option so it cannot execute this statement"提示。

3. 加载权限表

修改完密码以后，必须用"FLUSH PRIVILEGES"语句加载权限表。加载权限表后，新密码开始生效。而且，MySQL 服务器开始进行权限认证。用户必须输入用户名和密码才能登录 MySQL 数据库。加载权限表的代码执行结果如下：

```
mysql> flush  privileges;
Query OK, 0 rows affected (0.01 sec)
```

这样，root 用户的密码就已经设置成功了。

7.3 权限管理

权限管理主要是对数据库的用户进行权限验证。所有用户的权限都存储在 MySQL

的权限表中。数据库管理员要对权限进行管理，合理的权限管理能够保证数据库系统的安全，不合理的权限设置可能会给数据库系统带来意想不到的危害。

7.3.1 MySQL 各种权限

MySQL 数据库中有很多种类的权限，这些权限都存储在 MySQL 数据库下的权限表中。表 7.1 列出了 MySQL 的各种权限、"user"表中对应的列和权限的范围等信息。

表 7.1 MySQL 的各种权限表

权限名称	"user"表中对应的列	权限的范围
CREATE	Create_priv	数据库、表或索引
DROP	Drop_priv	数据库、表
GRANT OPTION	Grant_priv	数据库、表、存储过程或函数
REFERENCES	References_priv	数据库或表
ALTER	Alter_priv	修改表
DELETE	Delete_priv	删除表
INDEX	Index_priv	用索引查询表
INSERT	Insert_priv	插入表
SELECT	Select_priv	查询表
UPDATE	Update_priv	更新表
CREATE VIEW	Create_view_priv	创建视图
SHOW VIEW	Show_view_priv	查看视图
ALTER ROUTINE	Alter_routine_priv	修改存储过程或存储函数
CREATE ROUTINE	Create_routine_priv	创建存储过程或存储函数
EXECUTE	Execute_priv	执行存储过程或存储函数
FILE	File_priv	加载服务器主机上的文件
CREATE TEMPORARY TABLES	Create_tmp_table_priv	创建临时表
LOCK TABLES	Lock_tables_priv	锁定表
CREATE USER	Create_user_priv	创建用户
PROCESS	Process_priv	服务器管理
RELOAD	Reload_priv	重新加载权限表
REPLICATION CLIENT	Repl_client_priv	服务器管理
REPLICATION SLAVE	Repl_slave_priv	服务器管理
SHOW DATABASES	Show_db_priv	查看数据库
SHUTDOWN	Shutdown_priv	关闭服务器
SUPER	Super_priv	超级权限

上表对"user"表中的各字段及权限进行了介绍。通过权限设置，用户可以拥有不同的权限。拥有"GRANT"权限的用户可以为其他用户设置权限。拥有"REVOKE"权限的用户可以收回自己设置的权限。合理地设置权限能够保证 MySQL 数据库的安全。

7.3.2 授权

授权就是为某个用户赋予某些权限。例如，可以为新建的用户赋予查询所有数据库和表的权限。合理的授权能够保证数据库的安全。不合理的授权会使数据库存在安全隐患。MySQL 中使用"GRANT"关键字来为用户设置权限。

新的 SQL 用户不允许访问属于其他 SQL 用户的表，也不能立即创建自己的表，因此新的 SQL 用户必须被授权。可以授予的权限有以下几项。

> 列权限：和表中的一个具体列相关。例如，使用"UPDATE"语句更新"XSCJ"表中学号列的值的权限。

> 表权限：和一个具体表中的所有数据相关。例如，使用"INSERT INTO"语句为表"XSCJ"添加新的数据的权限。

> 数据库权限：和一个具体的数据库中的所有表相关。例如，在已有的"XSC"数据库中创建新表或者删除表的权限。

> 用户权限：和 MySQL 所有的数据库相关。例如，删除已有的数据库或者创建一个新的数据库的权限。

MySQL 中，用户必须拥有"GRANT"权限才可以执行"GRANT"语句。"GRANT"语句的基本语法如下：

```
GRANT priv_type [(column_list)] ON database.table TO user [IDENTIFIED BY
[PASSWORD] 'password'][,user [IDENITIFIED BY [PASSWORD] 'password']]... [WITH
with_option [with_ option]...];
```

其中，"priv_type"参数表示权限的类型，如"SELECT""UPDATE"等，给不同的对象授予权限其"priv_type"的值也不相同；"column_list"参数表示权限作用于哪些列上，没有该参数时权限作用于整个表上；"ON"关键字后面给出的是授予权限的数据库或表名；"TO"子句用来设定用户和密码；"user"参数由用户名和主机名构成，如"'username'@ 'hostname'"；"IDENTIFIED BY"参数用来为用户设置密码；"password"参数是用户的新密码。"WITH"关键字后面带一个或多个"with_option"参数。这个参数有五个选项，详细介绍如下。

> GRANT OPTION：被授权的用户可以将这些权限赋予别的用户。

> MAX_QUERIES_PER_HOUR count：设置每小时可以执行 count 次查询。

> MAX_UPDATES_PER_HOUE count：设置每小时可以执行 count 次更新。

> MAX_CONNECTIONS_PER_HOUR count：设置每小时可以建立 count 次连接。

> MAX_USER_CONNECTIONS count：设置单用户可以同时具有的连接数为 count。

【例 7.18】 使用"GRANT"命令来创建一个新的用户"test"。"test"对所有数据库有"SELECT"和"UPDATE"的权限。密码设置为"test"，而且加上"WITH GRANT OPTION"子句。"GRANT"语句的代码如下：

```
GRANT SELECT,UPDATE ON *.* TO 'test'@'localhost' IDENTIFIED BY 'test' WITH
GRANT OPTION;
```

这些代码执行结果如下：

```
mysql> GRANT SELECT,UPDATE ON *.* TO 'test'@'localhost' IDENTIFIED BY 'test'
WITH GRANT OPTION;
   Query OK, 0 rows affected (0.00 sec)
```

结果显示，"GRANT"语句执行成功。可以使用"SELECT"语句来查询"user"表，以查看"test"用户的信息。"SELECT"语句执行结果如下：

```
mysql> select Host,user,password,select_priv,update_priv,grant_priv from mysql.user where
user='test';
   | Host        | user         | password |
   | select_priv | update_priv  | grant_priv |
   | localhost   | test         |          | *94BDCEBE19083CE2A1F959FD02F964C7AF4CFC29
   | Y           | Y            | Y          |
   1 row in set (0.00 sec)
```

查询结果显示，"user"值为"test"；"select_priv""update_priv""grant_priv"的值均为"Y"；"password"值为加密后的值。

1. 授予表权限和列权限

授予表权限时，"ON"关键字后面跟表名或视图名。"priv_type"可以是以下值。

➢ SELECT：给予用户使用"SELECT"语句访问特定的表的权限。用户也可以在一个视图公式中包含表。然而，用户必须对视图公式中指定的每个表（或视图）都有"SELECT"权限。

➢ INSERT：给予用户使用"INSERT"语句向一个特定表中添加行的权限。

➢ DELETE：给予用户使用"DELETE"语句在一个特定表中删除行的权限。

➢ UPDATE：给予用户使用"UPDATE"语句修改特定表中值的权限。

➢ REFERENCDES：给予用户创建一个外键来参照特定表的权限。

➢ CREATE：给予用户使用特定的名字创建一个表的权限。

➢ ALTER：给予用户使用"ALTER TABLE"语句修改表的权限。

➢ INDEX：给予用户在表中定义索引的权限。

➢ DROP：给予用户删除表的权限。

➢ ALL 或 ALL PRIVILEGES：表示所有权限名。

【例7.19】 授予用户"yy"在"news"数据库的"news"表上的"SELECT"权限。"GRANT"语句的代码如下：

```
mysql> use news;
Database changed
mysql> grant select on news to 'yy'@'localhost';
Query OK, 0 rows affected (0.07 sec)
```

结果显示，"GRANT"语句授权执行成功。这样"yy"就可以使用"SELECT"语句来查询"news"数据库中"news"表中的信息了，而不管是谁创建的这个数据库和表。

若在"TO"子句中给存在的用户指定密码，则新密码将会覆盖用户原来定义的密码。如果权限授予了一个不存在的用户，MySQL 会自动执行一条"CREATE USER"语句来创建这个新用户，但必须为该用户指定密码。

【例7.20】 如果用户"wang"不存在，则授予他在"news"数据库的"news"表上的"SELECT"和"DELETE"权限。"GRANT"语句的代码与执行结果如下：

```
mysql>grant select,delete on news to 'wang'@'localhost' IDENTIFIED BY '111';
Query OK, 0 rows affected (0.00 sec)
```

对于列权限，"priv_type"的值只能取"SELECT""INSERT""UPDATE"。权限的后面需要加上列名"column_list"。

【例 7.21】 授予用户"wang"在"news"数据库的"news"表上，"newstype"列和"title"列的"UPDATE"权限。"GRANT"语句的代码与执行结果如下：

```
mysql> grant UPDATE(newstype,title) on news to wang@localhost;
Query OK, 0 rows affected (0.00 sec)
```

2．授予数据库权限

表权限适合于一个特定的表。MySQL 数据库还支持针对整个数据库的权限设置。例如，在一个特定的数据库中授予用户创建表和视图的权限。

授予数据库权限时，在"GRANT"语法格式中，"ON"关键字后面跟"*"和"db_name.*"。其中"*"表示当前数据库中的所有表；"db_name.*"表示某个数据库中的所有表。"priv_type"可以是以下值。

> SELECT：给予用户使用"SELECT"语句访问特定数据库中所有表和视图的权限。
> INSERT：给予用户使用"INSERT"语句向一个特定数据库中所有表添加行的权限。
> DELETE：给予用户使用"DELETE"语句删除特定数据库中所有表的行的权限。
> UPDATE：给予用户使用"UPDATE"语句更新特定数据库中所有表的值的权限。
> REFERENCDES：给予用户创建指向特定数据库中表的外键的权限。
> CREATE：给予用户使用"CREATE TABLE"语句在特定数据库中创建新表的权限。
> ALTER：给予用户使用"ALTER TABLE"语句修改特定数据库中所有表的权限。
> INDEX：给予用户在特定数据库中所有表上定义和删除索引的权限。
> DROP：给予用户删除特定数据库中所有表和视图的权限。
> CREATE TEMPORARY TABLES：给予用户在特定数据库中创建临时表的权限。
> CREATE VIEW：给予用户在特定数据库中创建新的视图的权限。
> SHOW VIEW：给予用户查看特定数据库中已有视图的视图定义的权限。
> CREATE ROUTINE：给予用户为特定数据库创建存储过程和存储函数等权限。
> ALTER ROUTINE：给予用户更新和删除特定数据库中已有的存储过程和存储函数等权限。
> EXECUTE ROUTINE：给予用户调用特定数据库的存储过程和存储函数等权限。
> LOCK TABLES：给予用户锁定特定数据库中已有表的权限。
> ALL 或 ALL PRIVILEGES：表示所有权限名。

【例 7.22】授予用户"wang"在"news"数据库中所有表的"SELECT"权限。"GRANT"语句的代码与执行结果如下：

```
mysql> grant select on news. * to 'wang'@'localhost';
Query OK, 0 rows affected (0.00 sec)
```

这个权限适用于全部已有的表，以及以后添加到"news"数据库中的任何表。

【例 7.23】 授予用户"wang"在"news"数据库的所有权限。"GRANT"语句的代码与执行结果如下：

```
mysql> grant all on * to 'wang'@'localhost';
Query OK, 0 rows affected (0.00 sec)
```

和表权限类似，授予一个数据库权限也并不意味着拥有另一个权限。如果用户被授权可以创建新表和视图，但是还不能访问它们，若要访问新建的表和视图，还需要单独授予"SELECT"权限或更多权限。

▶3. 授予用户权限

最有效率的权限就是用户权限，对于需要授予数据库权限的所有语句，也可以定义在用户权限上。例如，在用户级别上授予某用户"CREATE"权限，这个用户可以创建一个新的数据库，也可以在所有数据库中创建新表。

MySQL 授予用户权限时，在"GRANT"语句格式中，"ON"子句中使用"*.*"，表示所有数据的所有表。"priv_type"除了授予数据库权限所使用的值以外，还可以是以下值。

➢ CREATE USER：给予用户创建和删除新用户的权限。

➢ SHOW DATABASES：给予用户查看所有数据库的所有表的权限。

【例 7.24】授予用户"wang"对所有数据库中所有表的"CREATE""ALTER""DROP"权限。"GRANT"语句的代码与执行结果如下：

```
mysql> GRANT CREATE,ALTER,DROP on *.* to 'wang'@'localhost';
Query OK, 0 rows affected (0.00 sec)
```

【例 7.25】 授予用户"wang"创建新用户的权限。GRANT 语句的代码与执行结果如下：

```
mysql> GRANT CREATE USER ON *. * TO 'wang'@'localhost';
Query OK, 0 rows affected (0.00 sec)
```

7.3.3 权限的转移和限制

"GRANT"语句的末尾使用"WITH"子句，如果"WITH"子句指定为"WITH GRANT OPTION"，则表示"TO"子句中指定的所有用户都拥有把自己所掌握的权限授予其他用户的权力，而不管其他用户是否拥有该权限，这就是权限的转移。

【例 7.26】 授予用户"yy"在"news"数据库中对"news"表的"SELECT"权限，并允许其将该权限授予其他用户。"GRANT"语句的代码与执行结果如下：

```
mysql> GRANT SELECT ON news. news TO 'yy'@'localhost' WITH   GRANT OPTION;
Query OK, 0 rows affected (0.00 sec)
```

"WITH"子句也可以对一个用户授予使用限制，其中，"MAX_QUERIES_PER_HOUR count"表示每小时可以查询数据库的次数；"MAX_CONNECTIONS_PER_HOUR count"表示每小时可以连接数据库的次数；"MAX_UPDATES_PER_HOUR count"表示每小时可以修改数据库的次数；"MAX_USER_CONNECTIONS count"表示可同时连接 MySQL 的最大用户数。"count"是一个数值，对于前三个字段，"count"如果为"0"则表示不起限制作用。

【例7.27】 授予用户"yy"每小时只能处理10条"SELECT"语句的限制。"GRANT"语句的代码与执行结果如下：

```
mysql> GRANT SELECT ON news. news TO 'yy'@'localhost' WITH MAX_QUERIES_
PER_HOUR 10;
Query OK, 0 rows affected (0.00 sec)
```

7.3.4 回收权限

回收权限就是取消某个用户的某些权限，若要向某个用户回收权限，但不从"user"表中删除该用户，可以使用"REVOKE"语句。这条语句和"GRANT"语句格式相似，但具有相反的效果。要使用"REVOKE"语句，用户必须拥有 MySQL 数据库的全局"CREATE USER"权限和"UPDATE"权限。例如，如果数据库管理员觉得某个用户不应该拥有"DELETE"权限，那么就可以将"DELETE"权限回收。回收权限可以保证数据库的安全。MySQL 中使用"REVOKE"关键字来回收用户权限。回收指定权限的"REVOKE"语句的基本语法格式如下：

```
REVOKE priv_type [(column_list)] ON database.table FROM user[,user];
```

其中，"priv_type"参数表示权限的类型；"column_list"参数表示权限作用于哪些列上，没有该参数时权限作用于整个表上；"user"参数由用户名和主机名构成，格式为"'username'@'localhost'"。

回收全部权限的"REVOKE"语句的基本语法如下：

```
REVOKE ALL PRIVILEGES, GRANT OPTION FROM user[,user];
```

【例7.28】 回收"yy"用户的"UPDATE"权限。"REVOKE"语句的代码如下：

```
REVOKE UPDATE ON *.* FROM 'yy'@'localhost';
```

代码执行结果如下：

```
mysql> REVOKE UPDATE ON  *.* FROM  'yy'@'localhost';
Query OK, 0 rows affected (0.00 sec)
```

结果显示，"REVOKE"语句执行成功。使用"SELECT"语句查看"yy"用户的"UPDATE"权限。查询结果显示，"update_priv"的值为"N"。

【例7.29】 回收"wang"用户的所有权限。"REVOKE"语句的代码如下：

```
REVOKE ALL PRIVILEGES, GRANT OPTION FROM 'wang'@'localhost';
```

代码执行结果如下：

```
mysql> revoke  all privileges, grant option  from  'wang'@'localhost';
Query OK, 0 rows affected (0.00 sec)
```

结果显示，"REVOKE"语句执行成功，使用"SELECT"语句查看"wang"用户的"SELECT"权限、"UPDATE"权限和"GRANT"权限。结果显示，"select_priv""update_priv""grant_priv"的值都为"N"。

注意：数据库管理员给普通用户授权时一定要特别小心，如果授权不当，可能会给数据库带来致命的破坏。一旦发现给用户授权太多，应该尽快使用"REVOKE"语句将权限回收。此处特别注意，最好不要授权普通用户"SUPER"权限和"GRANT"权限。

7.3.5 查看权限

在 MySQL 中，可以使用"SELECT"语句来查询"user"表中各用户的权限，也可以直接使用"SHOW GRANTS"语句来查看权限。MySQL 数据库下的"user"表中存储着用户的基本权限，可以使用"SELECT"语句来查看。"SELECT"语句的代码如下：

```
Select * from mysql.user;
```

要执行该语句，必须拥有对"user"表的查询权限。除了使用"SELECT"语句以外，还可以使用"SHOW GRANTS"语句来查看权限。"SHOW GRANTS"语句的代码如下：

```
SHOW GRANTS FOR 'username'@' hostname';
```

其中，"username"参数表示用户名，"hostname"表示主机名或者主机 IP。

7.4 知识小结

本章介绍了 MySQL 数据库的权限表、账户管理、权限管理、数据备份、数据恢复、数据库迁移和数据表的导出和导入等内容。其中，账户管理、权限管理、数据备份和数据恢复是本章的重点内容。这其中的密码管理、授权和回收权限是重中之重，因为这些内容涉及 MySQL 数据库的整体安全性。希望能够认真学习这部分的内容。找回 root 用户的密码和授权是本章的难点。找回 root 用户密码的操作很复杂，需要读者按照本章的内容进行练习。授权时需要确定给用户分配什么权限，这需要根据实际情况来决定。

7.5 巩固练习

1. 使用 root 用户身份创建一个名为"my"的用户，密码设置为"mysql"。为该用户设置"CREATE"和"DROP"权限。
2. 修改上一题中"my"用户的密码，将密码改为"mybook"。分别练习以 root 用户和 my 用户的权限来修改。
3. 假设忘记了 root 用户的密码，然后帮助 root 用户设置新的密码。
4. MySQL 采用哪些措施实现数据库的安全管理？
5. 服务器角色分为哪几类？分别有哪些权限？

第*8*章

备份与恢复

【背景分析】 小李通过自己的不懈努力，终于完成了学生成绩管理系统的数据库设计，并在同学的帮助下基本完成了软件开发的工作，系统进入调试与试运行阶段。在系统调试过程中，小李发现，尽管对数据库进行了严格的用户及权限管理，减少了人为误操作导致的数据丢失和恶意破坏，但还是不能完全保障数据库的安全性和完整性，比如硬件故障、软件错误、病毒侵入、管理员误操作等现象时有发生，以上这些问题都会造成运行事务的异常中断，影响数据的正确性，甚至破坏数据库，使数据库中的数据部分或全部丢失。为了保证 MySQL 数据库更加安全，小李想办法制作数据库的副本，即进行数据库备份，在数据遭到破坏时能够修复数据库，进行数据库恢复。

小李需要完成 MySQL 备份与恢复操作，主要从以下三个方面做起。

1. 数据备份：及时对数据库里面的信息进行备份，以防万一。

2. 数据恢复：当数据库受到破坏时，及时将备份的数据进行数据库恢复，从而保障数据库的稳定和数据的正确性。

3. 数据库迁移：在相同版本或不同版本的 MySQL 数据库服务器间实现数据的迁移。

4. 表数据的导入与导出：在 MySQL 数据库文件与其他格式的文件间实现数据的导入与导出。

➡ 知识目标

1. 掌握数据备份的方法。
2. 掌握数据还原的方法。
3. 掌握数据库迁移的方法。
4. 掌握导入和导出文本文件的方法。

➡ 能力目标

1. 能够熟练掌握 MySQL 数据库备份和还原的方法。
2. 能够熟练掌握 MySQL 数据库迁移的方法。
3. 能够熟练掌握 MySQL 数据库与文本文件间实现导入和导出的方法。

8.1 数据备份

在数据库的操作过程中，尽管系统中采用了各种措施来保证数据库的安全性和完整性，但硬件故障、软件错误、病毒侵入、误操作等现象仍有可能发生，导致运行事务的异常中断，影响数据的正确性，甚至破坏数据库，使数据库中的数据部分或全部丢失。

因此，拥有能够恢复数据的能力对于一个数据库系统而言是非常重要的。MySQL 有三种保证数据库安全的方法，分别如下。

> 数据库备份：通过导出数据或者复制表文件来保护数据。
> 二进制日志文件：保存更新数据的所有语句。
> 数据库复制：MySQL 内部复制功能建立在两个或两个以上服务器之间，这是通过设定它们之间的主从关系来实现的。其中一个作为主服务器，其他的作为从服务器。

数据库备份是最简单的保护数据的方法。

8.1.1 使用 mysqldump 命令备份数据

"mysqldump" 命令可以将数据库中的数据备份成一个文本文件。表的结构和表中的数据将存储在生成的文本文件中。"mysqldump" 命令的工作原理很简单。它先检查需要备份的表的结构，再在文本文件中生成一个 "CREATE" 语句。然后，将表中的所有记录转换成 "INSERT" 语句。这些 "CREATE" 语句和 "INSERT" 语句都是还原时使用的。还原数据时就可以使用其中的 "CREATE" 语句来创建表，使用其中的 "INSERT" 语句来还原数据。

▶ 1. 备份一个数据库

使用 "mysqldump" 命令备份一个数据库中表的基本语法格式如下：

```
mysqldump -u username -p dbname table1 table2…>backupName.sql;
```

其中，"dbname" 参数表示数据库的名称；"table1" 和 "table2" 参数表示表的名称，没有该参数时将备份整个数据库；"backupName.sql" 参数表示备份文件的名称，文件生成后保存在 "mysql" 数据库安装目录 "\mysql\mysql5.5.24\bin" 下，也可以在文件名里加上一个绝对路径。通常将数据库备份文件的后缀名定为 ".sql"。

注意："mysqldump" 命令备份的文件并非一定要求后缀名为 ".sql"，备份成其他格式的文件也是一样的。例如，后缀名可以为 ".txt"。

【例 8.1】 使用 "mysqldump" 命令为 root 用户备份 "news" 数据库下的 "news" 表，备份到 E 盘根目录下。命令如下：

```
E:\MySQL51\bin\mysqldump -u root -p news>e:\news.sql;
```

输入密码，命令执行完后，可在 E 盘根目录找到 "news.sql" 文件，该文件中的部分内容如下：

```
-- MySQL dump 10.13 Distrib 5.5.24, for Win32 (x86)
-- Host: localhost Database: news
-- -----------------------------------------------------
-- Server version 5.5.24-log
/*!40101 SET @OLD_CHARACTER_SET_CLIENT=@@CHARACTER_SET_CLIENT */;
/*!40101 SET @OLD_CHARACTER_SET_RESULTS=@@CHARACTER_SET_RESULTS */;
/*此处省略掉部分内容*/
--
-- Table structure for table 'news'
```

```
--
DROP TABLE IF EXISTS 'news';
/*!40101 SET @saved_cs_client = @@character_set_client */;
/*!40101 SET character_set_client = utf8 */;
CREATE TABLE 'news' (
  'Id' int(11) NOT NULL AUTO_INCREMENT,
  'newstype' varchar(21) DEFAULT NULL,
  'title' varchar(25) DEFAULT NULL,
  'ncontent' text,
  'createpeople' varchar(25) DEFAULT NULL,
  'countnumber' int(6) DEFAULT NULL,
  'creattime' datetime DEFAULT NULL,
  PRIMARY KEY ('Id')
) ENGINE=InnoDB AUTO_INCREMENT=3 DEFAULT CHARSET=utf8;
/*!40101 SET character_set_client = @saved_cs_client */;
--
-- Dumping data for table 'news'
--
LOCK TABLES 'news' WRITE;
/*!40000 ALTER TABLE 'news' DISABLE KEYS */;
INSERT INTO 'news' VALUES (1,'国际新闻','社会主义','大家生活好','张三',1,'2013-
12-20 00:00:00'),(2,'国内新闻','天气预报','又是一个好天气','xsc',0,'2013-11-20 00:00:00');
/*!40000 ALTER TABLE `news` ENABLE KEYS */;
UNLOCK TABLES;
/*!40103 SET TIME_ZONE=@OLD_TIME_ZONE */;
/*!40101 SET SQL_MODE=@OLD_SQL_MODE */;
/*此处省略掉部分内容*/
-- Dump completed on 2014-01-02 13:29:47
```

文件开头记录了 MySQL 的版本、备份的主机名和数据库名。文件中，以"--"开头的都是 SQL 语言的注释。以"/*!40101"等形式开头的是与 MySQL 有关的注释。40101 是 MySQL 数据库的版本号，这里就表示 MySQL4.1.1 版本。如果还原数据库时，MySQL 的版本比 4.1.1 版本高，"/*!40101"和"*/"之间的内容被当作 SQL 命令来执行，如果比 4.1.1 版本低，"/*!40101"和"*/"之间的内容被当作注释。

后面的"DROP"语句、"CREATE"语句和"INSERT"语句都是还原时使用的；"DROP TABLE IF EXISTS'news'"语句用来判断数据库中是否还有名为"news"的表；如果存在，就删除这个表；"CREATE"语句用来创建"news"表；"INSERT"语句用来还原所有数据，文件的最后记录了备份的时间。

注意： 上面的"news.sql"文件中没有创建数据库的语句，因此，"news.sql"文件中的所有表和记录必须还原到一个已经存在的数据库中。还原数据时，"CREATE TABLE"语句会在数据库中创建表，然后执行"INSERT"语句向表中插入记录。

【**例 8.2**】 使用"mysqldump"命令为 root 用户备份"news"数据库，备份到 E 盘根目录下。命令如下：

```
mysqldump -u root -p -databases news >e:\news.sql;
```

输入密码，命令执行完后，可以在 E 盘根目录下找到"news.sql"文件。

▶2. **备份多个数据库**

"mysqldump"命令备份多个数据库的语法格式如下：

> mysqldump -u username -p -databases dbname1 daname2...>backupname.sql;

这里要加上"-databases"这个选项，然后再跟多个数据库的名称。

【例 8.3】 使用"mysqldump"命令为 root 用户备份"test"数据库和"news"数据库，备份到 E 盘根目录下。命令如下：

> mysqldump -u root -p -databases test news >e:\backup.sql;

输入密码，命令执行完后，可以在 E 盘根目录下找到"backup.sql"文件。这个文件中存储着这两个数据库的所有信息。

▶3. **备份所有数据库**

"mysqldump"命令备份所有数据库的语法格式如下：

> mysqldump -u username -p -all-databases > e:\backupname.sql;

【例 8.4】 使用"mysqldump"命令为 root 用户备份"test"数据库和"news"数据库，备份到 E 盘根目录下。命令如下：

> mysqldump -u root -p -all-databases > e:\allbackname.sql;

命令执行完后，可以在 E 盘根目录下找到"allbackname.sql"文件。这个文件中存储着所有数据库的所有信息。

8.1.2 直接复制整个数据库目录

MySQL 有一种最简单的备份方法，就是将 MySQL 数据库中的数据库文件直接复制出来。这种方法最简单，速度也是最快的。使用这种方法时，最好先将服务器停止。这样，可以保证在复制期间数据库的数据不会发生变化。如果在复制数据库的过程中还有数据写入，就会造成数据不一致。

这种方法虽然简单快速，但不是最好的备份方法。因为，实际情况可能不允许停止 MySQL 服务器。而且，这种方法对"InnoDB"存储引擎的表不适用。对于"MyISAM"存储引擎的表，这样备份和还原很方便。但是还原时最好使用相同版本的 MySQL 数据库，否则可能导致存在文件类型不同的情况。

8.1.3 使用 mysqlhotcopy 工具快速备份

如果备份时不能停止 MySQL 服务器，可以采用 mysqlhotcopy 工具。mysqlhotcopy 工具的备份方式比"mysqldump"命令快。

mysqlhotcopy 工具是一个 Perl 脚本，主要在 Linux 操作系统下使用。mysqlhotcopy 工具使用"LOCK TABLES""FLUSH TABLES"和"cp"进行快速备份。其工作原理是，先将需要备份的数据库加上一个读操作锁，然后，用"FLUSH TABLES"将内存中的数据写回到硬盘上的数据库中，最后，把需要备份的数据库文件复制到目标目录。使用mysqlhotcopy的命令如下：

```
[root@loclhost~]# mysqlhotcopy [option] dbname1 dbname2…backupDir/;
```

其中，"dbname1"等表示需要备份的数据库的名称；"backupDir"参数指出备份到哪个文件夹下。这个命令的含义就是将"dbname1""dbname2"等数据库备份到"backupDir"目录下。mysqlhotcopy工具有一些常用的选项，这些选项的介绍如下。

➤ --help：用来查看mysqlhotcopy的帮助。

➤ --allowold：如果备份目录下存在相同的备份文件，将旧的备份文件名加上"_old"。

➤ --keepold：如果备份目录下存在相同的备份文件，不删除旧的备份文件，而是将旧的文件更名。

➤ --flushlog：本次备份之后，将对数据库的更新记录到日志中。

➤ --noindices：只备份数据文件，不备份索引文件。

➤ --user=用户名：用来指定用户名，可以用"-u"代替。

➤ --password=密码：用来指定密码，可以使用"-p"代替。使用"-p"时，密码与"-p"紧挨着。或者只使用"-p"，然后用交换的方式输入密码。这与登录数据库时的情况是一样的。

➤ --port=端口号：用来指定访问端口，可以用"-p"代替。

➤ --socket=socket文件：用来指定"socket"文件，可以用"-s"代替。

注意：mysqlhotcopy工具虽然速度快，使用起来很方便。但是，mysqlhotcopy工具不是MySQL自带的，需要安装Perl的数据库接口包。mysqlhotcopy工具的工作原理是将数据库文件复制到目标目录。因此mysqlhotcopy工具只能备份"MyISAM"类型的表，不能用来备份"InnoDB"类型的表。

8.2 数据还原

管理员的非法操作和计算机的故障都会破坏数据库文件。当数据库遭到这些意外时，可以通过备份文件将数据库还原到备份时的状态。这样可以将损失降低到最小。

8.2.1 使用mysql命令还原数据

管理员通常使用"mysqldump"命令将数据库中的数据备份成一个文本文件。通常这个文本文件的后缀名为".sql"。需要还原时，可以使用"mysql"命令来还原备份的数据。

备份文件中通常包含"CREATE"语句和"INSERT"语句。"mysql"命令可以执行备份文件中的"CREATE"语句和"INSERT"语句。通过"CREATE"语句来创建数据库和表。通过"INSERT"语句来插入备份的数据。"mysql"命令的基本语法格式如下：

```
mysql -u root -p [dbname]<backupname.sql;
```

其中，"dbname"参数表示数据库的名称。该参数是可选参数，可以指定数据库名，也可以不指定。指定数据库名时，表示还原该数据库下的表。不指定数据库名时，表示还原特定的数据库，而备份文件中有创建数据库的语句。

【例8.5】 下面使用root用户身份还原备份所有的数据库。命令如下：

```
mysql -u root -p <e:\news.sql;
```

执行完后，MySQL数据库中就已经还原了"news.sql"文件里的所有数据库。

注意：如果使用"--all-databases"参数备份了所有的数据库，那么还原时不需要指定数据库。因为，其对应的"sql"文件包含有"CREATE DATABASE"语句，可以通过该语句来创建数据库。创建数据库之后，可以执行"sql"文件中的"USE"语句选择数据库，然后再到数据库中创建表并且插入记录。

8.2.2 使用mysqlimport命令还原数据

"mysqlimport"命令可以用来恢复表中的数据，它提供了"LOAD DATA INFILE"语句的一个命令接口，发送一个"LOAD DATA INFILE"命令到服务器来运行。其大多数选项直接对应"LOAD DATA INFILE"语句。"mysqlimport"命令格式如下：

```
mysqlimport [options] db_name filenamge…
```

其中，"options"是"mysqlimport"命令的选项，使用"mysqlimport -help"即可查看这些选项的内容和作用。常用的选项为：

➢ -d，-delete：在导入文本文件前清空表格。

➢ -lock-tables：在处理任何文本文件前锁定所有的表。这保证所有的表在服务器上同步。而对于"InnoDB"类型的表则不必锁定。

➢ --low-priority，--local，--replace，--ignore：分别对应"LOAD DATA INFILE"语句的"LOW_PRIORITY""LOCAL""REPLACE""IGNORE"关键字。

对于在命令行上命名的每个文本文件，"mysqlimport"命令剥去文件名的扩展名，并使用它决定向哪个表导入文件的内容。例如，"patient.txt""patient.sql"和"patient"都会被导入名为"patient"的表中。所以备份的文件名应根据需要恢复表命名。

【例8.6】 下面使用"mysqlimport"命令恢复"news"数据库中表"news"的数据，保存数据的文件为"news.txt"。命令如下：

```
mysqlimport -u root -p --low-priority --replace news news.txt;
```

注意："mysqlimport"命令也需要提供"-u""-p"选项来选择服务器。"mysqlimport"命令是通过执行"LOAD DATA INFILE"语句来恢复数据库的，所以上例中备份文件未指定位置，故默认是在MySQL的DATA目录中。如果不在该目录中则是要指定文件的具体路径。

8.2.3 直接复制到数据库目录

之前介绍过一种直接复制数据的备份方法。通过这种方式备份的数据，可以直接复制到MySQL的数据库目录下。通过这种方式还原时，必须保证两个MySQL数据库的主版本号是相同的。因为只有MySQL数据库主版本号相同时，才能保证这两个MySQL数据库的文件类型是相同的。而且，这种方式对"MyISAM"类型的表比较有效。对于

"InnoDB"类型的表则不可用。因为"InnoDB"表的空间不能直接复制。

在 Windows 操作系统下，MySQL 数据库的目录通常存放在三个路径的其中之一。分别是"C:\mysql\data""C:\Documents and Setting\All Users\application Data\MySQL\MySQL Server5.1\data"或者"C:\Program Files\MySQL\MySQL Server 5.1\data"。在 Linux 操作系统下，数据库目录通常在"var/lib/mysql""/usr/local/mysql/data"或者"/usr/local/mysql/var"这三个目录下，上述位置只是数据库目录最常用的位置。具体情况根据读者安装时设置的位置而定。

使用"mysqlhotcopy"命令备份的数据也是通过这种方式来还原的。在 Linux 操作系统下，复制到数据库目录后，一定要将数据库的组和用户变成"mysql"。命令如下：

```
chown -R mysql.mysql dataDir;
```

其中，两个"mysql"分别表示组和用户；"-R"参数可以改变文件夹下的所有子文件的组和用户；"dataDir"参数表示数据库目录。

注意：Linux 操作系统下的权限设置非常严格。通常情况下，MySQL 数据库只有"root"用户和"mysql"用户组下的"mysql"用户可以访问。因此，将数据库目录复制到指定文件夹后，一定要使用"chown"命令将文件夹的用户组变为"mysql"，将用户变为"mysql"。

8.3 数据库迁移

数据库迁移就是指数据库从一个系统移动到另一个系统上。数据库迁移的原因是多种多样的。可能是因为升级了计算机，或者是部署开发了新的管理系统，或者升级了MySQL 数据库，甚至是换用其他的数据库。根据上述情况，可以将数据库迁移大致分为三类。这三类分别是：在相同版本的 MySQL 数据库之间迁移，迁移到其他版本的 MySQL 数据库中和迁移到其他类型的数据库中。

8.3.1 相同版本的 MySQL 数据库之间的迁移

相同版本的 MySQL 数据库之间的迁移就是在主版本号相同的 MySQL 数据库之间进行数据库移动。这种迁移的方式最容易实现。

相同版本的 MySQL 数据库之间进行数据库迁移的原因有很多，通常的原因是换了新机器，或者是装了新的操作系统。还有一种常见的原因是将开发的管理系统部署到工作机器上。因为迁移前后 MySQL 数据库的主版本号相同，所以通过复制数据库目录来实现数据库迁移。但是，只有数据表都是"MyISAM"类型的才能使用这种方式。

最常用和最安全的方式是使用"mysqldump"命令来备份数据库。然后使用"mysql"命令将备份文件还原到新的 MySQL 数据库中。这里可以将备份和迁移同时进行。假设从一个名为"host1"的机器中备份出所有数据库，然后，将这些数据库迁移到名为"host2"的机器上。命令如下：

```
mysqldump -h name1 -u root -password=password1 -all-databases | mysql -h host2 -u root -password=password2;
```

其中，"|"符号表示管道，其作用是将"mysqldump"备份的文件送给"mysql"命令；"-password=password1"是"name1"主机上 root 用户的密码。同理，"password2"是"name2"主机上 root 用户的密码。通过这种方式可以实现迁移。

8.3.2 不同版本的 MySQL 数据库之间的迁移

不同版本的 MySQL 数据库之间进行数据迁移通常是因为 MySQL 升级的原因。例如，原来很多服务器使用 4.0 版本的 MySQL 数据库。5.0 的版本推出以后，改进了 4.0 版本的很多缺陷。因此需要将 MySQL 数据库升级到 5.0 版本。这样就需要对不同版本的 MySQL 数据库之间进行数据迁移。

高版本的 MySQL 数据库通常都会兼容低版本，因此可以从低版本的 MySQL 数据库迁移到高版本的 MySQL 数据库。对于"MyISAM"类型的表可以直接复制，也可以直接使用 mysqlhotcopy 工具。但是"InnoDB"类型的表不可以使用这两种方法。最常用的办法就是使用"mysqldump"命令来进行备份，然后，通过"mysql"命令将备份文件还原到目标 MySQL 数据库中，但是，高版本的 MySQL 数据库很难迁移到低版本的 MySQL 数据库。因为高版本的数据库可能有一些新的特性，这些新特性是低版本 MySQL 数据库所不具有的。数据库迁移时要特别小心，最好使用"mysqldump"命令来进行备份，避免迁移时造成数据丢失。

8.3.3 不同数据库之间的迁移

不同数据库之间的迁移是指从其他类型的数据库迁移到 MySQL 数据库，或者从 MySQL 数据库迁移到其他类型的数据库。例如，某个网站原来使用 Oracle 数据库或者 SQL Server 数据库，因为运行成本太高等诸多原因，希望改用 MySQL 数据库。或者，某个管理系统原来使用 MySQL 数据库，因为某种特殊性能的要求，希望改用 Oracle 数据库或者 SQL Server 数据库。这样不同的数据库之间的迁移也会经常发生。但是这种迁移没有普遍适用的解决办法。

MySQL 以外的数据库也有类似 mysqldump 这样的备份工具，可以将数据库中的文件备份成一个"sql"文件或者普通文本。但是，因为不同数据库厂商没有完全按照 SQL 标准来设计数据库。这就造成了不同数据库适用 SQL 语句的差异。例如，微软公司的 SQL Server 软件适用的是 T-SQL 语句。T-SQL 中包含了非标准的 SQL 语句。这就造成了 SQL Server 和 MySQL 的 SQL 语句不能兼容。除了 SQL 语句存在不兼容的情况外，不同的数据库之间的数据类型也有差异。例如，SQL Server 数据库中有"ntext""image"等数据类型，但在 MySQL 数据库中都没有。MySQL 支持的 ENUM 和 SET 类型，在 SQL Server 数据库中也不支持。数据类型的差异也造成了迁移的困难。从某种意义上说，这种差异是商业数据库公司故意造成的壁垒。这种行为阻碍了数据库市场的健康发展。

但是，不同数据库之间的迁移并不是完全不可能的。Windows 操作系统下，通常可以通过使用 MyODBC 来实现 MySQL 与 SQL Server 之间的迁移。MySQL 迁移到 Oracle 时，需要使用"mysqldump"命令导出"sql"文件，然后，手动更改"sql"文件中的"CREATE"语句。

8.4 表的导出和导入

MySQL 数据库中的表可以导出成文本文件、XML 文件或者 HTML 文件。相应的文本文件可以导入到 MySQL 数据库中。在数据库的日常维护中，经常需要进行表的导出和导入操作。

8.4.1 用 SELECT…INTO OUTFILE 导出文本文件

MySQL 中，可以使用 "SELECT…INTO OUTFILE" 语句将表的内容导出成一个文本文件，并用 "LOAD DATA…INFILE" 语句恢复数据。但是这种方法只能导入和导出数据的内容，不包括表的结构。如果表的文件结构损坏，则必须先恢复原来的表结构。"SELECT…INTO OUTFILE" 语句其基本语法格式如下：

```
select [列名] from table [where 语句] into outifile '目标文件' [option];
```

该语句分为两个部分。前半部分是一个普通的 "SELECT" 语句，通过这个 "SELECT" 语句来查询所需要的数据；后半部分是导出数据的。其中 "目标文件" 参数指出将查询的记录导出到哪个文件；"option" 参数有六个常用的选项。分别介绍如下。

> FIELDS TERMINATED BY'字符串'：设置字符串为字段的分隔符，默认值是 "\t"。
> FIELDS ENCLOSED BY'字符'：设置字符来括上字段的值。默认情况下不使用任何符号。
> FIELDS OPTIONALLY ENCLOSED BY'字符'：设置字符来括上 char、varchar 和 text 等字符型字段。默认情况下不使用任何符号。
> FIELDS ESCAPED BY'字符'：设置转义字符，默认值为 "\"。
> LINES STARTING BY'字符串'：设置每行开头的字符，默认情况下无任何字符。
> LINES TERMINATED BY'字符串'：设置每行的结束符，其默认值为 "\n"。

【例 8.7】 使用 "SELECT…INTO OUTFILE" 语句来导出 "test" 数据库下 "xsc" 表的记录。其中，字段之间用 "、" 隔开，字符型数据用双引号引起来。每条记录以 ">" 开头。命令如下：

```
select * from test.xsc INTO OUTFILE 'e:/xsc.txt' FIELDS TERMINATED BY '、'
OPTIONALLY ENCLOSED BY ' \ ' LINES STARTING BY '\>' TERMINTED BY '\r\n';
```

其中："TERMINATED BY'\r\n'" 可以保证每条记录占一行。因为 Windows 操作系统下 "\r\n" 才是回车换行。如果不加这个选项，默认情况只是 "\n"。用 root 用户身份登录到 MySQL 数据库中，然后执行上述命令。执行完后，可以在 "e:\" 下看到一个名为 "xsc.txt" 的文本文件。"xsc.txt" 中的内容如下：

```
>1、"张东"、"男"、1991、"互联网工程系"
>2、"张三"、"男"、1990、"软件技术系"
>3、"李四"、"男"、1993、"互联网工程系"
>4、"张梅"、"女"、1992、"游戏动漫学院"
>5、"于娟"、"女"、1991、"电子工程系"
```

这些记录都是以 ">" 开头，每条记录之间以 "、" 隔开。而且，字符数据都加上了引号。

8.4.2　用 mysqldump 命令导出文本文件

"mysqldump"命令可以备份数据库中的数据。但是，备份时是在备份文件中保存了"CREATE"语句和"INSERT"语句。不仅如此，"mysqldump"命令还可以导出文本文件。其基本语法格式如下：

```
mysqldump -u root -pPassword -T 目标目录 dbname table[option];
```

其中，"Password"参数表示 root 用户的密码，密码紧挨着"-p"选项；目标目录参数是指导出的文本文件的路径；"dbname"参数表示数据库的名称；"table"参数表示表的名称；"option"表示附件选项。这些选项介绍如下。

- ➢ --fields-terminated-by=字符串：设置字符串为字段的分隔符，默认值是"\t"。
- ➢ --fields-enclosed-by=字符：设置字符来括上字段的值。
- ➢ --fields-optionally-enclosed-by=字符：设置字符括上 char、varchar 和 text 等字符型字段。
- ➢ --fields-escaped-by=字符：设置转义字符。
- ➢ --lines-terminated-by=字符串：设置每行的结束符。

注意：这些选项必须用双引号引起来，否则 MySQL 数据库系统将不能识别这些参数。

【例 8.8】　用"mysqldump"语句来导出"test"数据库下"xsc"表的记录。其中，字段之间用","号隔开，字符型数据用双引号引起来。命令如下：

```
mysqldump -u root -p111 -T e:\test xsc "--fields-terminated-by =,"" -fields -optionally
-enclosed-by ="";
```

其中，root 用户的密码为"111"，密码紧挨着"-p"选项。"--fields-terminated-by"等选项都用双引号括起来。命令执行完后，可以在"e:\"下看到一个名为"xsc.txt"的文本文件和"xsc.sql"文件。"xsc.txt"中的内容如下：

```
1，"张东"，"男"，1991，"互联网工程系"
2，"张三"，"男"，1990，"软件技术系"
3，"李四"，"男"，1993，"互联网工程系"
4，"张梅"，"女"，1992，"游戏动漫学院"
5，"于娟"，"女"，1991，"电子工程系"
```

这些记录都以","隔开。而且字符数据都加上了引号。其实，"mysqldump"命令也是调用"SELECT…INTO OUTFILE"语句来导出文本文件的。除此之外"mysqldump"命令同时还生成了"xsc.sql"文件。这个文件中有表的结构和表中的记录。

注意：导出数据时，一定要注意数据的格式。通常每个字段之间都必须用分隔符隔开，可以使用逗号，空格或者制表符（Tab）。每条记录占用一行，新记录要从下一行开始。字符串数据都要使用双引号引起来。

"mysqldump"命令还可以导出 XML 格式的文件，其基本语法格式如下：

```
mysqldump -u root -pPassword --xml | -X dbname table >C:/name.xml;
```

其中，"Password"参数表示 root 用户的密码；使"--xml"或者"-X"选项就可以导出 XML 格式的文件；"dbname"表示数据库的名字；"table"表示表的名称；

"C:/name.xml"表示导出的 XML 文件的路径和名字。

8.4.3　用 mysql 命令导出文本文件

"mysql"命令可以用来登录 MySQL 服务器，也可以用来还原备份文件。同时，"mysql"命令也可以导出文本文件。其基本语法格式如下：

```
mysql -u root -pPassword -e "select 语句" dbname>C:/name.txt;
```

其中，"Password"表示 root 用户的密码；使用"-e"选项就可以执行"sql"的语句；"SELECT 语句"用来查询记录；"C:/name.txt"表示导出文件的路径。

【例 8.9】　用"mysql"命令来导出"test"数据库下"xsc"表的记录。命令如下：

```
mysql -u root -p111 -e "select * from xsc" test >C:/xsc.txt;
```

上述命令将"xsc"表中的所有记录查询出来，然后写入到"xsc.txt"文档中。"xsc.txt"中的内容如下：

```
Id  姓名   性别   出生年月  所属系部
1   张东   男    1991    互联网工程系
2   张三   男    1990    软件技术系
3   李四   男    1993    互联网工程系
4   张梅   女    1992    游戏动漫学院
5   于娟   女    1991    电子工程系
```

"mysql"命令还可以导出 XML 文件和 HTML 文件。"mysql"命令导出 XML 文件的语法格式如下：

```
mysql -u root -pPassword --xml | -X -e "select 语句" dbname > C:/name.xml;
```

其中，"Password"表示 root 用户的密码；使用"--xml"或者"-X"选项就可以导出 XML 格式的文件；"dbname"表示数据库的名称；"C:/name.xml"表示导出 XML 文件的路径。

"mysql"命令导出 HTML 文件的语法格式如下：

```
mysql -u root -pPassword --html |-H -e "select 语句" dbname > C:/name.html;
```

其中，使用"--html"或者"-H"选项就可以导出 HTML 格式的文件。

8.4.4　用 LOAD DATA INFILE 方式导入文本文件

MySQL 中，可以使用"LOAD DATA INFILE"命令将文本文件导入到 MySQL 数据库中。其基本语法格式如下：

```
load data [local] infile file into TABLE table [option];
```

其中，"local"是在本地计算机中查找文本文件时使用的；"file"参数指定了文本文件的路径和名称；"table"参数指表的名称；"option"参数有常用的选项，介绍如下。

➤ FIELDS TERMINATED BY'字符串'：设置字符串为字段的分隔符，默认值是"\t"。

➢ FIELDS ENCLOSED BY'字符'：设置字符来括上字段的值，默认情况下不使用任何符号。

➢ FIELDS OPTIONALLY ENCLOSED BY'字符'：设置字符来括上 char、text 和 varchar 等字符型字段，默认情况下不使用任何符号。

➢ FIELDS ESCAPED BY'字符'：设置转义字符，默认值为 "\"。

➢ LINES STATING BY''：设置每行开头的字符，默认情况下无任何字符。

➢ LINES TERMINATED BY''：设置每行的结束符，其默认值为 "\n"。

➢ IGNORE n LINES：忽略文件的前 n 行记录。

➢ （字段列表）：根据字段列表中的字段和顺序来加载记录。

➢ SET column=expr：将指定的列 "column" 进行相应地转换后再加载，使用 "expr" 表达式来进行转换。

【例 8.10】 使用 "LOAD DATA INFILE" 命令将 "xsc.txt" 中的记录导入到 "xsc" 表中。命令如下：

```
load data infile 'e:\xsc.txt' into table xsc fields terminated by ',' optionally enclosed by"";
```

使用 "LOAD DATA INFILE" 导入时，要注意 "xsc.txt" 文件中的分隔符。

8.4.5 用 mysqlimport 命令导入文本文件

MySQL 中，可以使用 "mysqlimport" 命令将文本文件导入到数据库中。其基本语法格式如下：

```
mysqlimport -u root –pPassword [--local] dbname file [option];
```

其中，"Password" 参数是 root 用户的密码，必须与 "-p" 选项紧挨着；"local" 是在本地计算机中查找文本文件时是使用的；"dbname" 参数表示数据库的名称；"file" 参数指定了文本文件的路径和名称；"option" 参数有常用的选项，介绍如下。

➢ --fields-terminated-by=字符串：设置字符串为字段的分隔符，默认值是 "\t"。

➢ --fields-enclosed-by=字符：设置字符来括上字段的值。

➢ --fields-optionally-enclosed-by=字符：设置字符括上 char、varchar 和 text 等字符型字段。

➢ --fields-escaped-by=字符：设置转义字符。

➢ --lines-terminated-by=字符串：设置每行的结束符。

➢ --ignore-lines=n：表示可以忽略前几行。

【例 8.11】 使用 "mysqlimport" 命令，将 "xsc.txt" 中的记录导入到 "xsc" 表中。命令如下：

```
mysqlimport -u root -p111 test e:\xsc.txt"--fields-terminated-by=,""--fields-optionally-enclosed by="";
```

使用 "mysqlimport" 命令导入时，要注意 "xsc.txt" 文件中的分隔符。执行该命令后，就可以将 "xsc.txt" 中的记录导入到 "test" 数据库下的 "xsc" 表中。

◥ 8.5 知识小结

本章介绍了利用"mysqldump""mysqlhotcopy""mysql""mysqlimport""LOAD DATA INFILE""mysqlimport"等命令或工具进行数据库的备份、还原，以及数据库的迁移、导入与导出等操作，灵活运用这些工具，将会为数据库的安全操作提供有力的保障。

实 战 篇

第 *9* 章

数据库设计实例

【背景分析】 随着市场经济的快速发展，汽车已经成为人们生活的必需品。"考驾驶证"使得汽车驾驶培训行业得到迅猛发展，各城市相继成立了培养各类合格驾驶员的驾驶学校。驾校的火爆像抢购风一样，随之而来的是管理方面的问题。一所驾校如果想提高自己的经济效益，使其在同行竞争中立于不败之地，就迫切需要科学的驾校学员信息管理系统，解决如今面临的种种困难。驾校学员信息管理系统要在充分了解客户需求的基础上，集众多客户的管理经营经验，融合先进的管理思想，结合驾校的实际情况，抓住信息流这条主线，优化企业流程，为企业管理层提供最佳的企业管理手段，帮助企业实现信息资源充分共享，全面提升企业整体的服务水平，从而增强企业的竞争力。根据驾校的需求和实际情况，小李综合运用前面所学的知识，开始设计一个驾校学员信息管理系统。通过该系统的设计，可以综合运用所学知识，但这项任务具有极大的挑战性。

9.1 系统概述

近二十年来，随着计算机技术的飞速发展，数据库技术作为数据管理的一个有效的手段，在各行各业中得到越来越广泛的应用。驾校学员信息管理系统主要用于管理驾校的各种数据，包括学员基本信息、学员入学体检报告、学员考试成绩及学员驾驶证领取记录等。本节将介绍驾校学员信息管理系统的基本概述。

随着驾校每年招收学员数量的猛增，相应的数据量就会大量增加。这些数据的扩展，给管理驾校学员信息的管理员在资料整理、查询，数据处理等方面带来极大的不便。建立驾校学员信息管理系统的基本目标是为了降低管理员的工作强度，使得他们对学员信息的查询和数据处理的速度有显著提高，从而提高管理员的工作效率，也为了促进学员信息管理系统逐渐自动化、智能化。

本系统主要用于管理学员的学籍信息、体检信息、成绩信息和驾驶证领取信息等。这些信息是我们设计数据库的重要依据，对这些信息的录入、查询、修改和删除等操作都是该系统需要实现的主要功能。

本系统分为五个管理部分，即系统管理员信息管理、学籍信息管理、体检信息管理、成绩信息管理和驾驶证领取信息管理。

9.2 系统功能

驾校学员信息管理系统的主要功能是管理驾校学员的基本信息。通过本管理系统，可以提高驾校管理者的工作效率，使驾校的管理日趋规范，对以后资料的统计和归档都起着至关重要的作用。本节首先对驾校学员信息管理系统进行系统功能分析，然后对本系统的业务流程从整体上进行剖析。根据以上分析，划分系统的功能模块。

9.2.1 系统业务分析

为了使读者进一步了解系统的模块结构和运行流程，本小节将对系统功能进行详细描述，根据功能进行系统模块划分和流程分析。根据驾校实际需要，我们整理了驾校学员信息管理系统的基本要求，详细内容如下。

- 用户登录：由于该系统管理关键业务数据，所以为了保证系统及数据的安全性，要求用户登录系统必须进行安全性验证，即需要进入系统的人员，必须拥有合法的用户名和密码，通过后台验证才能进入系统，所以要有用户登录模块。

- 修改密码：为了用户账号的安全性，密码需要定期进行修改，所以该系统需要有修改用户密码的功能，要求只能修改自己的密码，在修改密码之前，需要验证原密码。

- 增加用户：如果有多个用户登录该系统，需要由系统最高管理员增加普通操作员，包括操作员的用户名、密码、级别等内容。

- 修改删除用户：对于用户的基本资料可以进行修改，对于不使用的用户可以进行删除操作。

- 学员信息管理：学员基本信息应该包含姓名、性别、年龄、身份证号码、家庭住址等，功能包括学员信息的录入、修改、删除和查询，尤其是查询功能，要能满足多条件组合、模糊查询。

- 学员体检情况管理：由于驾校招生的特殊性，在对准备报名的学员，首先要体检，进行身体检查。为了便于日后管理，需要将学员体检的基本情况录入系统，驾校体检主要包括身高、体重、听力、视力、辨色能力、腿长和血压等信息，这些信息都是需要录入的，主要功能应该包括体检报告的录入、修改、删除和查询，查询可以根据学员姓名、身份证编号等多条件组合查询。

- 成绩管理：学员培训后，考试成绩需要记录，所以我们应该将学员的考试成绩保存在系统中，作为以后学员领取驾驶证的依据。由于考试科目不止一门，所以在保存成绩的时候要分科目进行处理。

- 领取驾驶证管理：当学员完成培训并全部考试合格后，即可领取驾驶证，我们需要将学员领取驾驶证的信息保存在系统中，以备查验。

9.2.2 系统功能模块划分

根据以上系统业务分析，本系统可以分为五个大模块及 21 个子模块，即管理员信息管理、学员学籍信息管理、学员体检信息管理、学员成绩信息管理和驾驶证领证信息管理。本系统详细的功能模块图如图 9.1 所示。

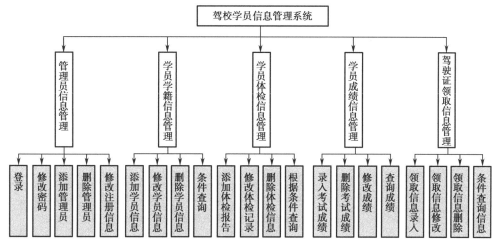

图 9.1　系统功能模块图

下面我们分析一下本系统各模块的详细功能。

- ➤ 管理员信息管理：主要是对管理员的登录操作进行管理。管理员登录成功后，系统会进入到系统管理界面。在这里，管理员可以修改自己的密码。
- ➤ 学员学籍信息管理：主要是处理学籍信息的添加、查询、修改和删除等操作。查询学员的学籍信息时，可以通过学号、姓名、报考的车型和学员的状态进行查询。通过这四个方面处理，使学籍信息的管理更加方便。
- ➤ 学员体检信息管理：主要对学员体检后的体检信息进行添加、查询、修改和删除等操作。
- ➤ 学员成绩信息管理：对学员的成绩信息进行录入、查询、修改和删除等操作，以便有效地管理学员的成绩信息。
- ➤ 驾驶证领取信息管理：对学员的驾驶证的领取等相关记录进行管理。这部分主要进行驾驶证领取信息的录入、查询、修改和删除等操作。这样可以保证学员驾驶证被领取后，相关信息能够被有效地管理。

通过本节介绍，读者对这个驾校学员信息管理系统的主要功能有一定的了解。在下一节中，我们会向读者介绍本系统所需要的数据库其详细设计过程。

9.2.3 关键功能流程图

经过前面对系统的功能分析和模块划分，我们了解到本系统的流程并不是很复杂，为了设计数据库和编程的需要，我们需要将本系统的关键流程用流程图的方式画出来，这样读者可以很直观地看到系统的数据流向和业务逻辑关系，如图 9.2 所示。

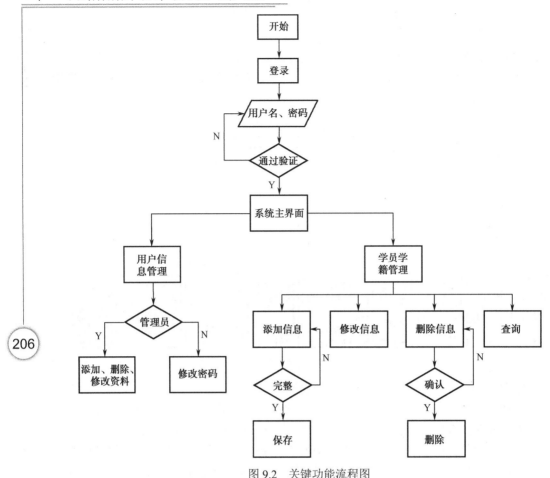

图 9.2　关键功能流程图

9.3　数据库设计

数据库设计是开发管理系统的一个重要步骤。如果数据库设计不合理，会给后续的系统开发带来很大的麻烦。本节为读者介绍驾校管理系统的数据库设计过程。

根据我们前面章节的所学知识，设计数据库首先要对系统的实体进行分析和抽象，然后对各实体的属性进行分析，根据实体及其对应的属性，画出系统的 E-R 模型图。根据系统的 E-R 模型图，将其转化为关系模型。根据转化后的关系模型，生成系统数据库的数据字典，最后根据数据字典，在 MySQL 数据库中，创建对应的数据表。

9.3.1　系统实体及属性分析

根据系统功能分析、模块划分和关键功能流程图，我们按大功能模块对该系统进行相关实体分析。

➤ 用户管理模块：该模块包含的实体为管理员（用户），其基本属性包括：用户名、用户密码、是否为管理员。

➤ 学员学籍信息管理模块：该模块包含的实体为学员，其基本属性包括：学员编号、姓名、性别、年龄、身份证号码、联系电话、报考级别（A、B、C）、报名时间、毕业时间、状态（学习、结业、退学）、备注。

> 学员体检信息管理模块：该模块对应的实体为体检报告，其基本属性包括：报告编号、学员编号、姓名、身高、体重、辨色能力（正常、色弱、色盲）、左眼视力、右眼视力、左耳听力（正常、偏弱）、右耳听力（正常、偏弱）、腿长是否相等（是、否）、血压（正常、偏高、偏低）、病史、备注等。

> 学员成绩信息管理模块：该模块对应的实体为科目信息和成绩信息。科目信息包括：科目编号、科目名称、先修科目编号（可选）；成绩信息包括：成绩编号、学员编号、科目编号、考试时间、考试次数、考试成绩。

> 驾驶证管理功能：该模块对应的实体为驾驶证。驾驶证的基本信息包括：编号、学员编号、姓名、驾驶证编号、领证时间、领证人、备注。

以上就是驾校学员信息管理系统的实体及其对应的属性，接下来，我们将根据以上分析，绘制实体属性图和 E-R 模型图。

9.3.2　系统 E-R 模型图设计

根据上面的分析，先绘画出各自的实体属性图，如图 9.3～图 9.8 所示，总 E-R 模型图如图 9.9 所示。

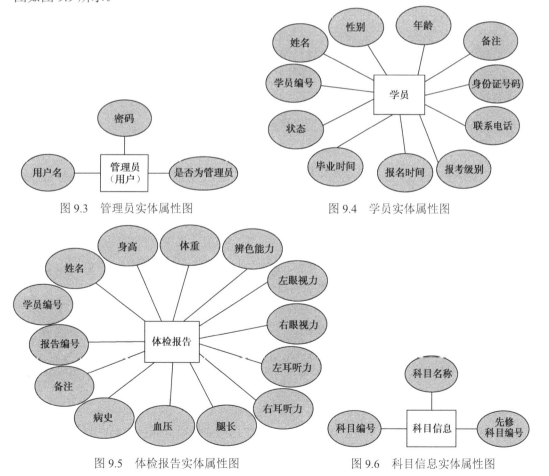

图 9.3　管理员实体属性图　　　　图 9.4　学员实体属性图

图 9.5　体检报告实体属性图　　　　图 9.6　科目信息实体属性图

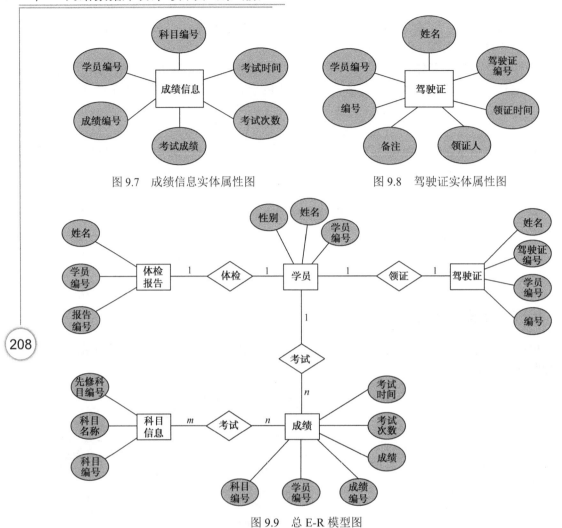

图 9.7　成绩信息实体属性图　　　　　图 9.8　驾驶证实体属性图

图 9.9　总 E-R 模型图

由于各实体属性较多，在总 E-R 模型图中省略了部分属性，从 E-R 模型图到关系模型转化的时候，可以结合上面的实体属性图来完成。

9.3.3　E-R 模型图转为关系模型

根据第 2 章的知识，我们将 E-R 模型图转化为关系模型。其中的一种模型如下（标有下画线"＿"的属性为主码，斜体字的属性为外码）：

> 用户表（<u>用户名</u>、密码、是否为管理员）。
> 学员表（<u>学员编号</u>、姓名、性别、年龄、身份证号码、联系电话、报考级别、报名时间、毕业时间、状态、备注）。
> 体检报告表（<u>报告编号</u>、*学员编号*、姓名、身高、体重、辨色能力、左眼视力、右眼视力、左耳听力、右耳听力、腿长、血压、病史、备注）。
> 科目表（<u>科目编号</u>、科目名称、*先修科目编号*）。
> 成绩表（<u>成绩编号</u>、*学员编号*、*科目编号*、考试时间、考试次数、考试成绩）。
> 驾驶证表（<u>编号</u>、*学员编号*、姓名、驾驶证编号、领证时间、领证人、备注）。

9.3.4 系统数据字典

1. 用户表（users）

用户表中存储用户名、密码和是否为管理员三个属性，所以可以将用户表设计成三个字段。"username"字段表示用户名，"password"字段表示密码，"isadmin"字段表示是否为管理员。因为用户名和密码都是字符串，所以这两个字段都使用 VARCHAR 类型。而且将这两个字段的长度都设置为"20"。而且用户名必须唯一。是否为管理员字段用 ENUM 类型表示，"0"代表不是管理员、"1"代表是管理员。users 表的每个字段的信息如表 7.1 所示。

表 7.1 用户表（users）字段信息

字段名	字段描述	数据类型	主键	外键	非空	唯一	默认值	自增
username	用户名	VARCHAR(20)	是	否	是	是	无	否
password	密码	VARCHAR(20)	否	否	否	否	无	否
isadmin	是否为管理员	ENUM	否	否	否	否	无	否

2. 学员表（studentinfo）

学员表（学员编号、姓名、性别、年龄、身份证号码、联系电话、报考级别、报名时间、毕业时间、状态、备注）。

studentinfo 表中主要存储学员的学籍信息，包括学员编号、姓名、性别、年龄和身份证号码等信息。用"sno"字段表示学员编号，由于学员编号是 studentinfo 表的主键，所以"sno"字段是不能为空值的，而且值必须是唯一的。"identify"字段表示学员的身份证号码，而每个学员的身份证号码也必须是唯一的。因为有些身份证以字母"x"结束，所以"identify"字段设计为 VARCHAR 类型。"sex"字段表示学员的性别，该字段只有"男"和"女"这两个取值。因此"sex"字段使用 ENUM 类型。"state"字段表示学员的学业状态，每个学员只有 3 种状态，分别为"学习""结业"和"退学"。因此，"state"字段也使用 ENUM 类型。入学时间和毕业时间都是日期，因此选择 DATE 类型。"remark"字段用于存储备注信息，所以选择 TEXT 类型比较合适。studentinfo 表的每个字段的信息如表 7.2 所示。

表 7.2 学员信息表（studentinfo）的字段信息

字段名	字段描述	数据类型	主键	外键	非空	唯一	默认值	自增
sno	学员编号	INT(8)	是	否	是	是	无	否
sname	姓名	VARCHAR(20)	否	否	是	否	无	否
sex	性别	ENUM	否	否	是	否	无	否
age	年龄	INT(3)	否	否	否	否	无	否
identify	身份证号码	VARCHAR(18)	否	否	是	是	无	否
tel	联系电话	VARCHAR(15)	否	否	否	否	无	否

字段名	字段描述	数据类型	主键	外键	非空	唯一	默认值	自增
car_type	报考级别	ENUM	否	否	是	否	无	否
in_time	报名时间	DATE	否	否	是	否	无	否
out_time	毕业时间	DATE	否	否	否	否	无	否
state	状态	ENUM	否	否	是	否	无	否
remark	备注	TEXT	否	否	否	否	无	否

3. 体检报告表（healthinfo）

因为驾校体检主要检查学员的身高、体重、视力、听力、辨色能力、腿长和血压等信息。所以 healthinfo 表中必须包含这些信息。身高、体重、左眼视力和右眼视力分别用"height"字段、"weight"字段、"left_sight"字段和"right_sight"字段表示。因为这些字段的值有小数，所以这些字段都定义成 FLOAT 类型。辨色能力、左耳听力、右耳听力、腿长和血压分别用"differentiate"字段、"left_ear"字段、"right_ear"字段、"legs"字段和"pressure"字段表示。这些字段的取值都是在特定的几个取值中选取一个，因此定义成 ENUM 类型。

"id"字段是报告编号，而且该字段为自增类型。每插入一条新记录，"id"字段的值会自动加"1"。healthinfo 表中需要一个字段与 studentinfo 表建立连接关系。这就可以设计"sno"字段是外键，其依赖于 studentinfo 表的"sno"字段。healthinfo 表中设计一个姓名的字段，用"sname"字段表示。特别值得注意的是该"sname"字段与 studentinfo 表中"sname"字段的值是一样的。这个字段使 healthinfo 表能满足三范式的要求。但是，查询 healthinfo 表时需要使用这个字段。为了提高查询速度，特意在 healthinfo 表中增加了"sname"字段。healthinfo 表的每个字段的信息如表 7.3 所示。

表 7.3　体检报告表（healthinfo）的字段信息

字段名	字段描述	数据类型	主键	外键	非空	唯一	默认值	自增
id	报告编号	INT(8)	是	否	是	是	无	否
sno	学员编号	INT(8)	否	是	是	是	无	否
sname	姓名	VARCHAR(20)	否	否	是	否	无	否
weight	体重	FLOAT	否	否	否	否	无	否
differentiate	辨色能力	ENUM	否	否	否	否	无	否
left_sight	左眼视力	FLOAT	否	否	否	否	无	否
right_sight	右眼视力	FLOAT	否	否	否	否	无	否
left_ear	左耳听力	ENUM	否	否	否	否	无	否
right_ear	右耳听力	ENUM	否	否	否	否	无	否
legs	腿长	ENUM	否	否	否	否	无	否
pressure	血压	ENUM	否	否	否	否	无	否
history	病史	VARCHAR(50)	否	否	否	否	无	否
remark	备注	TEXT	否	否	否	否	无	否

▶4. 科目信息表（courseinfo）

courseinfo 表用于存储考试科目的信息，每个科目都必须有科目编号、科目名称。有些科目必须在前一个科目考试完成之后才能学习，因此，每个科目都要有一个先修考试科目。这个表只需三个字段就可以了，"cno"字段表示科目编号，"cname"字段表示科目名称，"before_cour"字段表示先修科目编号。每条记录中，只有"before_cour"字段中存储的科目考试通过后，学员才可以报考"cno"表示的科目。由于第一个科目没有先修考试科目，因此，第一个科目的先修科目编号的默认值为"0"。courseinfo 表的每个字段的信息如表 7.4 所示。

表 7.4　科目信息表（courseinfo）字段的信息

字段名	字段描述	数据类型	主键	外键	非空	唯一	默认值	自增
cno	科目编号	INT(4)	是	否	是	是	无	否
cname	科目名称	VARCHAR(20)	否	否	是	是	无	否
before_cour	先修科目编号	INT(4)	否	否	是	否	0	否

▶5. 成绩表（gradeinfo）

gradeinfo 表用于存储学员的成绩信息。这个表必须与 studentinfo 表和 course 表建立联系，因此设计"sno"字段和"cno"字段。"sno"字段和"cno"字段作为外键。"sno"字段依赖于 studentlnfo 表的"sno"字段，"cno"字段依赖于 courselnfo 表的"cno"字段。这里一个学员可能需要参加多个科目，而且同一个科目可能需要考多次。因此，"sno"字段和"cno"字段都不是唯一的，表中可以出现重复的值。而且，需要记录每科考试的时间和考试的次数。这里用"last_time"字段表示考试时间，"times"字段表示某个科目的考试次数。默认值情况下，学员是第一次参加考试，因此"times"字段的默认值为"1"。分数用"grade"字段表示，默认分数为"0"分。gradeinfo 表的每个字段的信息如表 7.5 所示。

表 7.5　成绩表（gradeinfo）字段的信息

字段名	字段描述	数据类型	主键	外键	非空	唯一	默认值	自增
id	成绩编号	INT(8)	是	否	是	是	无	是
sno	学员编号	INT(8)	否	是	是	是	无	否
cno	科目编号	INT(4)	否	是	是	否	无	否
last_time	考试时间	DATE	否	否	否	否	无	否
times	考试次数	INT(8)	否	否	否	否	无	否
grade	成绩	FLOAT	否	否	否	否	无	否

▶6. 驾驶证信息表（licenseinfo）

licenseinfo 表用于存储学员领取驾驶证的信息。这个表中需要记录学员的学员编号、姓名、驾驶证编号、领证时间、领证人等信息。而且 licenseinfo 表需要与 studentinfo 表建立联系，这可以通过学员编号来完成。在该表中设计"sno"字段为外键，它依赖于

studentinfo 表的"sno"字段。姓名用"sname"字段表示，"sname"字段是冗余字段，设置这个字段是为了提高查询速度。

驾驶证编号用"lno"字段表示，每个人的驾驶证编号都是唯一的。领证时间用"receive_time"字段表示，该字段设置为 DATE 类型。领证人的姓名用"receive_name"字段表示。表中需要一个字段来存储备注信息，这里设计"remark"字段来存储备注信息，而且它应该为 TEXT 类型。licenseinfo 表的每个字段的信息如表 7.6 所示。

表 7.6 驾驶证信息表（licenseinfo）字段的信息

字段名	字段描述	数据类型	主键	外键	非空	唯一	默认值	自增
id	编号	INT(8)	是	否	是	是	无	是
sno	学员编号	INT(8)	否	是	是	是	无	否
sname	姓名	VARCHAR(20)	否	否	是	是	无	否
lno	驾驶证编号	VARCHAR(18)	否	否	否	是	无	否
receive_time	领证时间	DATE	否	否	否	否	无	否
receive_name	领证人	VARCHAR(20)	否	否	否	否	无	否
remark	备注	TEXT	否	否	否	否	无	否

9.3.5 主要表创建

▶ 1. 创建 users 表的 SQL 代码

```
CREATE TABLE 'users' (
'username' VARCHAR( 20 ) NOT NULL ,
'password' VARCHAR( 20 ) DEFAULT NULL ,
'isadmin' ENUM( '0', '1' ) DEFAULT NULL ,
PRIMARY KEY ( 'username' )
) ENGINE = INNODB DEFAULT CHARSET = latin1;
```

▶ 2. 创建 studentinfo 表的 SQL 代码

```
CREATE TABLE 'drivschool'.'studentinfo' (
'sno' INT( 8 ) NOT NULL ,
'sname' VARCHAR( 20 ) NOT NULL ,
'sex' ENUM( '男', '女' ) NOT NULL ,
'age' INT( 3 ) NULL ,
'identify' VARCHAR( 18 ) NOT NULL ,
'tel' VARCHAR( 15 ) NULL ,
'car_type' ENUM( 'A', 'B', 'C' ) NOT NULL ,
'in_time' DATE NOT NULL ,
'out_time' DATE NULL ,
'state' ENUM( '学习', '结业', '退学' ) NOT NULL ,
'remark' TEXT NULL ,
PRIMARY KEY ( 'sno' ) ,
UNIQUE (
'identify'
)
) ENGINE = INNODB
```

▶ 3. 创建 healthinfo 表的 SQL 代码

```
CREATE TABLE 'drivschool'.'healthinfo' (
'Id' INT( 8 ) NOT NULL AUTO_INCREMENT ,
'Sno' INT( 8 ) NOT NULL ,
'Sname' VARCHAR( 20 ) NOT NULL ,
'Weight' FLOAT NULL ,
'Differentiate' ENUM( '正常', '色弱', '色盲' ) NULL ,
'Left_sight' FLOAT NULL ,
'Right_sight' FLOAT NULL ,
'Left_ear' ENUM( '正常', '偏弱' ) NULL ,
'Right_ear' ENUM( '正常', '偏弱' ) NULL ,
'Legs' ENUM( '正常', '不相等' ) NULL ,
'Pressure' ENUM( '正常', '偏高', '偏低' ) NULL ,
'History' VARCHAR( 50 ) NULL ,
'Remark' TEXT NULL ,
PRIMARY KEY ( 'Id' ) ,
UNIQUE (
'Sno'
)
) ENGINE = INNODB
```

▶ 4. 创建 courseinfo 表的 SQL 代码

```
CREATE TABLE 'drivschool'.'courseinfo' (
'cno' INT( 4 ) NOT NULL ,
'cname' VARCHAR( 20 ) NOT NULL ,
'before_cour' INT( 4 ) NOT NULL DEFAULT '0',
PRIMARY KEY ( 'cno' )
) ENGINE = INNODB
```

▶ 5. 创建 gradeinfo 表的 SQL 代码

```
CREATE TABLE 'drivschool'.'gradeinfo' (
'id' INT( 8 ) NOT NULL AUTO_INCREMENT ,
'sno' INT( 8 ) NOT NULL ,
'cno' INT( 4 ) NOT NULL ,
'Last_time' DATE NULL ,
'times' INT( 8 ) NULL ,
'grade' FLOAT NULL ,
PRIMARY KEY ( 'id' )
) ENGINE = INNODB
```

▶ 6. 创建 licenseinfo 表的 SQL 代码

```
CREATE TABLE 'drivschool'.'licenseinfo' (
'Id' INT( 8 ) NOT NULL AUTO_INCREMENT ,
'Sno' INT( 8 ) NOT NULL ,
'Sname' VARCHAR( 20 ) NOT NULL ,
'Lno' VARCHAR( 18 ) NULL ,
'Receive_time' DATE NULL ,
```

```
'Receive_name' VARCHAR( 20 ) NULL ,
'remark' TEXT NULL ,
PRIMARY KEY ( `Id` ) ,
UNIQUE (
'Sno' ,
'Sname' ,
'Lno'
)
) ENGINE = INNODB
```

9.4　数据库测试

9.4.1　数据表的增加、删除、修改测试

以管理员（users）表为例来测试数据表的增加、删除和修改。

增加：向表中添加用户名为"admin"，密码为"111111"的管理员数据。

添加数据的 SQL 语句如下：

```
INSERT INTO users(username,password ,isadmin)
VALUES ('admin', '111111', '1');
```

删除：删除 users 表中用户名为"dyc"的数据。

删除数据的 SQL 语句如下：

```
DELETE FROM users WHERE username = 'dyc';
```

修改：将 users 表中"admin"用户的密码修改为"123456"。

修改数据的 SQL 语句如下：

```
UPDATE users SET password = '123456' WHERE username = 'admin';
```

其他数据表的增加、删除和修改操作的代码与上述例子的 SQL 语句类似，读者可以自行在 MySQL 环境下编写相应的 SQL 语句进行测试。

9.4.2　关键业务数据查询测试

❯1. 根据学员姓名查询"张三"的基本信息

```
SELECT * FROM 'studentlnfo' WHERE sname ='张三' LIMIT 0 , 30;
```

❯2. 根据学员姓名查询"张三"的考试成绩

```
SELECT * FROM 'gradeinfo' WHERE sno=
(SELECT sno FROM 'studentinfo' WHERE sname = '张三');
```

❯3. 根据学员姓名查询"张三"的驾驶证领取信息

```
SELECT * FROM 'licenselnfo' WHERE sno=
(SELECT sno FROM 'studentinfo' WHERE sname = '张三');
```

9.5　知识小结

　　本章介绍了驾校学员信息管理系统数据库的开发过程，重点分析了驾校学员信息管理系统的业务流程，通过对系统的实体和属性的分析，画出了系统的实体属性图和整体 E-R 模型图，根据实体属性图和 E-R 模型图，编制出了数据库系统的数据字典，依照数据字典，用 SQL 语句创建了本系统所需要的数据表。

　　通过对本章的学习，希望读者能够掌握一般信息管理系统的数据库设计的步骤和方法，能够独立完成数据库设计的任务。

MySQL 常用命令及语言参考

▶1. 连接 MySQL

格式："mysql -h 主机地址 -u 用户名 -p 用户密码"。

（1）连接到本机上的 MySQL。首先打开 DOS 窗口，然后进入目录"mysql\bin"，再输入命令"mysql -u root -p"，按"Enter"键后提示输入密码。注意用户名前可以有空格也可以没有空格，但是密码前必须没有空格，否则需要重新输入密码。

如果刚安装好 MySQL，超级用户 root 是没有密码的，故直接按"Enter"键即可进入到 MySQL 中，MySQL 的提示符是"mysql>"。

（2）连接到远程主机上的 MySQL。假设远程主机的 IP 为：110.110.110.110，用户名为"root"，密码为"abcd123"。则输入以下命令：

```
mysql -h110.110.110.110 -u root -p 123
```

注：u 与 root 之间可以不用加空格，其他也一样。

（3）退出 MySQL 命令："exit"，然后按"Enter"键。

▶2. 修改密码

格式："mysqladmin -u 用户名 -p 旧密码 password 新密码"。

（1）给 root 增加一个密码"ab12"。首先在 DOS 命令窗口下进入目录"mysql\bin"，然后输入以下命令：

```
mysqladmin -u root -password ab12
```

注：因为开始时 root 没有密码，所以"-p 旧密码"一项就可以省略了。

（2）再将 root 的密码改为"djg345"，代码如下：

```
mysqladmin -u root -p ab12 password djg345
```

▶3. 增加新用户

注意：和上面不同，以下代码因为是 MySQL 环境中的命令，所以后面都带一个分号作为命令结束符。

格式："grant select on 数据库.* to 用户名@登录主机 identified by "密码""。

（1）增加一个用户"test1"，其密码为"abc"，让他可以在任何主机上登录，并对所有数据库有查询、插入、修改、删除的权限。首先用 root 用户连接到 MySQL，然后输入以下命令：

```
grant select,insert,update,delete on *.* to test1@"%" Identified by "abc";
```

但这样增加用户的操作是十分危险的，若某人知道"test1"用户的密码，那么他就可以在互联网中的任何一台计算机上登录"test1"用户的 MySQL 数据库并对其中的数据随意操作，解决办法见下一条。

（2）增加一个用户"test2"，其密码为"abc"，让他只可以在"localhost"上登录，并可以对数据库"mydb"进行查询、插入、修改、删除的操作（"localhost"指本地主机，即 MySQL 数据库所在的那台主机），这样用户即使知道"test2"的密码，也无法从互联网上直接访问数据库，只能通过 MySQL 主机上的 Web 页来访问了。代码如下：

```
grant select,insert,update,delete on mydb.* to test2@localhost identified by "abc";
```

如果不想令用户"test2"有密码，可以再输入一条命令将密码取消。代码如下：

```
grant select,insert,update,delete on mydb.* to test2@localhost identified by " ";
```

4. 操作技巧

（1）如果输入命令时，按"Enter"键后发现忘记加分号，不必重输一遍命令，只要输入一个分号，然后按"Enter"键就可以了。也就是说用户可以把一个完整的命令分成几行来输入，之后用分号作结束标志就可以了。

（2）用户可以在命令行的光标闪烁位置，按键盘的上、下方向键调出以前的命令。

5. 显示命令

（1）显示当前数据库服务器中的数据库列表，代码如下：

```
mysql> SHOW DATABASES;
```

注意："mysql"库里面有 MySQL 的系统信息，我们修改密码和新增用户，实际上就是用这个库进行操作。

（2）显示数据库中的数据表，代码如下：

```
mysql> USE 库名;
mysql> SHOW TABLES;
```

（3）显示数据表的结构，代码如下：

```
mysql> DESCRIBE 表名;
```

（4）建立数据库，代码如下：

```
mysql> CREATE DATABASE 库名;
```

（5）建立数据表，代码如下：

```
mysql> USE 库名;
mysql> CREATE TABLE 表名 (字段名 VARCHAR(20), 字段名 CHAR(1));
```

（6）删除数据库，代码如下：

```
mysql> DROP DATABASE 库名;
```

（7）删除数据表，代码如下：

```
mysql> DROP TABLE 表名;
```

（8）将表中记录清空，代码如下：

mysql> DELETE FROM 表名;

（9）显示表中的记录，代码如下：

mysql> SELECT * FROM 表名;

（10）向表中插入记录，代码如下：

mysql> INSERT INTO 表名 VALUES ("hyq","M");

（11）更新表中数据，代码如下：

mysql> UPDATE 表名 SET 字段名 1='a',字段名 2='b' WHERE 字段名 3='c';

（12）用文本方式将数据装入数据表中，代码如下：

mysql> LOAD DATA LOCAL INFILE "D:/mysql.txt" INTO TABLE 表名;

（13）导入.sql 文件命令，代码如下：

mysql> USE 数据库名;
mysql> SOURCE d:/mysql.sql;

（14）命令行修改 root 密码，代码如下：

mysql> UPDATE mysql.user SET password=PASSWORD('新密码') WHERE User='root';
mysql> FLUSH PRIVILEGES;

（15）显示 user 的数据库名，代码如下：

mysql> SELECT DATABASE();

（16）显示当前的 user，代码如下：

mysql> SELECT USER();

6. 建库和建表以及插入数据的实例

```
drop database if exists school;      //如果存在 SCHOOL 则删除
create database school;              //建立 SCHOOL 库
use school;                          //打开 SCHOOL 库
create table teacher                 //建立 TEACHER 表
(
id int(3) auto_increment not null primary key,
name char(10) not null,
address varchar(50) default '深圳',
year date
); //建表结束
//以下为插入字段
insert into teacher values('','allen','重庆一中','1998-10-10');
insert into teacher values('','jack','重庆三中','1997-12-23');
```

如果读者在"mysql"提示符后输入上面的命令也可以，但不方便调试。

（1）读者可以将以上命令按原样写入一个文本文件中，假设为"school.sql"，然后复制到"c:\\"下，并在 DOS 命令窗口中进入目录"\\mysql\\bin"，然后输入以下命令：

```
mysql -u root -p 密码 ＜ c:\\school.sql
```

如果成功，空出一行无任何显示；如有错误，会有提示。

注意：以上命令已经调试，读者只要将"//"的注释去掉即可使用。

（2）或者进入命令行后使用"mysql> source c:\\school.sql"；也可以将"school.sql"文件导入数据库中。

7. 将文本数据转到数据库中

（1）文本数据应符合的格式：字段数据之间用"Tab"键隔开，"null"值用"\\n"来代替。例如：

```
3 rose 重庆八中 1999-10-10
4 mike 重庆一中 1996-12-23
```

假设把这两组数据存为"school.txt"文件，放在 c 盘根目录下。

（2）数据传入命令，基本格式如下：

```
load data local infile "c:\\school.txt" into table 表名；
```

注意：最好将文件复制到"\\mysql\\bin"目录下，并且要先用"use"命令打开表所在的库。

8. 备份数据库

以下命令在 DOS 命令窗口中的"\\mysql\\bin"目录下执行。

（1）导出整个数据库。导出文件默认是存在"mysql\bin"目录下，代码如下：

```
mysqldump -u 用户名 -p 数据库名 ＞ 导出的文件名
mysqldump -u user_name -p123456 database_name ＞ outfile_name.sql
```

（2）导出一个表，代码如下：

```
mysqldump -u 用户名 -p 数据库名 表名＞ 导出的文件名
mysqldump -u user_name -p database_name table_name ＞ outfile_name.sql
```

（3）导出一个数据库结构，代码如下：

```
mysqldump -u user_name -p -d -add-drop-table database_name ＞ outfile_name.sql
```

"-d"没有数据。"-add-drop-table"在每个"create"语句之前增加一个"drop table"。

（4）带语言参数导出，代码如下：

```
mysqldump -uroot -p -default-character-set=latin1 -set-charset=gbk -skip-opt database_name
＞ outfile_name.sql
```

（5）备份数据库，代码如下：

```
mysqldump -uroot -p test_db ＞ test_db.sql
```

（6）恢复数据库，代码如下：

```
mysql -uroot -p test_db ＜ test_db.sql
```

（7）创建权限，代码如下：

```
grant all privileges on test_db.* to test_db@'localhost' identified by '123456';
```

兼容 MySQL4.1 之前模式，代码如下：

```
update mysql.user set password=old_password('123456') where user='test_db';
```

（8）忘记密码：在"my.cnf"或"my.ini"文件的"mysqld"配置段添加"skip-grant-tables"，然后重新启动 MySQL 即可登录修改 root 密码。

进一步了解更详细的 MySQL 命令，请参考"MySQL 中文参考手册"。